BASTEI
LÜBBE

Zu den Autoren:

Privatdozent Dr. Hermann Feldmeier ist Facharzt für Mikrobiologie, Infektionsepidemiologie und Tropenmedizin. Seit 1989 ist er als Hochschullehrer an der Freien Universität Berlin tätig. Er ist Autor zahlreicher Veröffentlichungen über Tropenkrankheiten und berät die Weltgesundheitsorganisation bei der Bekämpfung parasitärer Infektionen.
Peter Frey arbeitet seit vielen Jahren als Wissenschaftsjournalist für verschiedene Tageszeitungen, Zeitschriften und Rundfunkanstalten.
Dr. Norbert Lossau arbeitet seit 1986 als Wissenschaftsjournalist und ist seit 1990 Redakteur für Wissenschaft und Technik bei der Tageszeitung »DIE WELT«. Auch als Buchautor konnte er sich bereits einen Namen machen.
Professor Dr. Hans Schadewaldt ist seit 1963 Ordinarius für Geschichte der Medizin an der Universität Düsseldorf. Er war bis Ende 1993 Präsident der Nordrhein-Westfälischen Akademie der Wissenschaften und Präsident der Internationalen Gesellschaft für Geschichte der Medizin. Er publizierte zahlreiche Buch- und Zeitschriftenveröffentlichungen.
Karin Sträter ist seit 1989 als freie Journalistin für Zeitungen, Zeitschriften und Hörfunk tätig.
Jürgen Voigt arbeitet seit 1960 als Redakteur, Autor und Regisseur für verschiedene Fernsehsender. Außerdem veröffentlichte er bereits mehrere Bücher.

Hans Schadewaldt (Hrsg.)
Hermann Feldmeier, Peter Frey, Norbert Lossau,
Karin Sträter, Jürgen Voigt

Die Rückkehr der Seuchen

Ist die Medizin machtlos?

BASTEI
LÜBBE

BASTEI-LÜBBE-TASCHENBUCH
Band 60434

Lizenzausgabe im Bastei-Verlag Gustav H. Lübbe GmbH & Co.,
Bergisch Gladbach
Printed in Germany, November 1996
Einbandgestaltung: Adolf Bachmann, Reischach
Titelbild: Archiv für Kunst und Geschichte, Berlin
Druck und Bindung: Ebner Ulm
ISBN 3-404-60434-2

Inhalt

BILDQUELLEN

S. 11, 18, 25, 34, 36, 50, 58, 77, 86, 101, 103, 106, 128, 131, 154, 160, 177, 189, 207, 226: mit freundlicher Genehmigung von Prof. Dr. Hans Schadewaldt, Institut für Geschichte der Medizin, Universität Düsseldorf.
S. 27, 122, 143, 200, 218, 231: mit freundlicher Genehmigung von Prof. Dr. Heinz Mehlhorn, Institut für Spezielle Zoologie und Parasitologie, Ruhr-Universität Bochum.
S. 54, 69 sowie die Graphik S. 238: mit freundlicher Genehmigung von Priv.-Doz. Dr. Hermann Feldmeier, Buchholz.
S. 82: Archiv Jürgen Voigt, Hamburg.
S. 89: entnommen aus: Geschichte der Medizin © vgs verlagsgesellschaft, Köln 1993.
S. 135: mit freundlicher Genehmigung des Stadtarchivs Peine.
S. 169: nach einer Graphik aus: Mehlhorn, Heinz (Ed.): Parasitology in Focus, © Springer Verlag, Heidelberg 1987; mit freundlicher Genehmigung des Autors und des Verlags.
S. 197: mit freundlicher Genehmigung der Firma BAYER LEVERKUSEN, Leverkusen.
Verbreitungskarten und Graphiken, falls nicht anders vermerkt: Volker Schulz, Köln.

Hans Schadewaldt

Einführung

Als vor wenigen Jahren die Weltgesundheitsorganisation (WHO) triumphierend verkündete, daß offensichtlich eine der gefürchtetsten Geißeln der Menschheit, die Pocken, die jahrhundertelang Millionen von Menschen dahingerafft hatten (aber nicht wie manche andere »Seuche« in epidemischen Wellen, sondern als ständige Gefährdung auftraten), ausgerottet zu sein schienen, da glaubte man den ersten entscheidenden Sieg im Kampf gegen die sogenannten gemeingefährlichen Infektionskrankheiten errungen zu haben. Und schon bald nach dem Zweiten Weltkrieg, im Jahre 1956, hatte die World Health Organization (WHO) behauptet: »Die Jahre seit dem Zweiten Weltkrieg haben einen dramatischen Rückgang der sogenannten quarantänepflichtigen Krankheiten – Cholera, Pest, Flecktyphus, Rückfallfieber, Pocken, Gelbfieber – in bezug auf Schwere und Ausdehnung gesehen.«

Tatsächlich hat seit dem letzten Weltkrieg auch der Begriff der »Volkskrankheiten«, der in früheren Jahrhunderten ebenso wie der der »Epidemien« fast ausschließlich auf diese Seuchen bezogen worden war, eine völlig andere Bedeutung erhalten. Heute werden nämlich in der Medizin mit dem Ausdruck »Volkskrankheiten«, der nun bereits eine ganze Disziplin bezeichnet, die Herz- und Kreislaufkrankheiten sowie der Krebs bezeichnet, und die moderne Epidemiologie beschäftigt sich mehr mit diesen Erkrankungen als mit den früher so bezeichneten »epidemischen« Krankheiten.

Freilich hat man damit nur eine in der altgriechischen Medizin bereits benutzte und von den sogenannten Hippokratikern im dritten vorchristlichen Jahrhundert vertretene Lehre wieder aufgenommen, nach der die Epidemien nichts anderes bedeuten sollten als eine im Volke (griech. *demos*) häufig vorkommende Krankheit. Damit verbunden war die Auffassung, daß aus ungeklärten Gründen sozusagen eine Krankheit über ein Volk einbricht und sich plötzlich bei einer Großzahl von Menschen in einem gewissen Bezirk manifestiert. Über die eigentlichen Ursachen war man sich keineswegs im klaren, und es gab zwei grundlegende Auffassungen: Ein Entstehen von Epidemien infolge örtlicher, zur Krankheit prädestinierender Faktoren, wie sie noch in Ausdrücken wie »Sumpffieber« auftauchen, oder als Auswirkung aus der Sternenwelt über die Atmosphäre den Menschen überfallende Erkrankung. Für die letztere hat sich später der lateinische Begriff der *influenza* eingebürgert, was das Befallensein mit einer nicht näher bekannten Schädigung bedeutete. Aber man hatte damit wohl auch plötzlich auftretende Vergiftungen durch pflanzliche oder mineralische Stoffe gemeint, wie etwa nach dem Genuß der Tollkirsche oder nach Anwendung von Quecksilber. Noch im 19. Jahrhundert wurde die wiederholt beobachtete »Hopfenpflükkerkrankheit«, die – wie bei vielen anderen Berufen – nur die betreffenden Arbeiter befiel und nicht auf andere übertragen werden konnte, als Epidemie bezeichnet, obwohl sie im modernen Sinne eben keine ist, sondern eine allergische Erkrankung.

Im Gegensatz zu dem relativ unscharfen Begriff der Epidemie war der lateinische Ausdruck für derartige auffällige seuchenhafte Erkrankungen sehr viel präziser. Die Römer bezeichneten diese nämlich mit dem Wort *infectio*, mit dem ursprünglich alle diejenigen Vorgänge gemeint waren, bei denen durch Einwirken einer zweiten Substanz ein Stoff in seinem Erscheinungsbild verändert wurde, wie etwa beim Eintauchen von weißem Tuch in Purpurschneckensaft, also eine Verfärbung. Und ohne die geringste Ahnung von den Seuchen auslösenden, in den Körper eindringenden Mikroorganismen hatten die Römer mit ihrem Begriff durchaus die spezifischen Eigenschaften der krankhaften Veränderungen im Körper getroffen. Eine ähnliche Präzisierung vollzogen die Römer in bezug auf die Kategorie der Heilmittel, die im Gegensatz zu dem griechischen Begriff des *pharmakon*, der sowohl das Heilmittel, aber auch das Gift oder ein Zaubermittel beschrieb, außerordentlich differenziert wurde. Die Römer, unzufrieden mit der griechischen Globalbezeichnung, führten gleich vier verschiedene Termini für Gift- und Heilmittel ein: Einerseits wurde mit *venenum* ein mineralisches oder aus Pflanzen gewonnenes Gift bezeichnet, mit *virus* ein flüssiges tierisches Gift, wie sich etwa das Sekret der Schlangen darstellte; für Heilmittel verwendete man – neben dem hauptsächlich verwandten Ausdruck *medicamentum* für innerlich einzunehmende Arzneimittel – auch das Wort *remedium* für Hilfsmittel wie Krücken, Bandagen, aber auch Salben.

Mit dem Stichwort *virus*, das im Laufe der Zeit eine völlig andere Bedeutung bekam (der Begriff selbst stammt zweifelsohne aus dem indischen Sanskrit), sind wir aber sozusagen schon in der Aktualität gelandet, denn seit dem Auftreten von AIDS hat nun erneut diese Erregerform eine spektakuläre Bedeutung bekommen. Nicht zuletzt sogenannte »intelligenten Viren« sind nämlich teilweise die Ursachen für die Rückkehr zahlreicher Seuchen in unsere moderne Welt, die glaubte, die meisten Infektionskrankheiten bereits besiegt zu haben.

Man sollte sich wieder an die vier berüchtigten Apokalyptischen Reiter erinnern, wie sie in der Offenbarung des Johannes in Kapitel 6, Vers 1 und folgende, um 94 n. Chr. in visionärer Schau der Menschheit vorgestellt wurden. Dürer hatte sie 1498 ja mit den Symbolen des Apokalyptikers ausgestattet: Auf dem roten Pferd saß mit einem großen Schwert der Krieg. Ihm ward gegeben »den Frieden zu nehmen von der Erde und daß sie sich untereinander erwürgten«. Auf dem

Die Vier Apokalyptischen Reiter (Holzschnitt von Albrecht Dürer, 1498)

schwarzen Pferd hingegen saß einer, der hatte eine Waage in seiner Hand und symbolisierte dadurch die Teuerung: »Ein Maß Weizen um einen Groschen und drei Maß Gerste um einen Groschen.« Und auf einem fahlen Pferd saß derjenige, des Name Tod hieß und dem die Hölle nachfolgte. Aber als erstes Erscheinungsbild saß auf einem weißen Pferd ein weiterer Reiter, »der hatte einen Bogen« und war das Symbol für das, was man in jener Zeit und viele Jahrhunderte später auch noch als »Pest« im Sinne von Krankheit bezeichnete. Pfeil und Bogen waren ja schon die Werkzeuge gewesen, mit denen Apollon, der antike Gott über Gesundheit und Krankheit, die Seuchen schickte, wie es Homer bei der Belagerung von Troja im Zusammenhang mit einer Epidemie des griechischen Besatzungsheeres beschrieben hat. Und jahrhundertelang ist fast bis in unsere Zeit der tödliche Pfeil das Symbol für die Seuche schlechthin gewesen.

Freilich hat man sich schon sehr früh Gedanken darüber gemacht, woher solche Seuchen kamen und warum sie gelegentlich wieder verschwanden, um nach langer Zeit im gleichen oder ähnlichen Gewande wieder aufzutreten. In den religiös gebundenen alten Hochkulturen spielte zweifelsohne eine direkte Einwirkung der erzürnten Gottheit, die eine verdiente Strafe auf die Menschheit herniedersandte, eine Hauptrolle. Krankheit als Folge der Sünde – oder sagen wir's moderner: der Tabuübertretung – ist auch heute noch bei vielen Völkerschaften eine gängige Überzeugung. Und so glaubte man vielerorts, diese Krankheiten mit entsprechenden Buß- und Besänftigungsübungen wieder zum Erlöschen bringen zu können. Andere Völkerschaften vermuteten, daß ein wie auch immer gearteter gefährlicher Dämon oder eine von ihm ausgehende Substanz von außen in den Körper eindringen und ihn ganz im Sinne der lateinischen Infektion entsprechend ändern, ja sogar zerstören könnte.

Es ist im übrigen eine Kuriosität der Medizingeschichte, daß die wissenschaftliche Welt den heute auch Laien durchaus geläufigen Begriff »Infektionskrankheiten« ausgerechnet dem deutschen Forscher verdankt, der sich jahrzehntelang zur Gruppe der sogenannten Nichtkontagionisten zählte, dem Pathologen Rudolf Virchow. Er hat sich bekanntlich auch gegen die von Robert Koch – aber auch von manchem seiner Vorgänger – energisch vertretene These von der Ansteckungsgefahr der Tuberkulose gewandt und dennoch 1856 bereits den Begriff »Infektionskrankheiten« in die wissenschaftliche Nomenklatur eingeführt, aufgrund der vielen Beobachtungen von bestimmten krankhaften Veränderungen einzelner Organe, die er bei zahlreichen fieberhaften Erkrankungen mit Todesfolge gemacht hatte.

Aber ebenso wie noch Virchow aufgrund seiner exakten pathologischen Beobachtungen zwar die Tatsache der Infektion anerkannte, jedoch die Bakteriologie als eine »unbedeutende Provinz der Botanik« unterschätzte, hatte man jahrhundertelang an die Existenz von sogenannten »miasmatischen epidemischen Krankheiten« geglaubt, ohne daß es gelang, die Ursache dieser Erkrankungen aufzuklären (Ätiologie). Zwei hypothetische Substanzen, die sogenannten »Miasmen« und »Kontagien« wurden für die Auslösung der übertragenen Erkrankungen angeschuldigt. Miasmen sollten sozusagen chemisch definierte Gifte sein, die aus Zersetzungsmaterie oder stinkenden Sümpfen entstünden, um sich der Luft mitzuteilen und dann – wie der saure Regen – eine größere Population gleichzeitig zu befallen. Sie entsprachen also mehr einer Art Vergiftung, die das plötzliche Auftreten von Massenerkrankungen an einem bestimmten Ort zu erklären schien, etwa wie bei der Malaria, deren Name ja noch auf die Vorstellung von der – miasmatisch – geschwängerten Luft hinweist, weil sie (aus dem Italienischen stammend) nichts anders als »schlechte Luft« bedeutet. Kontagien hingegen, erstmals von dem italienischen Arzt Girolamo Fracastoro 1546 in seinem berühmten Buch *DE CONTAGIONE ET CONTAGIONISIS MORBIS* beschrieben, sollten unbestimmte, durch Urzeugung aus unbelebter Materie infolge von Gärungs- und Fäulnisvorgängen entstandene Wirkstoffe sein, die durch direkten Kontakt von Mensch zu Mensch weitergegeben werden könnten.

In dieser Phase der Medizingeschichte hat man also offensichtlich Gedanken geäußert, die heute in der Umweltmedizin eine erneute Bedeutung haben, nur daß wir unter diesen Gesichtspunkten mehr die toxischen Schadstoffe wie Blei, Cadmium, Schwefeldioxid usw. anschuldigen, während die eigentlichen Seuchen von diesen Umwelterkrankungen getrennt betrachtet werden. Aus moderner Sicht ist man vielleicht versucht festzustellen, daß die miasmatischen Krankheiten durch Vektoren (d. h. andere Lebewesen als Überträger) verbreitete Erkrankungen gewesen sein könnten, wie etwa die Pest, die Malaria, das Gelbfieber, aber auch das Fleckfieber. Während es sich bei den kontagiösen Krankheiten um direkt übertragene Faktoren gehandelt haben dürfte, wie bei den Pocken oder auch bei der Lepra sowie der Lungenpest und der Tuberkulose.

Ein weiteres Problem ergab sich beim Studium dieser Seuchen: Es stellte sich mehr und mehr heraus, daß es bei ganz bestimmten Erkrankungen deutlich zeitliche Abhängigkeiten gab, die sich dann beim Drei- oder Viertagewechselfieber genauso zeigten wie bei der Krisis des Typhus und anderen akut infektiösen Erkrankungen. Ihre Bedeutung hat wohl als erster der Naturphilosoph und Vorsokratiker Pythagoras (um 570–497 v. Chr.) erkannt, der die Relevanz der Zahl in der Medizin besonders herausstellte, worauf ja dann auch eine der jahrhundertelang wichtigsten Abwehrmaßnahmen gegen die Seuchen, die Quarantäne, beruhte. Man nahm nämlich an, daß eine akute Erkrankung höchstens vierzig Tage dauern könnte und dann in den chronischen, kaum noch heilbaren Zustand übergehen würde, und deshalb glaubte man, während einer 40 (latein. *quaranta*) Tage andauernden Isolierung der Reisenden aus verdächtigen, von Seuchen befallenen Ländern würde sich herausstellen, ob sie an einer solchen Krankheit litten oder nicht.

Insbesondere die akuten Erkrankungen mit hoher »Tödlichkeit«, der sogenannten Letalität, wurden dann von einem weiteren berühmten Arzt der griechischen Antike, Galen, der im zweiten nachchristlichen Jahrhundert lebte, als *loimos* bezeichnet, ein Begriff, dessen Bedeutung schließlich auch in der lateinischen Fassung als *lues* und *pestis* in die Literatur einging. Dabei spielte nicht der Wirkstoff als solcher, sondern eher die Reaktion des von ihm befallenen Organismus eine Hauptrolle. Und wir erleben ja eine ganz ähnliche These bei der neusten modernen Viruserkrankung AIDS (abgekürzt vom englischen Begriff *acquired immune deficiency syndrome*, französisch SIDA, *syndrome immunologique déficience acquéri*): Nicht der Erreger, der nach der ersten Entdeckung der Krankheit beim Menschen im Jahre 1980 in einer New Yorker Klinik relativ schnell isoliert werden konnte, das sogenannte HIV (englisch *human immunodeficiency virus*), bewirkt das Krankheitsbild, sondern die durch ihn ausgelöste Immunschwäche, die sich erst im Laufe von Jahren durch verschiedene schwerste Symptome anderer (opportunistischer) Krankheiten äußert. Das Vorhandensein des

Virus im Körper wird mit dem mittlerweile üblichen HIV-Test, basierend auf der Serumkonversion, nachgewiesen.

Auch wenn solch furchtbare, tausendfachen Tod bringende Seuchen wie die Pest, die erstmals in der Neuzeit in Italien im Jahre 1348 den europäischen Kontinent erreichte und allein im ersten Halbjahr von den hunderttausend Einwohnern der blühenden Stadt Florenz sechzigtausend dahinraffte, uns im Vergleich nicht mehr so schrecklich erscheinen, hat die neue Seuche AIDS zwar viel mehr Menschen in dieser Welt bereits ergriffen, aber nicht alle müssen auch erkranken. Man rechnet damit, daß nur etwa zehn Prozent der mit dem Erreger in Kontakt gekommenen Patienten an den Folgekrankheiten sterben müssen.

Die eingangs erwähnten sechs »gemeingefährlichen« und quarantänepflichtigen Krankheiten Cholera, Pest, Flecktyphus, Rückfallfieber, Pocken und Gelbfieber dürfen als epidemische Krankheiten in ihren Auswirkungen aber keineswegs mit AIDS verglichen werden: Denn die Cholera und die Pest können innerhalb weniger Stunden bisher offensichtlich Gesunde töten, Typhus und Rückfallfieber sind in früherer Zeit, als man nicht eine ursächliche Diagnose, sondern eine symptomatische Krankheitsbestimmung praktizierte, zu den »gefährlichen Fiebern« gerechnet worden, zu denen übrigens auch die Malaria gehörte. Pocken und Gelbfieber gehen zwar auch mit einer hohen Letalität einher, waren aber nicht so akut wie z. B. Cholera und Pest. Alle übrigen Seuchen führen unbehandelt nur in Ausnahmefällen zu relativ plötzlichen Todesfällen und lassen Schübe oder Stadien erkennen, die dann zu bestimmten, klinisch voneinander abgegrenzten Erkrankungsformen führen, so wie beispielsweise bei der Tuberkulose zwischen der »galoppierenden Schwindsucht« und den über Jahrzehnte sich hinziehenden, chronischen, sogenannten Phthisen alle möglichen Übergänge bekannt sind. Insbesondere beim Wechselfieber glaubte man, daß bestimmte astrale Komponenten eine Rolle spielen könnten, die wiederum mit der Lehre von den Miasmen erklärt wurden.

Dagegen waren die Menschen – im kontagionistischen Sinne – offensichtlich durch eine unbekannte Ursache zu Erzeugern von Giftstoffen geworden, die nicht nur durch den Händedruck, sondern auch durch Sekrete wie Schweiß, Blut, Urin und Stuhl übertragen werden konnten. Sehr früh hatte man jedoch auch erkannt, daß nur zu bestimmten Zeiten solche Übertragungen möglich waren und hatte deshalb eine astrale Beeinflussung auch in diesen Fällen auf indirekte Weise für möglich gehalten. Solche Infektionsketten wurden dann insbesondere bei den chronischen Seuchen der Lepra, der Tuberkulose, aber wohl auch bei der Beulenpest beobachtet. Doch es hat viele Jahrhunderte gebraucht, bis klar erkannt wurde, daß nur bestimmte, lebende Krankheitserreger derartige Seuchen auslösen konnten, und keineswegs dafür chemische oder physikalisch einwirkende Kräfte angeschuldigt werden durften. Damit wurde endlich eine Differenzierung erreicht zwischen der Toxikologie, der Lehre von den Giften, und der Epidemiologie im alten Sinne, d. h. der Lehre von den »Volkskrankheiten«. Das gelang aber endgültig erst, als der französische Chemiker Louis Pasteur die uralte Vorstellung von der Urzeugung derartiger Vehikel aus unbelebter Materie (etwa einem Staubkorn) widerlegen konnte und nachwies, daß lebende Erreger – die Bakterien waren ja in der ersten Zeit ihrer Entdeckung noch dem Pflanzenreich zugeteilt – nur durch lebende Organismen erzeugt werden konnten.

Freilich lag später der eine Zeitlang in dieser Hinsicht verfemte Rudolf Virchow nicht ganz falsch, denn auch Robert Koch, der Entdecker des Tuberkelbazillus und des Choleravibrio, mußte zugeben, daß nicht jeder, bei dem die Bazillen gefunden wurden, auch mit einer Tuberkulose oder einer Cholera reagierte, sowenig wie jeder, der einen positiven HIV-Test aufweist, sogleich an der AIDS-Krankheit erkranken muß. Es dauerte geraume Zeit, bis die junge Bakteriologie zugestehen mußte, daß auch eine entsprechende Anfälligkeit oder eine fehlende Reaktion des Körpers dazugehörte, um eine Krankheit manifest werden zu lassen. Vorläufer dieser Überlegung waren zweifelsohne die erfolgreichen Impfversuche, die der englische Landarzt Edward Jenner 1798 veröffentlichte: Seine relativ gut verträgliche »Vaccination«, die Einimpfung von Kuhpockenlymphe (lateinisch *vacca*, die Kuh), ersetzte die ältere, sehr gefährliche »Variolation«, die Einimpfung von menschlichen Pockenviren (lateinisch *variola*, Pocken). Damit erst begann eigentlich die Entwicklung einer neuen Disziplin der Medizin, die später über die Bakteriologie hinausgehend auch andere einschlägige Beobachtungen im Rahmen der Immunitätsvorgänge zusammenfaßte und heute eine der wichtigsten seuchenbekämpfenden Schutz- und Heilmaßnahmen beinhaltet: die Immunologie.

Freilich, es war ein weiter Weg zu den modernen Erkenntnissen, denn immer wieder wurden die Forscher, die sich mit bestimmten Seuchen beschäftigten, genarrt. Beim Gelbfieber zum Beispiel gab es Beobachtungen, daß weder ein Miasma noch ein Kontagium dafür verantwortlich zu sein schien, denn die Seuche verschwand, wenn die davon betroffenen Segelschiffe einen bestimmten Breitengrad überschritten hatten und in kühlere Gegenden segelten. Im nächsten Jahr jedoch konnte dasselbe Schiff, das in Hamburg seine Salpeterladung löschte und keinen einzigen Fall von Gelbfieber mehr zu melden hatte, auf hoher See, mitten auf dem Atlantik beim Passieren des Äquators, wieder von Gelbfieber befallen werden. Andererseits gelang es den Marineärzten nie, etwa durch Schweiß oder das Erbrochene des an *Vomito negro*, dem schwarzen Erbrechen leidenden Kranken, Gelbfiebersymptome auszulösen, wie das bei der Pest täglich beobachtet werden konnte. Man wußte eben noch nichts von den durch Vektoren übertragenen infektiösen Erkrankungen und von der Tatsache, daß die entlang des Äquators weitverbreiteten Gelbfiebermücken, die durch ihre Stiche die gefährlichen Gelbfieberviren übertragen können, warme Temperaturen bevorzugen.

Probleme mit der Zuordnung unterschiedlicher Symptomformen ein und derselben Krankheit gab es z. B. bei der Lepra, denn jahrhundertelang dürften bei der amtlich angeordneten Lepraschau von Verdächtigen auch völlig harmlose Patienten mit der Schuppenflechte, der Psoriasis, in Leprosorien eingewiesen und damit einer lebenslangen Isolation zugeführt worden sein. Auch bei den Geschlechtskrankheiten gab es solche Schwierigkeiten. Hier tauchte im übrigen auch noch die Vermutung auf, daß es sich bei der erst 1530 von dem schon erwähnten Girolamo Fracastoro in einem Lehrgedicht als solche mit dem Kunstnamen Syphilis bezeichneten Lues um eine neue, aus Amerika eingeschleppte Erkrankung handeln würde, während andererseits die Europäer den Indianern als Danaergeschenk der Alten Welt offensichtlich die Pocken mit einer katastrophalen Sterblichkeit nach Amerika gebracht hatten. Lange blieb es zweifelhaft, ob es sich bei der Syphilis tatsächlich um eine neue Krankheit oder nur um eine weitere Form der schon seit der Antike bekannten Gonorrhöe, des Trippers, handelte. 1767 ging der englische Arzt John Hunter in einem Selbstversuch dieser Frage nach: Er hatte insofern Unglück, als er sich sowohl mit Tripper-Eiter als auch mit Syphilis-Materie infiziert hatte, und so bekam er zuerst die relativ schnell auftretende Gonorrhöe und erst Monate später die verschiedenen Stadien der zweiten Geschlechtskrankheit, die im übrigen erst 1850 von dem Tripper differenziert werden konnte. Auch die sogenannte »Gehirnerweichung« (progressive Paralyse) der Syphilis, 1894 als Parasyphilis benannt, wurde ursprünglich für nichts als eine Geistesschwäche (Demens) gehalten, ohne daß deren Ursache klar erkannt werden konnte, bevor nicht im Jahre 1905 der Erreger der Syphilis (zunächst als *Spirochaeta pallida*, heute mit *Treponema pallidum* bezeichnet) entdeckt und schließlich durch den Nachweis der Erreger im Gehirn im Jahre 1913 endgültig bewiesen werden konnte. Vorher aber hatte August von Wassermann seine berühmte »Wassermannsche Serumreaktion« als Nachweismethode einer sonst nicht erkennbaren Syphilis ausgearbeitet und 1906 nicht nur im Blut, sondern auch in der Zerebrospinalflüssigkeit von Paralytikern diese Reaktion nachweisen können. Er entwickelte somit ein Vorläufermodell der späteren Serumreaktion bei der HIV-Infektion, mit der ja auch viele Jahre vor Ausbruch der Erkrankung ein Kontakt mit dem so gefährlichen Erreger aufgedeckt werden kann.

Nach wie vor ist aber das Rätsel nicht gelöst, warum aus dem Dunkel der Geschichte plötzlich eine neue Infektionskrankheit in das Licht der Öffentlichkeit tritt, warum bestimmte todbringende Infektionskrankheiten wie die Diphtherie, die noch das Leben unserer Großeltern und insbesondere der Kinder häufig bedrohte, heute nicht einmal mehr in einem Praktikum für Medizinstudenten vorgestellt werden kann; und warum eine Krankheit wie der englische Schweiß, der als *Sudor anglicus* vor allem im 15. Jahrhundert in Großbritannien in mehreren Seuchenzügen auftrat und schließlich von 1529 bis 1580 auch nach Deutschland übergriff und dort als ein *Morbus novus*, als eine neue Krankheit bezeichnet wurde, nach zwei weiteren Generationen wieder verschwand, so daß man heute nur eine, wie auch immer geartete Viruskrankheit vermuten kann; und warum im Jahre 1919 eine lebensgefährliche sogenannte »Spanische Grippe« auftrat, die mit einer *Encephalitis lethargica*, einer Gehirnentzündung, einherging, und die zum Teil mit 70prozentiger Letalität die damalige europäische Menschheit nach dem Ersten Weltkrieg befiel, und zwar sowohl Kombattanten wie Nicht-Kombattanten in den vom Kriege verschonten Ländern.

Es besteht jedoch kein Zweifel, daß das Auftreten derartiger Seuchenzüge jedesmal das gesamte individuelle, soziale, psychologische und religiöse Weltbild der betreffenden Generationen änderte – wie auch in Folge des Schwarzen Todes. Ab 1348 ist das Auftreten oder das Aufkommen der »Totentänze« (von denen wir in Düsseldorf im Augenblick die größte Sammlung der Welt mit über 2500 Exponaten unser eigen nennen dürfen) nachzuweisen. In jenem Jahr ist Petrarcas »Triumph des Todes« erschienen, und Giovanni Boccaccio schrieb unter dem Eindruck der Pest seinen berühmten »Decamerone«. Es schlossen sich die zahllosen, zum Teil auf Anordnung der Obrigkeit verfaßten »Pestregimina« (Pestschriften) an, die Einführung der schon erwähnten Quarantäne und zahlreiche sogenannte »Desinfizientia« (chemische Entseuchungsmittel). Und ein ähnlicher Umbruch in der allgemeinen Vorstellung ist zweifelsohne auch durch die AIDS-Gefahr heraufbeschworen worden, wenngleich der Ausspruch der damaligen Familienministerin Rita Süssmuth von 1987 (»AIDS bekommt man nicht, AIDS holt man sich«), zumindest was die Kinder, die bei Bluttransfusionen oder perinatal mit dem Virus infiziert worden sind, und viele andere, die Opfer von Gelegenheitsinfektionen wurden, nicht zutrifft. Immerhin hat die Kampagne für Kondombenutzung erst durch AIDS geradezu einen Höhepunkt erreicht, ohne daß man bisher feststellen könnte, ob die moralischen und medizinischen Ermahnungen von durchschlagendem Erfolg gewesen sind.

Die Hoffnung der Medizin liegt eher in dem Auffinden eines wirkungsvollen prophylaktischen oder therapeutischen Mittels, so wie das mit der Entwicklung des »Salvarsans« durch Paul Ehrlich und seinen japanischen Mitarbeiter Sahachiro Hata im Jahr 1910 glückte, des »Germanins« als Mittel gegen die Schlafkrankheit, und der Sulfonamide und Chemotherapeutika sowie der Antimalariamittel, die freilich in der letzten Zeit wegen der zunehmenden Resistenz der Erreger immer unwirksamer werden, so daß man nach anderen Mitteln der Bekämpfung dieser Seuchen suchen muß. Auf den aktuellen Stand der Situation wird im einzelnen in den Kapiteln eingegangen, die von ausgezeichneten Sachkennern

Die Vier Apokalyphischen Reiter (Holzschnitt von Fritz Richter, 1937)

und gleichzeitig der Fachjournalistik verbundenen Autoren verfaßt wurden. Gerade die Gegenüberstellung einzelner sogenannter Kasuistiken, d. h. Beschreibungen konkreter Krankheitsfälle, und der weltweiten Bemühungen um eine Aufklärung der Seuchen und ihrer Bekämpfungsmöglichkeiten üben meiner Meinung nach einen besonderen Reiz aus. Die medizinischen Details der Zusammenhänge und Probleme der Seuchenbekämpfung sind freilich häufig sehr viel komplizierter als sie im Rahmen dieses Buches dargestellt werden können.

Das Auftreten von AIDS hat leider der optimistischen Vorstellung der Weltgesundheitsorganisation von der erfolgreichen Ausrottungskampagne gegenüber den Infektionskrankheiten viel von ihrem strahlenden Glanz genommen. Diejenigen, die davor warnten, die Aggressivität der Natur zu unterschätzen (und ich zähle auch dazu, da ich mich beispielsweise seinerzeit gegen die allzuschnelle Aufgabe der Pockenschutzimpfung gewandt habe), und die der Natur eben doch eine Reihe unvorhersehbarer Sprünge zugestehen, haben leider bis heute recht behalten. Der Medizinhistoriker muß fragen, ob es nicht auch in Zukunft ähnliche, plötzlich auftretende, infektiöse, hochgefährliche und mit hoher Letalität belastete Infektionskrankheiten geben wird, wie es sie in der Vergangenheit gegeben hat, und wie der einzelne und die Öffentlichkeit auf diese Bedrohung reagieren können und werden.

Nach der ersten europäischen Beschreibung der Syphilis im Jahre 1494 hat es immerhin 411 Jahre gedauert, bis der Erreger 1905 entdeckt wurde. Die Entwicklung des wirkungsvollen Präparats Salvarsan im Jahre 1910 schloß sich dann sehr schnell an. Anders bei der neusten Seuche AIDS, bei der kurz nach der Krankheitsbeschreibung die Bestimmung des Erregers erfolgte, aber ein wirksames Medikament noch lange nicht in Sicht ist. Sind die Erreger intelligenter geworden? Sind die Abwehrkräfte im Organismus der Betroffenen geschwächt? Spielen hier vielleicht Umweltfaktoren eine neue, früher nicht in diesem Maße zu beobachtende Rolle? Muß man also auch die Seuchen in den Entwicklungsprozeß der Menschheit einbeziehen und damit die alte These der griechischen Denker von der Beziehung des Makrokosmos zum Mikrokosmos wieder neu beleben? Hat sich das AIDS-Virus aus einem nur für Affen pathogenen Reservoir in Afrika entwickelt, so wie die Spirochaete als Erreger der Syphilis wahrscheinlich aus der für die Indianer harmloseren Frambösie-Spirille auf dem jungfräulichen Boden Europas erneute Aggressivität entwickelt hat?

Tatsache ist, daß Seuchen nach wie vor eine der geheimen Plagen der Menschheit sind und die Apokalyptischen Reiter noch keineswegs ihren Ritt beendet haben. Sie sind nach wie vor ein Menetekel eines die Welt bedrohenden Prozesses, die der Mensch selbst mit seinen ihm zur Verfügung stehenden Mitteln verhindern könnte. Wir haben es also vielleicht in der Hand, die Vision des Offenbarungsautors in Kapitel 6, Vers 7 der Apokalypse nicht wahr werden zu lassen: »Ihnen ward Macht gegeben zu töten, das vierte Teil auf der Erde mit dem Schwert, und Hunger, und mit der Pest, und durch die Tiere auf Erden.«

PETER FREY

Pest

Bezeichnung: latein. *pestis* (Seuche, Verderben); Beulenpest (Bubonenpest), Lungenpest; Bakterieninfektion bei Nagetieren, die durch Ektoparasiten (Flöhe) auch auf den Menschen übertragen werden kann; meldepflichtige Infektionskrankheit.

Erreger: *Yersinia pestis*, ein unbewegliches, sporenloses, stäbchenförmiges Bakterium; stoffwechselphysiologisch den darmbewohnenden Bakterien *(Enterobacteriaceae)* nahestehend.

Verbreitung: Pest des Menschen früher weltweit, heute beschränkt auf einzelne Herde in Bergwald- und Savannenregionen in Nord- und Südamerika (Rocky Mountains, Brasilien, Venezuela), Zentral-, Süd- und Ostafrika (Madagaskar, Tansania) sowie Zentral- und Südostasien.

Infektion und Krankheitsverlauf: Eindringen der Bakterien über Haut(-Verletzungen) oder Atemwege; Einschwemmung in die Blutbahn und Absiedelung in verschiedenen Organen, meist in den Lymphknoten, besonders der Leiste (Beulenpest), seltener in der Lunge (Lungenpest, hochinfektiös); Körperreaktion durch Anschwellen der Lymphknoten (Beulenpest); Tod durch Blutvergiftung (Sepsis), Herz- und Nierenversagen, generalisierte Blutgerinnungsstörung; milde verlaufende Form äußert sich in nur leichtem Fieber (abortive Pest); Inkubationszeit 2–10 Tage.

Krankheitsbild: pulsierende, verhärtende, schmerzhafte Anschwellung der Lymphknoten; Kopfschmerzen mit Erbrechen, Husten, Atemnot; bläuliche Verfärbung der Haut und Schleimhäute durch großflächige Blutungen; unbehandelt immer tödlich (2. bis 7. Krankheitstag)

Diagnose: mikroskopischer Nachweis der Bakterien in Gewebeflüssigkeit; Nachweis von Antikörpern (ELISA), Schnelltest durch Polymerase-Kettenreaktion (PCR) in der Entwicklung.

Therapie und Prophylaxe: heute problemlos bei frühzeitiger Erkennung durch Antibiotika; Vorbeugung durch aus inaktivierten Bakterien hergestelltem Impfstoff, nur eingesetzt bei besonders exponierten Personen (Tierpfleger, Laborarbeiter); Vorbeugung durch Fernhalten der Ratten von Wohnstätten, geeignete Kleidung oder Insektizide gegen Rattenflöhe.

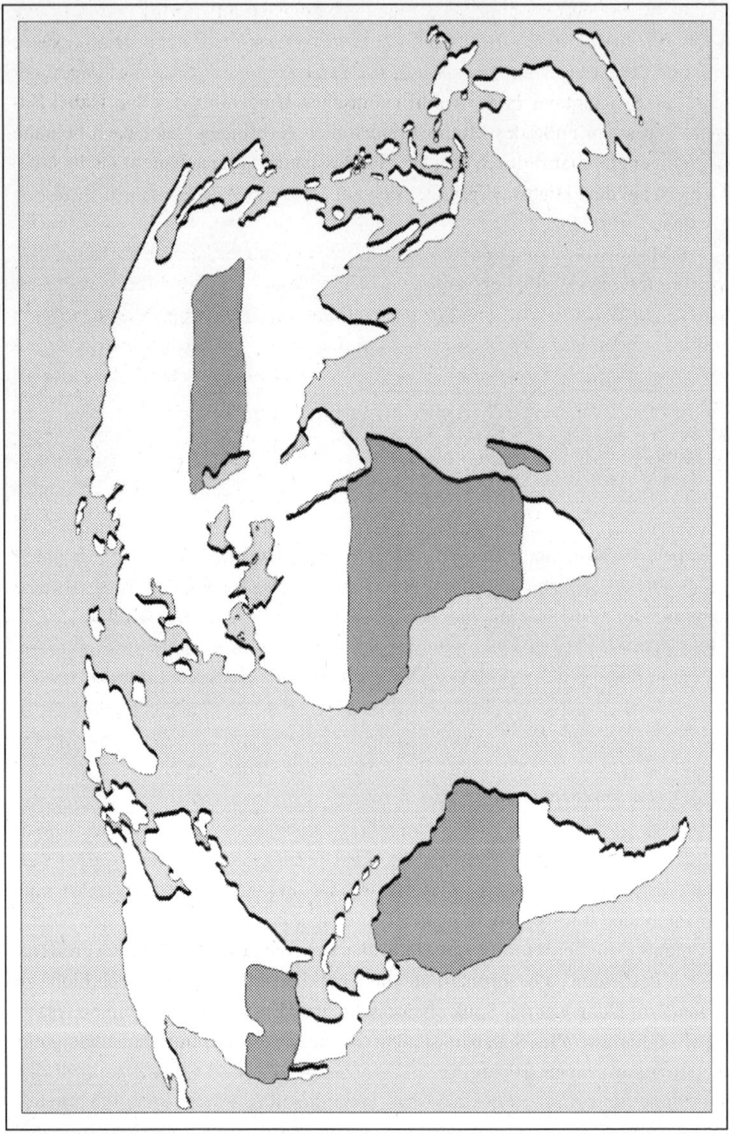

Verbreitung als Nagetiererkrankung (Zoonose)

Jeff Brown war bester Laune. Die Tage in Chaffee County mitten in den Rocky Mountains hatten ihm gut getan. Froh dem Alltagstrott für ein paar Tage zu entkommen, hatte er ohne zu zögern die Einladung eines Freundes angenommen, den Spätsommer in der wildromantischen Umgebung des San Isabel National Forest am Fuße des Mount Princeton zu verbringen. Jetzt nach beinahe 14stündiger Heimfahrt durch drei US-Bundesstaaten und nach mehr als 1000 Kilometern auf dem Highway freute er sich auf ein freies Wochenende zu Hause in Arizona.

Den Magenkrämpfen am nächsten Morgen schenkte er kaum Bedeutung. Als tags darauf starkes Fieber, Übelkeit, Erbrechen und Durchfall einsetzten, glaubte der 31jährige an eine Magenverstimmung. Gleich am Montagmorgen würde er seinen Hausarzt aufsuchen. Der beruhigte ihn zunächst und diagnostizierte eine harmlose Lebensmittelvergiftung durch Bakterien. Doch die Antibiotika blieben wirkungslos. Dann ging alles ganz schnell. Am nächsten Tag wurde Jeff Brown mit einem septischen Schock in das Krankenhaus von Tucson eingeliefert. Mit massiven Gaben von Erythromycin, Tobramycin und Penicillin kämpften die Ärzte um das Leben des Patienten. Doch die Therapie kam zu spät: Am 25. August 1992 starb Jeff Brown, keine 24 Stunden nachdem er in die Notaufnahme des Krankenhauses eingeliefert worden war. Eine Woche später ließen Bakterienkulturen aus Speichelproben keinen Zweifel an der Todesursache mehr zu: Der Mann war an einer generalisierten Pestinfektion gestorben.

Die Behörden reagierten schnell und umsichtig. Alle Personen, die mit dem Patienten nach seiner Erkrankung Kontakt hatten, wurden aufgespürt, isoliert und beobachtet. Zwei Krankenschwestern erhielten auf eigenen Wunsch Antibiotika zur Vorbeugung gegen die Infektion. Nach acht Tagen ließen sich bei niemandem Symptome von Beulen- oder Lungenpest feststellen. Die Mediziner atmeten ein erstes Mal auf.

Untersuchungen der Chaffee-County-Gesundheitsbehörden zeigten wenig später, daß eine Hauskatze, die inzwischen gestorben und verbrannt worden war, Quelle der Infektion gewesen sein mußte. Als ein pestinfiziertes Eichhörnchen und zahlreiche tote Nagetiere in der Umgebung des Landhauses in den Rocky Mountains gefunden wurden, entschloß man sich, das gesamte Anwesen großräumig mit Pestiziden zu besprühen, um die Krankheitsübertragung durch Flöhe zu verhindern. Dann war der Spuk ebenso schnell zu Ende, wie er begonnen hatte.

Die schlimmste aller Seuchen ist nicht tot, sie schläft nur. In Europa heute nur noch traumatische geschichtliche Erfahrung, stellt die Pest für eine ganze Reihe von Ländern ein immer noch aktuelles gesundheitliches Problem dar. Selbst Industrienationen wie die USA bleiben davon nicht verschont. »Die Pest ist in den Vereinigten Staaten eine zwar selten vorkommende Infektion«, sagt Allan M. Barnes vom Zentrum für Seuchenkontrolle in Fort Collins/Colorado, »ausrotten kann man sie allerdings nicht.« Zwischen 1970 und 1989 zählte das Institut in den vier am stärksten betroffenen US-Bundesstaaten New Mexico, Arizona, Kalifornien und Colorado 256 Fälle. Die Statistik zeigt, daß die weitaus meisten Erkrankungen in den Monaten Mai bis Oktober auftraten, also immer dann, wenn sich die Menschen viel in der freien Natur aufhielten. Stärker betroffen als der Durchschnitt waren junge Leute. Bei Indianern diagnostizierten Ärzte die Krankheit sogar zehnmal häufiger als bei den übrigen Bevölkerungsgruppen.

Auch in anderen Teilen der Welt ist die Krankheit weit davon entfernt, besiegt zu sein. Im September 1990 meldeten die Nachrichtenagenturen ein Aufflackern der Pest im zentralasiatischen Kasachstan. 48 Opfer forderte die Seuche im Januar 1991 in zehn Dörfern Nordtansanias. Am 8. Juni 1993 schließlich informierte eine Acht-Zeilen-Meldung der »Associated Press« über 33 Tote, die in Uganda an der Beulenpest starben. Alarmierende Kunde kommt von der Weltgesundheitsorganisation (WHO) aus Genf: Die Zahl der Pesterkrankungen bei Menschen stieg zwischen 1989 und 1990 von 770 auf 1250, die Zahl der Todesfälle erhöhte sich von 104 auf 137. Schwerpunkte der Seuche sind Vietnam, Tansania und Madagaskar. Weil viele Länder aus Angst vor Handelsrepressionen Erkrankungen verschweigen, ist zudem eine hohe Dunkelziffer wahrscheinlich. Bemerkenswert ist deshalb, daß die ehemalige Sowjetunion 1990 erstmals Fälle von Pesterkrankungen meldete.

Schmarotzer, Blutsauger und Nager

Verantwortlich für den »Schwarzen Tod«, der im Mittelalter Millionen von Menschen dahinraffte, ist ein unscheinbares stabförmiges Bakterium, nicht länger als zwei Mikrometer, das nach seinem Entdecker, dem französischen Arzt Alexandre Yersin, *Yersinia pestis* genannt wird. Der Erreger befällt zunächst kleine Nagetiere, vor allem Ratten. Flöhe als blutsaugende Gäste der Nager nehmen die Bakterien mit dem Blut ihrer Wirte auf. Stirbt die Ratte an der Infektion, so kühlt ihr Körper ab, die Blutzirkulation kommt zum Stillstand, und die temperaturempfindlichen Flöhe sind gezwungen, sich einen neuen Gastgeber zu suchen. Die pure Not läßt sie dabei wenig wählerisch sein. Denn obwohl die meisten der winzigen Parasiten menschliches Blut nicht gerade schmackhaft finden, stürzen sie sich bei akutem Nahrungsmangel auf beinahe jedes Säugetier in ihrer Nähe. Zwar kann ein Floh mehrere Wochen ohne Nahrung zubringen, ist aber ein warmblütiges Opfer in seiner Nähe, so nimmt er jeden Tag mehrere Blutmahlzeiten zu sich.

Dabei scheint es so, als würde *Yersinia pestis* selbst wirkungsvoll für seine Verbreitung sorgen: Die Bakterien scheiden ein Enzym (Coagulase) aus, das das

Alexandre Yersin

aufgesaugte Blut gerinnen läßt. Der Floh kann diesen Pfropfen nicht hinunterschlucken und bleibt hungrig. Beim nächsten Saugen an einem neuen Opfer spuckt der Floh einen Teil des Blutes wieder aus. So können Millionen virulenter Keime in die Blutbahn des Wirtes gepumpt werden, und die Bakterien verbreiten sich innerhalb kurzer Zeit in der gesamten Rattenpopulation. Hat die Seuchenwelle erst einmal eingesetzt, beginnt unter den Nagern meist das große Sterben, und die Ansteckung anderer Tierarten ist programmiert. Dann – und nur dann – kann es auch für den Menschen gefährlich werden.

Bekanntester Überträger der Beulenpest ist der orientalische Rattenfloh *(Xenopsylla cheopis)*. Doch die Verbreitung der Krankheit verläuft weitaus komplexer als zunächst angenommen. Weltweit wird der Seuchenerreger von mehr als 200 Säugetier- und etwa 80 Floharten getragen. Darunter beinahe alle Arten nordamerikanischer Eichhörnchen (und viele ihrer Floharten), die am Grand Canyon wie in den meisten anderen großen Nationalparks der Vereinigten Staaten bei Hunderttausenden von begeisterten Touristen um Futter betteln oder als unfreiwillige Fotomodelle posieren. Obwohl sich die Nagetierarten des amerikanischen Kontinents gänzlich von denen in Asien unterscheiden, wo der Pesterreger ebenfalls bis heute endemisch verbreitet ist, macht dies dem Bazillus wenig aus. Die in unterirdischen Erdhöhlen wohnenden Nager scheinen ihm als »Untermieter« unabhängig von ihrer Art willkommen zu sein. Hat er sich einmal eingenistet, so bringt er seine Gastgeber aus bisher noch nicht gänzlich verstandenen Gründen keineswegs auf der Stelle um, sondern lebt in relativer Eintracht mit ihnen.

Zwar ist die Pest dadurch in den meisten Weststaaten der USA und bis hinein nach Kanada und Mexiko verbreitet, allerdings nur in den unterirdischen Städten der Nager. Sporadische Infektionen beim Menschen sind seit der letzten großen Epidemie in den Jahren 1924 und 1925 in Los Angeles fast ausschließlich durch Kontakt mit wild lebenden Tieren oder deren Flöhen bekannt geworden. Die weitere Verbreitung der Tierkrankheit Pest geschieht durch junge Nager, die aus ihrer Familienhöhle vertrieben werden und auf der Suche nach einer neuen Gemeinschaft oft mehrere Kilometer wandern, bevor sie Anschluß an eine neue Sippe gefunden haben. Manchmal ist es auch der Mensch selbst, der möglicherweise erkrankte Nager über Hunderte von Kilometern zu seinem Weideland transportiert, in der Hoffnung, damit ungeliebte Präriehunde zu infizieren und so zu dezimieren.

Wann immer man Allan M. Barnes vom Zentrum für Seuchenkontrolle in Fort Collins fragt, gibt er gern zu, daß es noch sehr viel über die Pest zu lernen gilt. Damit nicht eines Tages das Unvorstellbare doch noch eintritt und der Schwarze Tod im 254 Millionen Einwohner zählenden US-Amerika wüten wird wie einst in Asien und Europa, ist es sein Job, dem Pesterreger auf der Spur zu bleiben. Seit Amerika 1899 nahezu gleichzeitig in den Häfen von San Francisco, New York und Port Townsend (Bundesstaat Washington) zum erstenmal mit ihm unliebsame Bekanntschaft machte, ist bis heute rätselhaft, warum die Pest nach Jahrzehnten, manchmal nach Jahrhunderten relativer Ruhe und im Gleichgewicht mit den Tierpopulationen, plötzlich wieder ausbricht und zu einem neuen mörderischen Schlag ausholt. Daß dies nicht selten sogar weltweit zur gleichen Zeit geschieht, ganz so als hätten sich die einzelnen Erregerstämme miteinander »abgesprochen«, scheint ans Wundersame zu grenzen. Eine wissenschaftlich überzeugende Begründung existiert dafür jedenfalls bis heute nicht.

Um so intensiver versuchen Wissenschaftler im weltweit renommierten Forschungszentrum von Fort Collins, mögliche Infektionswege von den Nagetierpopulationen zum Menschen aufzuklären. Besonderes Augenmerk richten sie dabei auf eine Gefahr, die auch Jeff Brown aus Tucson zum Verhängnis wurde. Wie viele der insgesamt rund 54 Millionen Hauskatzen der USA sind möglicherweise pestinfiziert, weil sie eine erkrankte Maus, eine verseuchte Ratte oder ein anderes Nagetier gefressen haben? Und: Wie groß ist die Gefahr wirk-

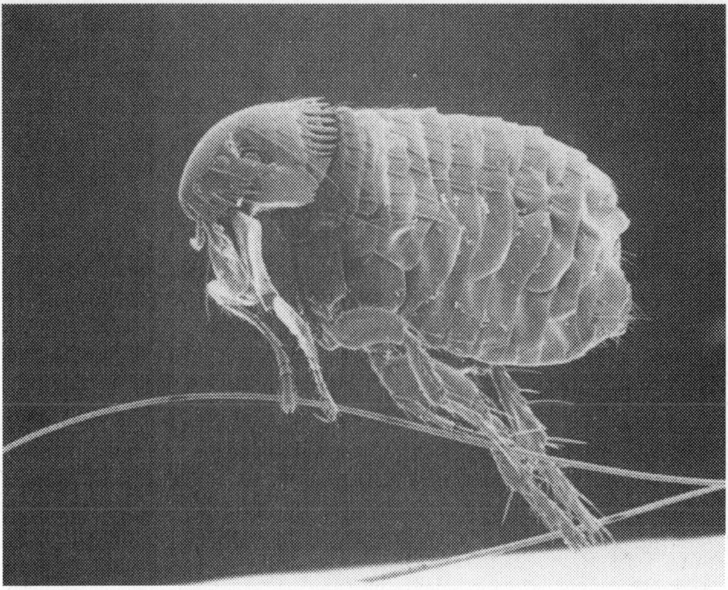

Katzenfloh (Ctenocephalides felis)

lich, sich beim Schmusen mit einer gewöhnlichen Hauskatze anzustecken? Forscher der Colorado State University trugen gemeinsam mit ihren Kollegen vom Zentrum für Seuchenkontrolle in Fort Collins 15 Krankenakten zusammen – Patienten, die eindeutig durch direkten Kontakt mit Körperflüssigkeiten einer Katze infiziert worden waren. In fünf weiteren Fällen bestand der dringende Verdacht einer Ansteckung. Bei neun der insgesamt 20 Pesterkrankungen wurde die Infektion zu spät erkannt, die Patienten starben. Grund genug für die beiden Wissenschaftler Peter W. Gasper und Allan M. Barnes, dem Übertragungsweg Nagetier – Katze – Mensch in einem Tierversuch nachzugehen. Die Wissenschaftler verfütterten sechs Wochen alte Labormäuse, die an einer Infektion mit *Yersenia pestis* gestorben waren, an 16 gesunde Katzen. Die Haustiere reagierten ganz unterschiedlich auf die tödlichen Mahlzeiten: sechs von ihnen starben unter ähnlichen Symptomen, wie sie auch bei einer menschlichen Pesterkrankung zu beobachten sind, sieben wurden vorübergehend krank, erholten sich aber schnell wieder, und drei der Tiere zeigten keinerlei Anzeichen einer Erkrankung. Die Forscher untersuchten während ihres Experiments ständig das Blut, aber auch den Rachenraum und die Krallen der Tiere auf Pestbazillen. Während der Erreger – zumindest im Versuch – nicht an den Krallen nachweisbar war, erwiesen sich Blut und Rachen bei 75 Prozent der Katzen als verseucht. Fazit der Forscher: Eine Übertragung der Pest von Katzen auf den Menschen ist sowohl bei Bissen als auch bei Stichen von Katzenflöhen jederzeit möglich. Die Entwicklung eines Pestimpfstoffes für Katzen wäre deshalb ein wirksamer Weg, der latenten Gefahr, die vor allem für Tierärzte und deren Personal in großen Teilen der USA besteht, zu begegnen.

Der Schwarze Tod

Die Geschichte der Pest scheint tief im Inneren Chinas zu beginnen, wo die Seuche mindestens seit Beginn der christlichen Zeitrechnung (wahrscheinlich aber schon viel früher) immer wieder aufflackerte. Im Grenzgebiet zwischen China und Indien hatte sich über Jahrhunderte hinweg ein Pestreservoir gebildet. Als ein ständiger Parasit lebte der Erreger, wie heute in den westlichen Staaten der USA, im Gleichgewicht mit zahlreichen Tierarten am Fuße des Himalaya. Ob es eine plötzliche Naturkatastrophe war, die dieses für den Menschen segensreiche Gleichgewicht störte, oder veränderte Lebensgewohnheiten des Menschen selbst, bleibt bis heute unklar. Eine neuere Theorie geht davon aus, daß eine riesige Überschwemmung Hunderttausende von Ratten und Nagetieren nach Westen fliehen ließ. Mit ihnen könnte sich dann auch der »Schwarze Tod« nach Europa vorgearbeitet haben. Was auch immer der Auslöser war, eine der ersten halbwegs sicheren Erwähnungen der Krankheit war die »Pest des Justinians« (benannt nach dem oströmischen Kaiser), die im 6. Jahrhundert nach Christi Geburt in Kleinasien wütete.

Doch ebenso plötzlich wie sie gekommen war verschwand die gefürchtetste aller Seuchen kurze Zeit später wieder. Wie von diesem Teil des Erdballs verbannt, verschonte sie Europa zunächst für Jahrhunderte. Allerdings nur, um schließlich noch grausamer zurückzuschlagen. Jener Beutezug der Pest, der am Ende jeden dritten Einwohner Deutschlands und insgesamt schätzungsweise 25 Millionen Menschen in Mitteleuropa und Nordafrika dahinraffte, begann vermutlich an einem eher fröhlichen Herbsttag des Jahres 1347 in Kaffa.

Glaubt man dem zeitgenössischen Chronisten Gabriele de Mussis, so wurde an diesem Tag im Schwarzmeer-Hafen ausgelassen gefeiert und getanzt: »Die Stadt auf der Krim hat den Tataren getrotzt. Nach Wochen der Belagerung sind sie abgezogen. Niemand weiß genau warum, aber das ist auch egal. Dann aber machen die Leute von Kaffa eine entsetzliche Entdeckung. Zwischen Schmutz und Unrat finden sie tote Tataren, die von den Angreifern kurz vor dem Abzug über die Stadtmauern herüberkatapultiert worden sind. Warum die Belagerer aufgegeben haben, wird schnell klar, als die Einwohner von Kaffa sich außerhalb ihrer

Stadt umschauen: Hunderte von Pesttoten liegen da zwischen den Überresten der zahlreichen Lagerplätze, und urplötzlich schlägt der Siegestaumel in Todesangst um.«

Bei der kleinen Geschichte des Herrn de Mussis handelt es sich damit wohl um die erste historische Erwähnung eines vermeintlich erfolgreichen Einsatzes bakteriologischer Kriegswaffen. Ungleich wahrscheinlicher ist allerdings, daß die Eingeschlossenen von Kaffa bereits lange vor dem Ausbruch derlei frustrierten Tataren-Hasses vom Pestbazillus infiziert worden waren. Die Ansteckung durch Ratten und Flöhe, die sich auf beiden Seiten der Stadtmauern frei bewegen konnten, dürfte dafür ausgereicht haben. Warum Kaffa zum Ausgangspunkt einer der größten Pandemien in der Geschichte der Menschheit wurde, läßt sich dagegen recht plausibel mit den Handelsgewohnheiten jener Tage erklären. Ein wichtiges Handelsgut waren Felle, darunter auch Häute von Murmeltieren aus Zentralasien. Fallensteller sammelten damals im Fernen Osten tote oder sterbende Tiere ein. Woran die Nager litten, kümmerte sie wenig, sie waren nur froh, so leichtes Spiel zu haben. Auch als später viele von ihnen selbst an der Pest erkrankten, verheimlichten sie das. Wohl aus Angst, die wertvollen Pelze nicht mehr so leicht weiterverkaufen zu können. Über eine Reihe von Händlern gelangten die Felle auf dem Don nach Kaffa, einer der bedeutendsten Schwarzmeer-Hafenstädte des 14. Jahrhunderts. Dort boten sich den Pesterregern mit einer riesigen Rattenpopulation auf den zahlreichen Schiffen ideale Ausbreitungsmöglichkeiten. Die halbverhungerten Flöhe, die in zahlreichen Fellen mitgereist waren, stürzten sich auf Menschen wie Nagetiere gleichermaßen und sorgten für eine blitzschnelle Verbreitung.

In ihrer Panik verschlimmerten die Menschen die Situation noch. Viele der reichen Ausländer, die in Kaffa von der Belagerung überrascht worden waren, entschieden sich 1347 für eine Flucht über das Meer, um der Pest zu entkommen. In kürzester Zeit waren die Galeeren überfüllt. Doch dem kurzen Aufatmen der Betroffenen folgte ein böses Erwachen. Viele der meist italienischen Kaufleute litten bereits am darauffolgenden Morgen an den typischen Symptomen der Pest: Den ersten Klagen über stechende Kopfschmerzen folgten Beschwerden wie leichtes Fieber und Schwäche. Wenig später verschlechtert sich der Allgemeinzustand der Erkrankten meist dramatisch: Der Puls rast, Stottern und Stammeln setzen ein, nicht selten gepaart mit geistiger Verwirrung, Apathie und einem zittrigen Gang. Weil Flohbisse in den meisten Fällen an den Beinen auftreten, sind es zunächst die Lymphknoten der Leiste, die bis auf die Größe eines Hühnereis anwachsen (Beulenpest). Bedingt durch eine generalisierte Blutgerinnungsstörung kommt es nicht nur an der Stelle des Flohbisses, sondern überall in der Haut zu Blutungen. Stirbt das Gewebe ab, ist ein Grangän, eine Schwarzfärbung des Gewebes die Folge – daher wohl auch die Bezeichnung der Pest als »Schwarzer Tod«. Herzrhythmusstörungen treten auf durch die Wirkung eines Bakteriengiftes (Endotoxins), das die Pesterreger abgeben. Auch das Nervensystem der Erkrankten ist stark beeinträchtigt, und der Patient stirbt unbehandelt meist am fünften oder sechsten Tag, manchmal unter bizarr anmutenden Zuckungen und »Todestänzen« an einer Blutvergiftung (Sepsis).

Als sich die gefürchteten Hautverfärbungen und Schwellungen der Lymphdrüsen zeigten, ging auch im Oktober 1347 an Bord der Galeeren das Grauen um. Jedem war inzwischen klargeworden, daß der »Schwarze Tod« mit an Bord gekommen war. In den nächsten Stunden erkrankten immer mehr Menschen, immer mehr Menschen starben. In ihrer Not versuchten die Überlebenden, den Hafen von Messina auf Sizilien anzulaufen. Deren Einwohner erkannten zu spät, was die Ankömmlinge in ihrem Reisegepäck eingeschleppt hatten. Zwar vertrieben sie die Schiffe in aller Eile aus dem Hafen, doch die Seuche blieb und verursachte ein ungeheures Sterben.

Viele Einwohner Messinas verließen die Stadt in wilder Panik. Um vor der Pest sicher zu sein, flüchteten sie in die umliegenden Felder, Weingärten oder in nahe Städte – mit ihnen zogen in den Kleidern die Rattenflöhe und damit die Seuche. Anfängliche Gastfreundschaft wie in Catania, wo kranke Flüchtlinge sogar in das Hospital der Stadt aufgenommen wurden, verwandelte sich schnell in Haß und Zurückweisung, als die Menschen sahen, welche Krankheit die Fremden da eingeschleppt hatten. Innerhalb weniger Wochen hatte die Pest ganz Sizilien erfaßt. Die zurückgewiesenen Schiffsbesatzungen versuchten verzweifelt, in anderen Hafenstädten rund ums Mittelmeer an Land gehen zu können. Obwohl ihnen das meist strikt untersagt wurde, ließ sich die Seuche mit einer Quarantäne vor der Kaimauer kaum verhindern. Die ebenfalls sterbenskranken Schiffsratten mit ihren infizierten Flöhen standen ja nicht unter Quarantäne, schwammen ungehindert an Land und sorgten für eine ungezügelte Ausbreitung des »Schwarzen Todes«. Bis zum Dezember hatte die Pest nahezu alle Hafenstädte im italienischen Westen sowie Südfrankreich erreicht. Im Norden blieben die Alpen zumindest für kurze Zeit eine natürliche Barriere. Im Landesinnern Frankreichs kam die Seuche mit einer Geschwindigkeit von etwa sechs Kilometer pro Tag voran, schnell genug, um Grauen und Schrecken in immer neuen Städten zu verbreiten. In Venedig starben täglich 600 Menschen, in Florenz raffte die Krankheit die Hälfte der Bevölkerung dahin. Nach einem Jahr waren weite Teile Europas und Nordafrikas infiziert. Wie eine tödliche Walze begann die Pest zu wüten: Per Schiff erreichte sie Großbritannien und Irland, 1350 griff sie nach Skandinavien über, drang tief nach Rußland vor, sechs Jahre später kehrte sie erneut nach Kaffa auf der Krim, ihrem Ausgangspunkt, zurück.

Deutschland wurde bereits in den Jahren 1349 und 1350 erfaßt. Auch dort löschte die Pest in nicht wenigen Städten die Hälfte der Bevölkerung aus. Besonders hart traf es Norddeutschland. Alte Chroniken zeugen von Zehntausenden Toten. In Lübeck sollen angeblich weniger als ein Prozent der Einwohner am Leben geblieben sein. Im Verlauf von vier Jahren wurden allein im deutschen Sprachraum 200000 kleine Orte und Dörfer völlig entvölkert und von der Landkarte getilgt. Bis dahin hatten Berichte der großen Seuchen stets sagenumwobene Züge. Geschichtsschreiber jener Tage hielten sich mehr mit verworrenen göttlichen Straftheorien oder metaphysischen Deutungen auf als mit der Beschreibung von Symptomen. Italienische Mediziner lieferten im 14. Jahrhundert zum erstenmal brauchbare Schilderungen des Krankheitsbildes. Was sie besonders erschreckte war der rasende Verlauf und das blitzartige Sterben der Opfer. »An einem Tag war man gesund, am nächsten schon tot«, ist in einer Chronik nachzulesen.

Während die Inkubationszeit bei der Beulenpest zwei bis fünf Tage (in manchen Fällen bis zu zehn Tage) beträgt, sind es bei einer zweiten Form der Infektion, der Lungenpest, nur wenige Stunden. Zwischen 95 und 100 Prozent aller Betroffenen starben nach kurzer Zeit. Noch verheerender wirkte sich in den mittelalterlichen Städten die Erkenntnis aus, daß diese Form des »Schwarzen Todes« offenbar direkt von einer Person auf die andere übertragen werden kann. Fast immer waren wilde Panik, Isolation und Flucht der Betroffenen die Folge.

Auch heute noch ist das Auftreten akuter Lungenpest ein äußerst gefährlicher medizinischer Katastrophenfall. Zumindest dann, wenn er in einem dicht besiedelten Gebiet vorkommt. Diese Spielart der Krankheit entsteht durch das Vordringen der Pestbakterien in die Lunge (Tröpfcheninfektion). Sie beginnt mit einer Bronchitis, kurze Zeit später entwickelt sich ein blutiger Husten. Der Patient stirbt meist an Herzinsuffizienz (Herzmuskelschwäche) sowie toxisch bedingtem Kreislaufversagen. Zwei weitere Verlaufsformen sind seltener: Die Pestsepsis ist eine fast immer tödlich verlaufende Komplikation der Beulen- oder Lungenpest, die auch ohne nachweisbare Lymphknotenschwellungen auftreten kann. Schließlich existiert auch eine sogenannte »abortive Pest«, eine klinisch milde verlaufende Variante mit nur leichtem Fieber.

Aus Sicht des Arztes bedeutet die Behandlung der einst schlimmsten aller Infektionen heute kaum eine Herausforderung mehr. Frühzeitig erkannt, haben Patienten eine exzellente Heilungschance dank Antibiotika. Als wirksamstes Mittel gegen *Yersinia pestis* erwies sich Streptomycin (seit 1948 im Einsatz), das Medikament der zweiten Wahl ist Chloramphenicol. Daneben sind aber auch Aminoglykoside oder Kombinationen aus Tetracyclinen und Sulfonamiden gut wirksam.

Eine Impfung ist zwar möglich, ihr Wert bleibt jedoch umstritten. So unterzogen sich während des Vietnamkrieges mehr als eine Million US-Soldaten dieser Behandlung. Wie groß der Nutzen damals wirklich war, läßt sich bis heute nicht mit Sicherheit sagen. Auch nach Ansicht der WHO erscheint eine Impfung inzwischen nur noch für Risikogruppen gerechtfertigt. Dazu zählt das Personal von Versuchslabors, in denen mit lebenden Pest-Kulturen gearbeitet wird. Ratsam ist eine Immunisierung allenfalls noch für Farmer, Landarbeiter oder Fallensteller in Regionen, in denen *Yersinia pestis* in der jeweiligen Nagetierpopulation weit verbreitet ist.

Kopfzerbrechen bereitet den Medizinern dagegen das Fehlen einer schnellen Diagnosemöglichkeit. So starben in den 80er Jahren in den Vereinigten Staaten 16 Prozent aller an Pest erkrankten Patienten, weil Ärzte das Krankheitsbild als Magenverstimmung, Bronchitis oder Lungenentzündung mißdeuteten. Mit dieser Sterberate für Pesterkrankungen lagen die USA an der Spitze der internationalen Statistik. Müssen Bakteriologen wie bisher mühsam im Gewebesaft verdächtiger Lymphknoten mikroskopisch auf die Jagd nach den gramnegativen, unbeweglichen und sporenlosen Stäbchen namens *Yersinia pestis* gehen oder in Gewebekulturen nach dem Erreger fahnden, so wird wertvolle Zeit vergeudet, in der sich das todbringende Bakterium ungestört vermehren kann. Hoffnung macht deshalb eine Studie des »Walter Reed Army Institute for Research« in Washington, in der Epidemiologen einen Antigentest verwendeten. Ein Verfahren, das dem Enzymimmunoassay (ELISA) ähnlich ist. Ein Oberflächenprotein des Pest-Bakteriums läßt sich damit in Blut, Gewebe und Speichel von Labor-Ratten in unvorstellbar geringer Konzentration nachweisen.

Auf ein brauchbares Frühwarnsystem bei der Überwachung vermuteter oder nachgewiesener Infektionsherde setzen Wissenschaftler der Rocky Mountain Laboratories in Hamilton (Montana), die sich seit langem darüber ärgerten, daß der sichere Nachweis von *Yersinia pestis* mehrere Tage in Anspruch nehmen kann und zudem zahlreiche Versuchstiere das Leben kostet. Sie griffen deshalb in die modernste Trickkiste der Biochemiker und bedienten sich der Polymerase-Kettenreaktion (PCR). Bei diesem aus der Gentechnologie stammenden Verfahren erzeugen die Forscher einige kurze Stücke des Erbmaterials Desoxyribonukleinsäure (DNS) auf künstlichem Wege. Diese Abschnitte müssen zum Erbgut des Pesterregers komplementär sein, genauso wie etwa die beiden Seiten eines Reißverschlusses zueinander passen müssen. Mit solchen sogenannten Primern läßt sich nun im Gewebe oder Blut beispielsweise eines befallenen Flohs die Suche nach den geeigneten Gegenstücken beginnen. Hat eine derartige Sonde ihr Gegenüber gefunden, so läßt es sich viele tausend Mal vervielfältigen und schließlich nachweisen. Zum erstenmal, so glauben die Biochemiker aus Montana, ist damit ein Instrument gefunden, mit dem der Pestbefall großer Gebiete schnell und zuverlässig bestimmt werden kann. Der neue Test kommt ohne Versuchstiere aus, liefert innerhalb von acht Stunden reproduzierbare Ergebnisse und kann bereits die unglaublich geringe Menge von zehn Pestbakterien entdecken. Zudem sind die Forscher optimistisch, auf dieser Basis in naher Zukunft einen Schnelltest auch für die Diagnose am Menschen bereitstellen zu können (weitere Ausführungen zu PCR siehe auch in »Schlafkrankheit«, S. 231 ff).

Um das Jahr 1350 verlor die Pest in Mitteleuropa an Wucht, zumindest vorübergehend. Es war, als ob die Krankheit Atem holen mußte, um zu einem neuen Schlag auszuholen. In den darauffolgenden Jahrzehnten kam sie mit unheilbringender Regelmäßigkeit zurück, tötete erneut Hunderttausende von Einwohnern, nur um auf mysteriöse Weise wieder für kurze Zeit zu verschwinden. 1356 beispielsweise wütete sie ein zweites Mal im Rheinland, 1365 ein drittes und 1383 ein viertes Mal. Aus zeitgenössischen Schilderungen wissen wir, daß in dieser Zeit vor allem Kinder zu den Opfern der Pest gehörten. Es scheint so, als habe sich damals ein »Gleichgewicht« zwischen dem Erreger und den Menschen des mittelalterlichen Europas ausgebildet. Wer die Beulenpest überlebte – immerhin bis zu 40 Prozent der Erkrankten – blieb für etwa zehn Jahre gegen die Seuche immun. So traf es also in erster Linie jene Kinder, die nach der letzten Pestwelle geboren worden und noch nicht mit dem Erreger in Kontakt gekommen waren.

Die Seuche entvölkerte den Kontinent in einem Umfang, wie es selbst durch die zwei Weltkriege im 20. Jahrhundert nicht möglich gewesen war. Das Ausmaß läßt sich nur grob abschätzen. Auch wenn Papst Gregor VI. die Zahl der Toten nach der ersten großen Seuchenwelle in pseudowissenschaftlicher Genauigkeit mit 42 836 486 angab, liegt die wirkliche Größenordnung wohl eher bei 25 Millionen Opfern, was etwa einem Drittel der damaligen Bevölkerung entsprach. So war die Zahl der Einwohner in Deutschland zur Zeit der letzten großen Ausbrüche um 1720 nicht viel größer als 400 Jahre zuvor. Bis ins 18. Jahrhundert hinein brachte der »Schwarze Tod« mehr Menschen um als alle Naturkatastrophen und Kriege zusammen.

Die Menschen glaubten sich in belagerten Städten, die von unsichtbaren Angreifern umschlossen waren. So verschlossen sie ihre Stadttore vor fremden Besuchern. Daß Stadtmauern gegen die Attacken von Mikroben völlig nutzlos sind und der Feind schon mitten in der Stadt lagerte, konnte ihnen nicht in den Sinn kommen. Mal machten sie »verdorbene südliche Winde« für die Katastrophe verantwortlich, dann wieder mußte eine unheilvolle Stellung von Gestirnen zur Erklärung herhalten. Das berühmt gewordene Pariser Pestgutachten aus dem Jahre 1348 geht von der astrologischen Konstellation des 20. März 1345 aus. Danach traten die drei »oberen Planeten im Hause des Wassermanns zusammen, um eine besonders feuchte und gefährliche Ausdünstung auszustrahlen«. Die Nebel verdichteten sich dann laut Gutachten in der Lunge zu »einer giftigen Materie«, die die Pest erzeugen sollte. Andere Mediziner glaubten daran, daß die Krankheit über sie gekommen sei, weil es Frösche und andere Reptilien geregnet habe.

Pestschutzkleidung, 17. Jahrhundert

Je länger die Seuche andauerte, um so mehr verschlimmerte sich die Situation. Familien wurden innerhalb kürzester Zeit ausgerottet, ganze Straßenzüge entvölkert. Schnell brach die Infrastruktur der Städte zusammen, weil Bäcker, Metzger oder Feldarbeiter erkrankt oder bereits gestorben waren. Die Straßen boten übersät mit Leichen einen grausigen Anblick. Manchmal dauerte es mehrere Tage, bis die »Raben« sie auf Leichenkarren stapelten und zu Massengräbern transportierten. Als Schutz gegen Ansteckung verwendeten die Leichenträger ein vogelähnliches Lederkostüm, das den Körper vom Kopf bis zu den Zehen einhüllte. Der riesige Schnabel enthielt wohlriechende Kräuter, die eine Infektion durch faulige Luft verhindern sollten. In einem mystischen Stab trugen sie Weihrauch mit sich herum, um ansteckende Unreinheiten abzuwehren, und selbst die mit Kristall-Linsen ausgestatteten Augenöffnungen sollten ihre Gesundheit erhalten.

Dort, wo die städtischen Verwaltungen noch funktionierten, wurden die »Raben« gut bezahlt, was sie aber nicht daran hinderte, sich an herrenlosem Gut zu bereichern. Besonders schamlose Leichenbestatter jener Tage plünderten gar Pesthäuser und raubten Sterbende aus. Das soziale Gefüge geriet aus den Fugen. »Die Pest ließ die Herzen der Menschen gefrieren«, schrieb Giovanni Boccaccio in seiner Novellensammlung »Decamerone«. Guy de Chauliac, der Leibarzt des Papstes in Avignon, gibt sich kaum weniger pessimistisch: »Der Vater besuchte nicht mehr den Sohn an seinem Krankenbett, der Sohn nicht den Vater. Christliche Nächstenliebe gab es nicht mehr, alle hatten die Hoffnung aufgegeben.« Vielfach wurden die Kranken in ihren Häusern lebendig eingemauert oder man errichtete Siechenzentren, um sie von Gesunden zu isolieren.

Kein Wunder also, daß die Menschen, beinahe wahnsinnig vor Angst, jedem noch so absurden Therapievorschlag folgten. Je prekärer die Situation, um so unsinniger wurden die Ratschläge. »Getrocknete oder frische Früchte, mit Wein genossen, schaden nichts«, heißt es im Pariser Pestgutachten, ohne Wein aber »werden sie tödlich«. Nachteilig seien Fasten oder übermäßige Enthaltsamkeit, aber: »Der Weiber muß man sich bei Todesgefahr enthalten und denselben weder beiwohnen noch mit ihnen in einem Bette schlafen.« Andere Mediziner empfahlen zehn Jahre alten Sirup, mit einer wilden Mischung von Zutaten, darunter auch kleingehacktes Schlangenfleisch. Sport und allzuviel Bewegung waren verpönt, weil der Körper dabei zuviel »schlechte Luft« aufgenommen hätte. Paracelsus empfahl, die Pestbeulen mit »gedörrten Kröten« zu behandeln. Sie würden das gesamte Gift der Pestilenz aus dem Körper ziehen. Ersatzweise hätten nach seiner Ansicht auch lebende Sperlinge oder ein lebender Hahn dem gleichen Zweck gedient. Kaum eine Idee erschien zu obskur, um nicht in die Tat umgesetzt zu werden. In manchen Gebieten ließ man nackte alte Frauen einen Schutzgraben um noch nicht infizierte Dörfer ziehen oder verbrannte in der Tradition des Voodoo-Zaubers Puppen, die die Pest darstellen sollten. Wieder andere vertrauten auf »Unzucht mit alten Weibern« oder brachten Gott Opfergaben dar und legten Pestgelübde ab. Vielfach galt Gestank als Zaubermittel gegen die Seuche. Die Folge waren Ziegenböcke, die zum Schutz im Hause gehalten wurden. Andere verbrannten Leder, Horn oder sogar Tierkadaver.

Geholfen hat all das nichts, mit vielleicht einer einzigen Ausnahme. Italienische Mediziner hatten bereits früh dazu geraten, sich an den schönen Dingen des Lebens zu erfreuen und nicht an den Tod zu denken. Die Leute sollten verseuchte Städte verlassen, sich in die kühlen, trockenen Bergregionen zurückziehen oder in Weingärten und lieblichen Landschaften die blühende Natur genießen. Dazu wurde empfohlen, das Flachland, stehende Gewässer, Küstengebiete oder »ver-

Zettel zur Kennzeichnung befallener Häuser, Erfurt 1683

dorbene südliche Winde« zu meiden. Der Umgang mit guten Freunden, das Anhören von schönen Liedern oder auch der pure Anblick von Gold, Silber oder wertvollen Edelsteinen war nach Ansicht vieler Ärzte ein geeignetes Therapiekonzept. Die Flucht in die Berge, wo es weit weniger Ratten und damit auch weniger infizierte Rattenflöhe gab als in den städtischen Gebieten, war sicherlich eine gute Idee und verlangsamte die Rate der Ansteckung in manchen Fällen merklich. In anderen Fällen sorgte eine Flucht in die Bergregionen Italiens allerdings auch für eine Weiterverbreitung der Pest in bisher noch nicht betroffene Gebiete.

Arme Leute waren ohnehin gezwungen, in den Städten zu verharren, und so richtete sich deren Zorn – unterstützt noch von der herrschenden Schicht – gegen Ausländer, Bettler, Krüppel und einmal mehr gegen die Juden. Vor allem sie mußten als Sündenböcke herhalten. Im September 1348 wurde eine Gruppe von Juden nahe dem Genfer See angeklagt, die Brunnen vergiftet zu haben. Als sie unter der Folter gestanden, wurden diese Bekenntnisse als Beweis für ihre Schuld in die Nachbarstädte verschickt. In Basel wurden daraufhin alle Juden in Holzhäusern eingesperrt und lebendig verbrannt. Bereits im November ermordete man Juden auch in Stuttgart, wenig später in Landsberg, Memmingen, Lindau, Freiburg, Ulm, Eisenach und Dresden. 16000 wurden allein in Straßburg umgebracht. Vielfach reichte die bloße Kunde von der Pest andernorts, um gegen die ungeliebten Fremden die Todesstrafe zu verhängen. Daß auch die Juden selber unter der Krankheit litten, galt kaum als Beweis für deren Unschuld. Dabei kam der Trend vielen auch aus anderen Gründen gelegen: Nicht selten gehörten Juden zu den wohlhabenden Einwohnern, schuldeten die Landesherren ihnen oft hohe Beträge. Hinrichtungen waren deshalb eine »gute Gelegenheit«, sich des Reichtums zu bemächtigen oder Schulden nicht zurückzahlen zu müssen.

Während auf den Straßen Flagellanten umherwanderten, sich wochenlang selbst geißelten und dabei für die Verbreitung der Pest sorgten, wuchs die Verunsicherung der Bevölkerung manchmal bis zur Hysterie. Warum wurden nur einzelne angesteckt, andere aber nicht? Warum starben die meisten Menschen innerhalb weniger Tage und andere mit gleichen Symptomen überlebten? Obwohl die genauen Zusammenhänge niemandem bewußt waren, zeigen zeitgenössische Pestgemälde zwischen den mit Kranken und Toten bedeckten mittelalterlichen Straßenzügen häufig Dutzende von Ratten, die sich zwischen den Opfern tummeln. Beschreibungen von erkrankten Ratten, die jegliche Scheu vor den Menschen verloren hatten, aus ihren Verstecken auftauchten und sogar im Schein von Laternen umherirrten, sind in alten Chroniken nachzulesen. Doch niemand zog damals daraus den Schluß, daß die Nagetiere und deren Parasiten für die Krankheitsübertragung verantwortlich sein könnten.

Ratten sind überall

Wenn heute in vielen Teilen der Dritten Welt immer wieder Pestepidemien aufflackern, so ist das auch ein Zeichen für den erneuten Vormarsch der Ratten. Müll auf den Straßen und marode oder gar nicht vorhandene Kanalisationen sorgen zusammen mit einem steten Anschwellen der Einwohnerzahlen in den Megazentren der Entwicklungs- und Schwellenländer für eine dramatische Vermehrung der flinken Nager. In manchem Nobelviertel Seouls oder Tokios fährt den Touristen immer häufiger der Schreck in die Glieder, wenn zwischen Boutiquen und Gourmet-Tempeln graue Schatten dahinhuschen. Tokios Stadtverwaltung möchte den gefräßigen Vierbeinern jetzt mit Tausenden von Fallen Herr werden. Ein Unterfangen, das vermutlich wenig Erfolg haben dürfte.

Im brasilianischen São Paulo, dessen explosionsartig steigende Einwohnerzahl sich jeder staatlichen Statistik entzieht, haben die Behörden den Kampf gegen die Plagegeister längst aufgegeben. In den Favellas, den Armenvierteln der Stadt, tummeln sich die Viecher ungehemmt. Sie fressen, was auf den wilden Müllkippen landet ebenso wie die Vorräte der Bevölkerung. Selbst vor Kindern und Kranken macht das mit nahezu 40 Millionen Exemplaren bezifferte Riesenheer der Vermehrungskünstler nicht halt. Die Behandlung von durch Ratten verursachte Bißverletzungen ist für das Personal der Krankenhäuser längst trauriger Alltag. Weltweit sind die Allesfresser in der Lage, ein Drittel der Ernten zu vernichten. In einigen Ländern liegt dieser Anteil weit höher.

In Berlin, so schätzen Fachleute, kommt auf jeden Einwohner eine Ratte. Weil die Hauptstadt eine einzige große Baustelle ist, werden die Tiere aus ihren Verstecken vertrieben, glaubt man bei der Senatsverwaltung. Wachsende Berge von Unrat in den Straßen und ein Kanalnetz, das in großen Teilen der Hauptstadt sanierungsbedürftig ist, fördern den Exodus, aber auch die Vermehrung der Tiere. In anderen deutschen Großstädten sieht es nur wenig besser aus. So mußte im vergangenen Jahr kurz vor Weihnachten in Düsseldorf ein Kindergarten vorübergehend geschlossen werden, weil sich die Nager auf dem Dachboden eingerichtet hatten. Immer wieder tauchen auch in der Bundesrepublik Berichte auf, nach denen Ratten durch Kanalrohre oder durch die Toilette in Wohnungen eindringen und sogar Kleinkinder verletzt haben sollen.

Dabei sind Ratten wahre Überlebenskünstler: Sie können ununterbrochen drei Minuten lang unter Wasser bleiben, sind Kletterexperten und überleben selbst einen Sturz aus 15 Meter Höhe unverletzt. Schwimmende Ratten wurden nahe von gesunkenen Schiffen noch nach Tagen gefunden.

Auf mehr als 1000 Nachkommen kann es ein einziges Rattenpaar in seinem Leben bringen. Zwei Arten der Gattung *Rattus* sind es vor allem, die den Menschen als Haustier begleiten. Mindestens 2700 Jahre liegt es nach den Aufzeichnungen des griechischen Geschichtsschreibers Herodot zurück, seit sich der Nager an die Fersen des Menschen heftete, und der mit diesem braunen Schatten wohl oder übel leben mußte. Trotz aller Versuche, die Plage abzuschütteln, war die Wanderratte, *Rattus norwegicus*, stets der Gewinner. Fallen erwiesen sich als wirkungslos, vergiftetes Futter brachte lediglich die »Vorkoster« der Plagegeister um, die durch ihren Tod die übrigen Ratten vor der gefahrbringenden Nahrungsquelle warnten. Selbst neuzeitlichen Abwehrstrategien mit Mitteln, die zu einem inneren Verbluten führen, trotzen die Populationen. Die vierbeinigen Vorkoster sterben bei Vergiftungen mit solchen Cumarin-Präparaten[1] einen Tod, der für ihre Artgenossen wie ein natürliches Sterben an Altersschwäche wirkt. Ein Trick, dem die Tiere durch verstärkte Aufnahme von Vitamin K, einem Gegenspieler des Cumarins, begegnen. Die Widerstandsfähigkeit der Ratten ist so groß, daß sie gegen zahlreiche Chemikalien unempfindlich sind.

---

[1] Cumarin kommt in vielen Gras- und Kleearten sowie im Waldmeister vor. Seine Wirkung beruht auf einer Hemmung der Synthese von Blutgerinnungsfaktoren in der Leber. Cumarin-Arzneimittel werden medizinisch bei der Behandlung von Thrombosen oder Herzinfarkten eingesetzt.

Wer auf natürliche Bekämpfung durch Katzen oder Hunde hofft, muß umdenken. Erfahrene Schädlingsbekämpfer wissen, daß sich die Nager durch die Freßnäpfe der Haustiere geradezu angelockt fühlen und in unbewachten Augenblikken das Futter stehlen.

Ursprünglich in China und der Mongolei zu Hause, zog es die Wanderratte vor etwa 1000 Jahren aus nicht genau bekannten Gründen nach Westen. Heute hat sie die vor allem auf Speichern lebende Hausratte *(Rattus rattus)* fast vollständig verdrängt. Die ungeliebten Begleiter des Menschen können bis zu 25 verschiedene Krankheitserreger in ihrem Fell in die Häuser tragen. Mancher Zoologe ist deshalb der Meinung, beide Arten aus der insgesamt 544 Spezies zählenden Gattung der Ratten haben in den zurückliegenden 2000 Jahren mehr Menschen umgebracht als alle Kriege zusammen und damit die Zivilisation um mehrere hundert Jahre zurückgeworfen. Was heute die Wissenschaftler im US-Seuchenkontrollzentrum von Fort Collins ebenso fürchten wie die Fachleute der Weltgesundheitsorganisation (WHO) in Genf ist eine Pestinfektion der Rattenpopulationen in den Millionenstädten dieser Welt. Ein neuer Ausbruch der Seuche wäre wohl kaum zu vermeiden – mit immer noch entsetzlichen Folgen, trotz des sofortigen Einsatzes neuzeitlicher Antibiotika.

Motor eines sozialen Umbruchs

Daß wir heute überhaupt in der Lage sind, viele Infektionskrankheiten wirkungsvoll zu bekämpfen, mag paradoxerweise ein Verdienst der Pest sein. Nach dem Abflauen der mittelalterlichen Epidemien wurde offenbar, daß die bis dahin unumstritten praktizierenden Ärzte auf der ganzen Linie versagt hatten. Viele waren selbst an der Infektion gestorben oder in Angst und Panik davongelaufen. Bereits 1349 gab es an der Universität von Padua in nahezu jeder medizinischen Disziplin freie Lehrstühle. Dies schaffte Freiräume für neue Ideen und ungewöhnliche medizinische Ansätze. Viele einfache und ungebildete Menschen wollten selbst für ihre Gesundheit sorgen. In der Folge erschienen mehr und mehr medizinische Texte in der jeweiligen Landessprache und nicht mehr wie vorher in Latein. Die gesamte medizinische Wissenschaft veränderte sich grundlegend.

Drastische Veränderungen bewirkte die Pest auch in der Sozialstruktur der Gesellschaft. Weil die Bevölkerung so dramatisch geschrumpft war, lagen viele Felder brach. In den Städten fehlte es an Arbeitskräften, die Löhne stiegen und die Macht der Feudalherren schwand. Dennoch gab es ein Überangebot an Getreide, was die Preise absacken ließ. Zugleich verfügten einige wenige Einzelpersonen über riesige Vermögen, die jetzt nach einer Erbschaft nicht mehr auf zahlreiche Nachkommen verteilt werden mußten. Dem ersten drastischen wirtschaftlichen Einbruch folgten schnell ökonomischer Aufschwung, Innovationsschübe und ein bis dahin dem Bürgertum unbekanntes Luxusleben. Immer neue Pesteinbrüche verunsicherten die Menschen aber weiterhin derart, daß sich eine seltsame Mischung aus Religiosität und sozialer Unruhe ausbildete, die sich durch eine Fülle von »Totentanzbildern« im späten Mittelalter dokumentiert. Nach Meinung vieler Historiker war diese Mischung aus Resignation und Trübsal über das Zerbrechen vertrauter Strukturen die Grundlage für die Umwälzungen der Renaissance.

Schließlich verschwand die Pest nach unzähligen Zyklen der Vernichtung weitgehend aus Mitteleuropa. Großbritanniens letzte Erfahrung mit der Krankheit war die »Große Pest von 1665« in London. Schon ein Jahr später ging der Spuk mit einem Paukenschlag zu Ende. Die Einwohner der Themse-Metropole feierten das Feuer von 1666 wie eine Befreiung vom »Schwarzen Tod«. Kaum jemand, der nicht an eine göttliche Erlösung durch ein »reinigendes Flammenmeer« glaubte. Doch auch die spätere These, daß die Infektion durch den Wiederaufbau mit Stein- statt Holzhäusern und wesentlich verbesserte sanitäre Einrichtungen abebbte, ist nicht haltbar. Das Feuer hatte damals nur die inneren Stadtbezirke zerstört. Die überfüllten Trabantensiedlungen in den Randbezirken wurden von den Flammen gar nicht erreicht. Gerade dort aber hatte die Pest verheerend gewütet, mehr noch als im Zentrum. Ebenfalls gegen diese Theorie spricht die historisch belegte Tatsache, daß andere europäische Städte wie Paris und Amsterdam etwa zur gleichen Zeit pestfrei wurden.

Warum die Krankheit derart abrupt verschwand, ist bis heute Gegenstand zahlreicher wissenschaftlicher Kontroversen. Die Fortschritte im Gesundheitswesen und langsame, aber stete Verbesserungen der hygienischen Verhältnisse hatten sicherlich Einfluß auf die Ausbreitungsgeschwindigkeit der Pest. Doch bei jedem neuen Ausbruch war das Zentrum Europas stets weniger betroffen als bei der vorhergehenden Infektionswelle. Von Skandinavien aus wurde die Pest nach Osten zurückgedrängt, im Mittelmeerraum zog sie sich nach Süden zurück. Mehr und mehr verlor die Krankheit an Einzugsbereichen. Obwohl der Waren- und Personenverkehr sowohl auf dem Land- wie auf dem Seeweg stark zunahm, begünstigte dies die Ausbreitung nicht.

Als die Rolle der Ratten bei der Pestübertragung im späten 19. Jahrhundert klar wurde, kamen Mediziner auf den Gedanken, sie könnten das Abflauen der Epidemien mit Veränderungen in der Rattenpopulation erklären. Schon zuvor hatte man beobachtet, daß die Hausratte mehr und mehr durch die aus dem Osten heranziehende Wanderratte verdrängt wurde. Weil diese aber zunächst größere Distanz zu menschlichen Ansiedlungen hielt, schien dies eine plausible Erklärung für eine bessere Isolation des Menschen von pestinfizierten Flöhen zu sein. Doch auch diese Theorie paßte nicht zur Geographie des Pestrückzuges von

West nach Ost. Der Vormarsch der Wanderratte nämlich verlief genau in umgekehrter Richtung.

Andrew B. Appleby von der Universität von San Diego in Kalifornien vermutete, daß eine steigende Zahl der Wanderratten während des 17. Jahrhunderts nach und nach gegen die Pest immun wurden. Da sie sich stärker als ihre erkrankten Artgenossen vermehrten, setzten sich resistente Populationen in den darauffolgenden 100 Jahren durch. Die Nager konnten zwar die Krankheit noch übertragen, starben aber nicht mehr an ihr. Die ebenfalls verseuchten Flöhe waren deshalb nicht gezwungen, sich neue Wirte zu suchen. Biologen widersprechen allerdings dieser Ansicht. Sie wissen von zahlreichen höherentwickelten Tierarten, daß Immunität gegenüber Infektionskrankheiten in der Regel nur sehr kurze Zeit anhält und nicht an nachfolgende Generationen der jeweiligen Art weitergegeben werden kann.

Vieles spricht dafür, daß der Pesterreger selbst eine Mutation durchgemacht hat, die ihn weniger aggressiv werden ließ. Solche weniger virulenten Bakterienstämme konnten die Ratten als eine Art natürlicher Impfstoff gegen die gefährlicheren Varianten von *Yersinia pestis* immunisieren. Für viele Forscher klingt diese Theorie auch deshalb attraktiv, weil sie in ein Schema paßt, das bei vielen Erregern beobachtet wurde. Der amerikanische Pathologe Theobold Smith stellte die Hypothese auf, daß tödlich verlaufende Infektionen nur vorübergehende »evolutionäre Unfälle« bei der Entwicklung eines Parasiten oder Krankheitskeimes darstellen. Bakterien oder Viren, die ihre Wirte allzu aggressiv traktieren oder gar in kürzester Zeit umbringen, sind selbst in Gefahr, ausgerottet zu werden. So setzen sich zunehmend mildere Formen eines Erregers gegenüber den ursprünglichen Varianten durch. Der Bazillus *Yersinia pseudotuberculosis*, ein naher Verwandter des Pesterregers und ebenso in Nagetieren verbreitet, ist verantwortlich für das Krankheitsbild der Pseudotuberkulose, einer akuten Entzündung des Magen-Darm-Traktes. Er dürfte als natürlicher Impfstoff einen hohen Grad an Immunität von infizierten Rattenpopulationen gegenüber einer Pesterkrankung schaffen.

Eine Studie aus Tansania, wo die Pest seit mehr als einem Jahrhundert immer wieder sporadisch ausbricht, scheint Smiths These zu stützen. Zwischen Juni 1980 und Mai 1990 untersuchten Forscher der Moi-Universität von Eldoret (Kenya) 2433 Tiere und sammelten nicht weniger als 1366 Flöhe in Häusern der Bevölkerung ein. Insgesamt wurden 2044 Nagetiere, 1880 Menschen und 176 Hunde auf eine Infektion mit *Yersinia pestis* untersucht. Obwohl 5,5 Prozent der Nager, 0,5 Prozent der Einwohner der Bergregion im Westen von Usambara und sogar 6,3 Prozent der Hunde mit dem Erreger infiziert waren, kam es nur 1990 zu einem größeren Ausbruch der Krankheit mit 311 gemeldeten Todesfällen. Zugleich wiesen die Forscher Antikörper gegen das Pestbakterium bei Nagetieren, Hunden und auch beim Menschen nach. Zumindest in begrenztem Umfang, so glauben die Wissenschaftler, sind Tiere wie Menschen gegen die Seuche immun geworden. Das aber kann nur funktionieren, wenn der Erreger in irgendeiner Form »entschärft« worden ist und sich so mit seinen Wirten »arrangiert« hat. Allerdings sind diese Interpretationen nach wie vor umstritten.

Auch wenn die Weltgesundheitsorganisation in enger Kooperation mit den nationalen Gesundheitsbehörden seit Jahren engagiert gegen die Ausbreitung der Pest kämpft, spricht heute niemand mehr von einer Ausrottung der Krankheit, wie es etwa bei den Pocken gelungen zu sein scheint. Pestizideinsätze gegen Infektionswirte und Überträger-Parasiten waren dabei in der Vergangenheit wegen teilweise erheblicher Nebenwirkungen auf Menschen und Umwelt von begrenztem Wert. Erfolgversprechender ist der Gedanke, ein Überwachungs-Programm in betroffenen Ländern zu installieren, das eine Epidemie bei Nagetieren möglichst frühzeitig anzeigt. Ein solches Monitoring würde es den Behörden betroffener Länder ermöglichen, das Überspringen der Krankheit auf den Menschen durch Impfungen und Hygienemaßnahmen zu verhindern.

Angesichts der Bedrohung durch Hungersnöte und neue Pandemien wie AIDS scheint der Aufwand für eine Infektion mit überschaubaren Verbreitungsherden und guten Behandlungsmöglichkeiten unverhältnismäßig hoch. Doch die Fachleute des US-Seuchenkontrollzentrums in Fort Collins warnen ebenso vor einer Verharmlosung wie viele WHO-Mediziner. In den Industrieländern nimmt die Gefahr durch drei Trends zu: Zum einen steigt die Zahl der Haustiere an, zum anderen zieht es die Menschen aus den Städten wieder hinaus in die Natur. Schließlich wachsen Freizeit und damit auch die Freizeitaktivitäten beständig.

Dramatischer dürfte die Entwicklung in den Ländern der Dritten Welt verlaufen. Zahlreiche pessimistische Prognosen von Zukunftsforschern sind inzwischen von der Realität bereits eingeholt worden. In den kommenden Jahren und Jahrzehnten wird das explosive Wachstum der Menschheit anhalten, Kämpfe um die ungleich verteilten Nahrungskapazitäten nehmen schon heute an Heftigkeit zu. Hungersnöte, Trinkwasserknappheit, immer neue Naturkatastrophen und eine Vielzahl regionaler Kriege und Krisen könnten künftig mehr noch als bisher zum Nachrichtenalltag gehören. Gewinner einer solchen Entwicklung wären die Infektionskrankheiten und mit einem erneuten Vormarsch der Ratten auch der »Schwarze Tod«. Dann wäre selbst in Mitteleuropa das schier Undenkbare wieder möglich: der Ausbruch einer der gefürchtetsten aller Plagen.

Hermann Feldmeier

Lepra

Bezeichnung: Lepra, früher: Aussatz; Infektionskrankheit vorwiegend der Haut und des peripheren Nervensystems, hervorgerufen durch Bakterien.

Erreger: *Mycobacterium leprae*; gehört – wie Erreger der Tuberkulose – zu den *Mycobacteriaceae*; stäbchenförmige Bakterien, 1–5 µm lang, 0,2–0,8 µm dick; sehr widerstandsfähig gegenüber Umwelteinflüssen durch hohen Lipid-Gehalt in der Zellwand; vermehren sich extrem langsam (Verdopplungszeit zwischen zwei und drei Wochen); sind auf Nährböden nicht anzüchtbar.

Verbreitung: früher weltweit, heute besonders in Afrika, Asien, Lateinamerika.

Infektion und Krankheitsverlauf: Infektion vermutlich über Tröpfcheninfektion, möglicherweise auch durch kontaminiertes Trinkwasser oder durch Direktkontakt über die Haut; Bakterien befallen Haut und Hüllzellen der Hautnerven; Spektrumerkrankung mit sehr unterschiedlichem Krankheitsverlauf; tuberkuloide Lepra: starke Entzündung in der Haut und an den Nerven, gut heilbar, nur gering ansteckend; lepromatöse Lepra: Bakterien überschwemmen den ganzen Körper, daher hohes Ansteckungsrisiko und deshalb langandauernde Therapie; weniger als 5% der Infizierten entwickeln ein Krankheitsbild; Inkubationszeit mehrere Jahre (bis zu 40 Jahre).

Krankheitsbild: Entzündung und Verdickung der Haut und einzelner Nervenstränge; Störungen der Innervation, dadurch Schmerzunempfindlichkeit, Lähmungen; Verlust der Augenbrauen; Entzündung des Augeninneren; im Spätstadium Verstümmelung der Gliedmaßen.

Diagnose: mikroskopischer Nachweis in Gewebeflüssigkeiten; neuerdings auch PCR zum Nachweis bakterieller DNS und Nachweis von Antikörpern.

Therapie und Prophylaxe: Kombinationstherapie mit mehreren Antibiotika über zwei bis sechs Monate; keine persönliche Vorbeugung; BCG-Impfung im Kindesalter scheint verläßlich zu immunisieren.

Derzeitige Verbreitungsgebiete

Ganz im Gegensatz zum Klischee, das ihr anhaftet, ist die Lepra keine Krankheit der Tropen. Sie war – und ist es zum Teil heute noch – auf allen Kontinenten und in allen Klimazonen beheimatet. Wie keine andere Erkrankung ist die Lepra aber mit unzähligen Vorurteilen und einer Stigmatisierung befrachtet. Und bei keiner anderen Seuche wurden Patienten so in eine soziale Isolation getrieben, die einen völligen Ausschluß aus der Gesellschaft bedeutete und die in vielen Fällen einem Todesurteil gleichkam.

Auch wenn die Gründe dafür im einzelnen unbekannt sind – und sicherlich bei einzelnen Völkern und Kulturen unterschiedlich waren – ist anzunehmen, daß es die medizinischen und biologischen Besonderheiten dieser Infektionskrankheit waren, die in besonderem Maße Emotionen hervorriefen und Aversionen schürten: Die Lepra ist eine Krankheit, die zu schwerer Behinderung führt, aber selten tötet. Sie verunstaltet langsam, aber sicher alle Teile des Körpers, läßt seine ausdrucksstärkste Partie, das Gesicht, maskenhaft erstarren, und führt zu abstoßenden Geschwüren. Wenn nicht ordnungsgemäß behandelt, verschlimmert sich der Zustand des Patienten kontinuierlich, bis sein Körper regelrecht von Leprabakterien überwuchert ist. Da diejenigen, die von der Lepra betroffen waren, dies vor der Öffentlichkeit nicht verbergen konnten, lag es für ihre Mitmenschen nahe, die unheimliche Erkrankung als einen Fluch, eine Strafe Gottes oder die Folge eines sündigen Lebens anzusehen[1].

Selbst als Ende des letzten Jahrhunderts immer klarer wurde, daß auch die Lepra eine durch Bakterien verursachte Infektionskrankheit ist, änderte dies nur wenig an der Attitüde, die die Gesellschaft dem Kranken gegenüber einnahm. Die Inkubationszeit war einfach zu lang und zu variabel, als daß für einen Laien der Zusammenhang zwischen Infektion (Ursache) und Krankheit (Folge) erkennbar gewesen wäre[2]. Da es eine medizinische Behandlung nicht gab, waren Abschottung und Ausgrenzung nach wie vor die Regel.

Der Umgang der Gesellschaft mit der Lepra hatte allerdings auf mehrere Weisen fatale Folgen. Zum einen führte die Diskriminierung der Patienten – und häufig auch ihrer Angehörigen und ihrer Betreuer – zu unermeßlichem Leid. Nicht wenige Patienten trieb die Stigmatisierung in den Selbstmord. Zum ande-

[1] In China beispielsweise galt die Lepra als Strafe für sexuelle Ausschweifungen, von der man annahm, daß sie über die Kinder noch vier Generationen weitergegeben würde. In Japan, Indien und im alten Ägypten wurde ebenfalls eine Beziehung zwischen der entstellenden Hautkrankheit Lepra und vorausgegangener Sünde bzw. Strafe Gottes hergestellt. Dieses Konzept wurde später vom jüdischen und christlichen Glauben übernommen und legte den Grundstock für den Ausschluß der Leprakranken aus der Gesellschaft.

[2] Während bei den meisten Infektionskrankheiten nur wenige Tage (manchmal einige Wochen, manchmal nur einige Stunden) zwischen der Infektion und dem Auftreten von Symptomen liegen, beträgt die Inkubationszeit bei der Lepra zwei bis zwanzig Jahre.

ren ging – bis in die jüngste Zeit – der Fortschritt der modernen Medizin an der Lepra fast völlig vorbei. Erst in den letzten zehn Jahren haben mikrobiologische und immunologische Forschungsergebnisse im Verein mit molekularbiologischen Methoden die Grundlage dafür geschaffen, die Lepra als Krankheit besser zu verstehen und ihre Besonderheiten im Vergleich zu anderen Infektionskrankheiten zu erklären.

Die Lepra ist nach wie vor eine Krankheit, die überall dort gedeiht, wo Armut und inhumane Lebensverhältnisse die Regel sind. Gleichwohl sind mittlerweile die medizinischen Voraussetzungen vorhanden, die Lepra erfolgreich zu bekämpfen, vielleicht sogar auszurotten. Es sind eher Probleme in den Köpfen der Menschen, die eine Eliminierung der Lepra als Massenseuche der Unterprivilegierten verhindern.

Die Grande maladie auf dem absteigenden Ast

Die Geschichte der Lepra ist nach wie vor ein Feld wissenschaftlicher Spekulation. Die ersten Berichte, die eine exakte Beschreibung des Krankheitsbildes vermitteln, wurden vor etwa 2500 Jahren in Indien aufgeschrieben. Von den ältesten dokumentierten Lepraherden in Indien und China hat sich die Krankheit vermutlich durch Völkerwanderung, Kriege und Handelsverkehr nach Westen und Norden und später auch nach Osten und Süden ausgebreitet. Definitiv nachgewiesen ist die Lepra erstmalig bei einer koptischen Mumie, die in Oberägypten im sechsten Jahrhundert n. Chr. einbalsamiert wurde. Nach Europa kam die Lepra im frühen Mittelalter und entwickelte sich im Laufe der Jahrhunderte zu einer Massenseuche. Denkbar ist, daß die Kreuzzüge mit den damit zusammenhängenden Bevölkerungsbewegungen für die Einschleppung und rasche Ausbreitung bis nach Nordeuropa mit verantwortlich waren. In Frankreich zählte man im 12. Jahrhundert 2000 Leprosorien (Leprakrankenhäuser), in denen vermutlich jeweils mehrere hundert Patienten untergebracht waren.

Neben der Pest war keine Krankheit so gefürchtet wie die Lepra. Durch die mit ihr verbundenen Verunstaltungen und Verstümmelungen wurde die Lepra zum Prototyp einer bösartigen Erkrankung, die – allerdings im Gegensatz zur Pest – das Individuum und nicht die Gesellschaft befiel und den Körper des Betroffenen in ekelerregender Weise zerfraß. Die Krankheit konnte jedermann treffen, und wer sie einmal hatte, dem stand ein unabänderliches Schicksal bevor. Edelleute und Künstler wurden gleichermaßen zu Opfern der Lepra wie Handwerker und Bauern. So zeigt das Bild der heiligen Elisabeth, das von Hans Holbein d. J. 1516 gemalt wurde, einen von der Lepra gezeichneten Körper. Und in seiner Verserzählung »Der arme Heinrich« beschreibt der große Epiker der Stauferzeit,

Hartmann von der Aue, das bittere Schicksal eines leprakranken Jünglings im 13. Jahrhundert[3].

Wie verbreitet die Seuche noch im ausgehenden Mittelalter in Europa war, läßt sich daraus ersehen, daß es in jeder Sprache eine eigene Bezeichnung für die Krankheit gab. Während die medizinischen Begriffe – das Wort Lepra wurde von Hippokrates eingeführt – »lepra graecorum« oder »elephantiasis tuberosa« im Laufe der Zeit sehr unterschiedliche Hautkrankheiten bezeichneten und mehrfache Begriffswechsel durchmachten, haben sich in den einzelnen Ländern die für die Lepra geprägten Begriffe vielfach erhalten[4]. Nur für die Gebildeten war die Lepra schlicht die »grande maladie« und die Kranken »grandes malades«.

Als Rudolf Virchow, einer der medizinischen Koryphäen seiner Zeit, im Sommer 1859 von der norwegischen Regierung gebeten wurde, die von der Lepra am stärksten betroffenen Gebiete an den Fjorden der Westküste zu besuchen und die Ursachen der Krankheit zu erforschen, muß die Situation in dieser Region verzweifelt gewesen sein. Im Distrikt von Nord-Bergen beispielsweise war jeder hundertste Einwohner, in einigen Sprengeln sogar jeder fünfzigste, an der Lepra erkrankt. Virchow brauchte sich meist nur wenige Schritte von der Anlegestelle seines Schiffes zu entfernen, um auf Dutzende von schwerkranken Patienten zu treffen[5].

Mittlerweile ist in Norwegen – wie auch in den anderen Ländern Skandinaviens – die Lepra eine Krankheit, die man nur noch aus historischen Filmen kennt. Im Süden Europas, in wirtschaftlichen Randgebieten, ist sie dagegen nach wie vor verbreitet. So sind nach dem neuesten Bericht der WHO Ende 1993 noch

---

[3] Paul Claudel legt die Quintessenz der mittelalterlichen Erzählung in seinem Stück »Verkündigung« dem Aussätzigen Peter von Ulm in den Mund: »Hart ist die Mieselsucht und schwer diese schändliche Wunde mit sich zu schleppen und zu wissen, daß man nicht genesen kann und nichts wider sie taugt. Daß sie jeden Tag weiter frißt und tiefer dringt, und daß man allein ist und seine eigene Verseuchtheit dulden muß und zu fühlen, wie man so lebendigen Leibes verwest.«

[4] In Norwegen hieß – und heißt – die Lepra »spedalskhed«, in Island »limafallsyki«, in Holland »melaatsched«, in Italien »St. Lazarus Krankheit«, in England »leprosy« und in Deutschland »Maltzei« oder »Mieselsucht«. – Die spätere deutsche Bezeichnung »Aussatz« hat etymologisch nichts mit den Krankheitssymptomen zu tun, sondern erklärt sich aus dem Umgang der Gesellschaft mit den »Leprösen«, d. h. ihrer Ausgrenzung in Leprosorien.

[5] Norwegen hatte damals knapp 2 Millionen Einwohner. Daraus ergibt sich eine statistische Häufigkeit, Prävalenz genannt, von 11 Leprakranken auf 10000 Einwohner. Zum Vergleich: In den heute am stärksten betroffenen Ländern Afrikas, im Tschad und in Gabun, beträgt die Prävalenz 19 bzw. 20 Fälle auf 10000 Einwohner. Wenn man davon ausgeht – wie es auch derzeit noch die WHO in ihren Berichten tut –, daß auf einen gemeldeten Patienten ein weiterer unerkannter oder verheimlichter Fall kommt, so hatte Norwegen in der Mitte des vorigen Jahrhunderts ähnlich viele Leprakranke in bezug auf seine Einwohnerzahl wie derzeit Indien.

Anzahl der registrierten Leprapatienten in der Welt

geografische Region	1985	1990	1993	prozentuale Veränderung zwischen 1985 und 1993
ASIEN	3.812.049	2.793.017	1.708.528	- 55 %
AFRIKA	987.607	482.669	194.666	- 80 %
SÜDAMERIKA	305.999	301.704	313.446	+ 3 %
PAZIFIK	245.753	125.739	67.067	- 63 %
EUROPA	16.794	7.246	7.874	- 53 %
GESAMTE WELT	5.368.202	3.710.375	2.291.581	- 57 %

7874 Leprapatienten in Europa bekannt, von denen die Hälfte in der Türkei lebt und etwa fünf Prozent in Italien. Selbst in England wurde das letzte Leprakrankenhaus erst 1968 geschlossen.

Global betrachtet befindet sich die Schreckensseuche von einst auf dem Rückzug. Derzeit sind weltweit noch etwa 2,3 Millionen Leprakranke registriert, während es 1985 noch 5,4 und 1970 noch etwa 10 Millionen waren. Seuchenmedizinisch von Bedeutung ist die Lepra nach wie vor in Südostasien, besonders in jenen Ländern, in denen Armut, Unwissenheit und schlechte Wohnverhältnisse das tägliche Leben bestimmen.

Daß die Lepra auf dem absteigenden Ast ist und ihre letzten Refugien dort findet, von wo sie vor 2000 Jahren aufbrach, die Welt in Schrecken und Angst zu versetzen, hat zahlreiche Gründe und ermöglicht selbsternannten Fachleuten die abenteuerlichsten Theorien. So wurde immer wieder auf die gegenseitige Beeinflussung von Tuberkulose und Lepra hingewiesen. Nahm doch zumindest in Europa die Lepra in dem Maße ab, wie die Tuberkulose an zahlenmäßiger Bedeutung gewann[6].

[6] Falls es eine solche Interdependenz wirklich gibt, so hängt sie allerdings nicht damit zusammen, daß der »beweglichere Tuberkelbazillus die trägen Leprabakterien als Konkurrent verdrängt«, wie es kürzlich in einem Buch französischer Medizinsoziologinnen zu lesen war, sondern daß es subtile immunologische Beziehungen zwischen den beiden

Von fundamentaler Bedeutung für den Rückgang der Lepra sind dagegen Fortschritte in der Medizin gewesen, die schlüssige Antworten auf drei grundlegende Fragen ermöglichten:

Ist die Lepra eine Infektionskrankheit wie viele andere?

Was sind die biologischen Besonderheiten der Leprabakterien, die sie von anderen Krankheitserregern unterscheiden?

Lassen sich Therapiekonzepte von anderen Infektionskrankheiten auf die Lepra übertragen?

Der unnachgiebige Arm des Gesetzes

Die unheilvolle Allianz aus Unwissenheit und Vorurteilen war der Grund dafür, daß Leprakranke über Jahrhunderte aus der Gesellschaft ausgegrenzt, ja ausgestoßen wurden. Ohne eine klare Vorstellung darüber, wie die Krankheit zustande kam und sich ausbreitete, deklarierte man von höchster Stelle aus den »Aussätzigen« zu einer Art biologischem Gefahrengut, vor dem die Gesellschaft, koste es was es wolle, geschützt werden mußte. So empfahl die katholische Kirche seit dem sechsten Jahrhundert in ihren Konzilen von Orléans, Arles und Lyon die Ausgrenzung und Isolierung der Leprösen. Die offizielle Absonderung, emphatisch »Ausschluß aus dem Jahrhundert« genannt, vollzog sich nach seltsamen Ritualen, bei denen die Kirche ebenfalls die wichtigste Rolle spielte und die alle den Tod symbolisierten: Das Gotteshaus wurde mit schwarzen Tüchern verhängt, man las die Totenmesse und warf den Kranken Erde aufs Haupt. Dann wurde der »Aussätzige« in das Leprosorium gebracht, und man gab ihm eine Klapper, mit der er Gesunde davor warnen mußte, sich ihm zu nähern. Doch nicht nur sozial, auch wirtschaftlich bedeutete eine Lepra den sicheren Ruin. Der Patient wurde kraft Gesetzes seiner Güter beraubt und mußte fortan von öffentlicher Mildtätigkeit leben.

757 erließ Pippin der Große, König von Frankreich, ein Gesetz, in dem die Lepra als Grund für Scheidung und Wiederheirat des gesunden Ehepartners bezeichnet wurde. Wenige Jahre später verbot Karl der Große Leprakranken die Heirat ganz. Und 1186 erklärte Papst Urban der Dritte, daß, wenn nach einer Verlobung einer der beiden Partner an Lepra erkrankte, das Eheversprechen annulliert werden konnte. Schottische Könige gingen in ihren Gesetzen sogar

---

Krankheitserregern gibt. So hat sich – wie später noch ausgeführt wird – der Impfstoff gegen die Tuberkulose auch gegen die Lepra als sehr wirksam erwiesen. Denkbar ist auch, daß jemand, der in seiner Kindheit eine Infektion mit Tuberkelbazillen durchgemacht hat (ohne daran zu erkranken), später gegen die Lepra geschützt ist.

Leprakranker mit Klapper (spätmittelalterliche Miniatur)

noch einen Schritt weiter und ordneten die Kastration leprakranker Männer an[7]. Frauen, die an Lepra litten, wurde das Zusammensein mit Männern verboten unter der Androhung, sie lebendig zu begraben, falls sie schwanger würden und ein Kind zur Welt brächten.

In China wiederum war die Annahme von der Übertragbarkeit der Lepra durch Geschlechtsverkehr die Ursache für Promiskuität und veränderte das Moralverhalten. Man ging nämlich davon aus, daß beim Geschlechtsverkehr eine erkrankte Frau die Lepra auf einen gesunden Mann übertragen konnte (aber nicht umgekehrt), so daß das Konzept des »Verkaufs der Lepra« entstand: nicht der Mann bezahlte für die Liebesdienste der Frau, sondern die Leprapatientin den armen Schlucker, damit sie durch Sex von der Krankheit befreit würde.

Noch 1757 war in Frankreich die Lepra ein legaler Scheidungsgrund, und britische Regionalgesetze schränkten den Sexualkontakt zwischen Eheleuten ein,

[7] Noch in der Mitte des vergangenen Jahrhunderts vertraten die norwegischen Lepraexperten Daniellsen und Boeck die Meinung, daß die Lepra eine vererbbare Erkrankung sei. Selbst Virchow hat in seinem 1863 erschienenen Buch »Die krankhaften Geschwülste« der Theorie der Vererbung der Lepra einer Übertragung durch Kontakt den Vorzug gegeben. – Heute weiß man, daß bei leprakranken Männern tatsächlich sehr häufig auch die Keimdrüsen befallen und im Samen Leprabakterien ausgeschieden werden. Ob die Infektion aber tatsächlich durch Sexualkontakt übertragen werden kann, ist nach wie vor ungeklärt.

wenn einer der beiden an Lepra erkrankt war. Zur gleichen Zeit wurde in Island Leprakranken generell verboten zu heiraten.

Der Absonderung der Leprakranken aus der Gesellschaft folgte die Trennung der Geschlechter in Leprosorien. Im St. Julian Hospital in England beispielsweise wurden nur unverheiratete Leprakranke aufgenommen. Waren zwei Ehepartner an Lepra erkrankt, so wurden sie separiert und mußten Keuschheit schwören. Aus Korea ist überliefert, daß die solchermaßen gedemütigten Patienten Zuflucht zu sexuellen Perversionen suchten und sich in der Nähe von Leprosorien regelrechte Billig-Bordelle etablierten. Die unter diesen Umständen gezeugten Kinder mußten nicht nur unter prekären Familienverhältnissen aufwachsen, sondern wurden im Laufe ihrer Kindheit häufig selbst mit den Lepraerregern infiziert.

So unglaublich es scheint, aber derart menschenverachtende Gesetze haben sich bis zu Anfang dieses Jahrhunderts erhalten. So wurden in Norwegen, um eine lückenlose Erfassung der Kranken in einem staatlichen Lepraregister zu ermöglichen, die ärztliche Schweigepflicht außer Kraft gesetzt und leprakranke Männer von Amts wegen kastriert. An Lepra erkrankten Frauen war verboten zu heiraten, und wenn bei einer Frau nach der Hochzeit eine Lepra diagnostiziert wurde, konnte sie der Ehemann offiziell für tot erklären lassen, um eine neue Verbindung eingehen zu können[8].

In Japan, einem Land mit einer ähnlichen Gesellschaftsstruktur wie Norwegen, war im vergangenen Jahrhundert die Lepra von vergleichbarer seuchenmedizinischer Bedeutung. 1870 zählte man etwa 150000 Leprakranke, 1900 circa 25000 und 1975 immerhin noch 10000 Patienten. Die Prävalenz war damit zur Jahrhundertwende ähnlich hoch, wie sie derzeit noch für Ghana und andere Länder Afrikas üblich ist[9]. Da in Japan über Jahrhunderte die Lepra als widerwärtige, ekelerregende Erkrankung galt, die verurteilt, wenn nicht verdammt werden mußte, legte die Regierung im Lepravorbeugungsgesetz von 1907 (!) besonderen Wert darauf, daß Leprakranke möglichst aus dem Blickwinkel der Öffentlichkeit verschwanden. Das Gesetz bestimmte die Einrichtung von Leprosorien – von denen 1980 immerhin noch 16 (!) existierten – in unzugänglichen Gebieten im Hinter-

[8] In dem dünn besiedelten, bitterarmen Bauern- und Fischerland Norwegen waren die Familie und die Zeugung von Nachkommen der einzige Garant für eine sichere Altersversorgung und sicherten dem Staat – repräsentiert durch den König – neue Arbeitskräfte und Wirtschaftswachstum. Retrospektiv betrachtet, hatte ein solches Gesetz also weniger seuchenmedizinische als Rentenversicherungs- oder volkswirtschaftliche Gründe.

[9] Sie sank aber – genau wie in Norwegen – deutlich ab, lange bevor es eine medikamentöse Therapie der Lepra gab. 90 Prozent aller Leprafälle Japans traten auf der Insel Okinawa auf, dem am südlichsten gelegenen Landesteil des japanischen Archipels. Die epidemiologischen Gründe dafür sind im einzelnen unbekannt. Allerdings war Okinawa noch bis zum Zweiten Weltkrieg eine der rückständigsten und ärmsten Regionen Japans.

land oder auf Inseln. Die Patienten durften das Leprosorium ohne Genehmigung des Direktors nicht verlassen und haben wohl auch nur selten Besuch empfangen.

Doch damit nicht genug. In einem Folgegesetz vom August 1953 wurde der Umgang mit Leprapatienten in 28 Paragraphen bis ins kleinste Detail geregelt; von der Konfiszierung und Vernichtung ihrer persönlichen Gegenstände, über Berufsverbote bis hin zum Strafmaß für Ärzte, die den Vorschriften des Gesetzes nicht nachkamen. Dahinter stand die schon fast zwanghafte Idee, daß die Lepra eine äußerst ansteckungsfähige Erkrankung sei und daß man alle Gegenstände, die ein Kranker berührt hatte, desinfizieren und/oder vernichten müßte [10].

Wenn, wie in Japan, der Staat eine Krankheit bei seinen Bürgern so zu seiner eigenen Sache macht, wie es bei der Lepra geschah, muß er natürlich auch Verantwortung für und die Versorgung der Patienten übernehmen. So wurden Leprapatienten kostenlos medizinisch versorgt und konnten Schulen besuchen, die eigens in den Leprosorien errichtet wurden. Auch ihre Familien wurden durch soziale Maßnahmen unterstützt, lange bevor es entsprechende Sozialgesetze für den übrigen Teil der Bevölkerung gab. Es liegt auf der Hand, daß ein solchermaßen entmündigter Patient, der von allumfassender staatlicher Fürsorge lebt, jede Eigeninitiative verliert und selbst wenn seine Krankheit ausgeheilt ist, das »Schneckenhaus« Leprosorium nicht mehr verlassen möchte. So generierten derartige Lepragesetze ihr eigenes Dilemma. Auch heute sind medizinische Genesung und physische Rehabilitation noch lange keine Garantie für eine soziale Reintegration der Patienten in die Gesellschaft.

Selbst im freiheitlichen Amerika schwebte über den Leprapatienten das Damoklesschwert der Seuchengesetze. So beschreibt Jack London in seinem Buch »Michael, der Bruder Jerry's«, wie dem leprakranken Steward Dag Daughtry bei einer medizinischen Untersuchung in San Francisco vom Amtsarzt eine glühende Zigarre auf der Stirn ausgedrückt wird – als Beweis, daß die Hautnerven des Gesichtes bereits durch die Lepra zerstört sind –, bevor der Protagonist des Romans von Schutzleuten zwangsweise in ein Krankenhaus abgeführt wird.

Ob der unerbittliche Arm des Gesetzes tatsächlich zu einer Abnahme der Lepra in den vergangenen Jahrhunderten beigetragen hat, ist heute eher zweifelhaft. Die inhumanen juristischen Zwangsmaßnahmen zeigen allerdings überdeutlich, welche Ängste die Gesellschaft vor einer Krankheit entwickelte, deren

[10] Noch heute besteht bei zahlreichen Naturvölkern, z. B. bei den Tauzug auf Mindanao (Philippinen), der Glaube, die Lepra sei so kontagiös, daß man Leprakranke nach ihrem Tod verbrennen müsse. – Tatsächlich bleiben die Leprabakterien in der Außenwelt aber nur wenige Tage lebensfähig und ist die Lepra im Vergleich zur Tuberkulose oder der Gehirnhautentzündung nur vergleichsweise wenig ansteckend. Dies erklärt auch, warum Missionare, Lepraärzte oder Krankenschwestern, die über Jahrzehnte eng mit ihren Patienten zusammenlebten, so gut wie nie an Lepra erkrankt sind.

Ursachen sie sich nicht rational erklären konnte. Der absolute, einem Todesurteil gleichkommende Ausschluß der Leprösen aus Staat und Kirche im Mittelalter, die stillschweigende Duldung der Kranken, nachdem sie biologisch »unschädlich« gemacht worden waren, wie in Norwegen im 19. Jahrhundert, und die entmündigende Fürsorge von Vater Staat im Japan des 20. Jahrhunderts sind nur unterschiedliche Facetten eines stereotypen Reaktionsmusters, das sich unverändert erhalten hat: Panische Angst schürt Vorurteile und Massenhysterie, die politische Entscheidungsträger zwingen, »populistische« Gesetze zu erlassen – eine Art von fataler Kettenreaktion, die nicht nur von der Lepra bekannt ist.

Die schöne Sanda aus Sri Lanka

Wenn sich samstags abends die tropische Nacht über das Dorf Kelegama senkt und die Hühner auf den unteren Ästen der Sandelholzbäume leise gackernd einen Schlafplatz suchen, entwickelt sich in der kleinen Gemeinde im Westen Sri Lankas ungewöhnliche Hektik. Wohlhabende Familienväter transportieren altertümliche Fernsehgeräte aus dem Wohnzimmer in den Hauseingang, in dem sich bereits ärmere Verwandte eingefunden haben. Ladenbesitzer bugsieren vorsichtig neue Bildschirme japanischer Herkunft in leergeräumte Regale, vor denen sich nicht nur die übliche Stammkundschaft drängt. Und während auch der Schulleiter seine private Glotze auf dem Schulhof in den Dienst der Allgemeinheit stellt, zanken sich Teenager um die besten Plätze, drängen sich Frauen in bunten Saris in Gruppen zusammen und putzen ehrwürdige Greise ihre runden Brillengläser. Denn samstags abends zur besten Sendezeit läuft die ungemein beliebte Seifenoper »Ira Paya« des singhalesischen Gesundheitsministeriums:

Sanda, eine junge Dorfschönheit, wird von einem Sitarlehrer angehimmelt. Ihre Eltern bevorzugen allerdings Kelum, einen Kaufmann, da dieser statt mit dem Fahrrad mit einem Auto zum Tête-à-tête kommt. Aus der Zweckhochzeit wird aber nichts, als Kelum erfährt, daß Sanda an Lepra erkrankt ist. Der Kaufmann und seine Familie vermuten, daß die Lepra eine Strafe für – in einem früheren Leben begangene – Sünde ist. Sogar die eigene Familie zieht sich von der jungen Frau zurück. Sanda fragt einen alten Heiler, ob er ihr helfen kann. Dieser rät, es mit Schlangenbissen zu versuchen[11]. Sanda läßt sich von einer Schlange in die von der Lepra befallenen Hautpartien beißen. Doch die Krankheit schreitet

[11] In einigen Gebieten auf dem indischen Subkontinent sind die Menschen fest davon überzeugt, daß der Biß einer bestimmten Schlange die Lepra heilen kann. Interessanterweise glaubt man in anderen Regionen, daß die Lepra just durch den Biß einer anderen Schlangenart verursacht wird.

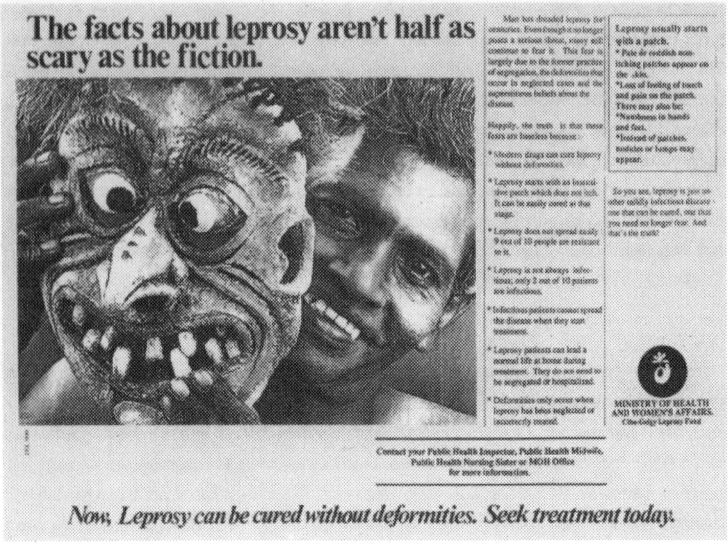

Leprabekämpfung in Sri Lanka

weiter fort. Weil sie sich für unheilbar hält, hat sich die hübsche Sanda durchgerungen, Selbstmord zu begehen. Da taucht als Retter der verstoßene Sitarlehrer auf und bringt die Patientin zum Arzt in die Stadt.

In der Folge, die gerade mit Spannung erwartet wird, beginnen die Medikamente zu wirken. Natürlich wird Sanda schließlich wieder ganz gesund, erblüht in Mutterglück und schenkt ihrem Retter den gewünschten Sohn.

Offensichtlich handelt es sich hier nicht um die übliche nach Amtsschimmel und Desinfektionsmittel riechende Aufklärung, wie sie Gesundheitsämter und Medizinalbeamte sonst weltweit im Kampf gegen die Lepra betreiben. Im Gegenteil, die telegene Seifenoper, aber auch packende Radioromane, fetzige Werbespots, die Zeitungsanzeigen und Fassadenreklamen sind äußerst professionell gemacht. Die Bilder rühren die Singhalesen ans Herz, und die Dialoge treffen genau die Mentalität der Landbevölkerung, also jenen Teil, in dem die Lepra am weitesten verbreitet ist und wo Vorurteile und Ängste am tiefsten verwurzelt sind.

Die perfekt gestylten Video-Clips könnten sich sogar im bundesdeutschen Fernsehen sehen lassen, und die Einschaltquoten der Seifenoper, würde man sie denn bestimmen, würden sicher auch hiesige Programmdirektoren glücklich machen. Kein Wunder, denn Auftraggeber der ungewöhnlichen Aktion ist ein Schweizer Pharmakonzern, der weiß, wie man Medien für seine Zwecke einsetzt. Doch – und das ist das Besondere – geht es hier nicht um Marktanteile für Kopfschmerztabletten oder durchblutungsfördernde Mittel von zweifelhafter Wirksamkeit, sondern um Marketing für ein Produkt, das eigentlich gar nicht zu kaufen ist: der Anspruch auf individuelle Gesundheit. Denn nicht die rund 80,– Mark, die die Behandlung eines Leprakranken in der Dritten Welt etwa pro Jahr kostet, sind der eigentliche Hemmschuh bei der Bekämpfung der Seuche, sondern tradierte Verhaltensmuster, die nach wie vor in vielen Gesellschaften die Stellung des Kranken fixieren.

Besonders schlimm betroffen – und da trifft die singhalesische Seifenoper auch den medizinischen Kern – sind Mädchen und Frauen. Denn eine Infektion mit Leprabazillen ist noch lange nicht gleichbedeutend mit einer Erkrankung, die unwiderruflich das Gesicht zerfrißt und die Gliedmaßen zerstümmelt. Allerdings kommt es durch den Anstieg weiblicher Geschlechtshormone – insbesondere des Östrogens – während der Pubertät und besonders während der Schwangerschaft zu einer Verminderung der körpereigenen Abwehrkräfte, von der die Leprabazillen profitieren. Infolge der Schwächung des Immunsystems vermehren sie sich zu astronomischen Zahlen und wandern – mit Ausnahme des Gehirns – in alle Körperorgane ein. So wird aus einer unterschwelligen Infektion eine manifeste Erkrankung, und schließlich entsteht eine generalisierte, sogenannte lepromatöse Lepra.

Doch nicht nur die Mütter, auch die ungeborenen Kinder leiden unter der Erkrankung. Neugeborene leprakranker Frauen sind vielfach unreif, bleiben im Wachstum zurück und sterben überproportional häufig. Da soziokulturelle Faktoren in Entwicklungsländern den Kinderwunsch viel stärker beeinflussen als bei uns, wird die leprakranke Mutter mit Sicherheit wieder schwanger. Und damit beginnt ein wirklicher Circulus vitiosus, da sich mit jeder Schwangerschaft die Krankheit verschlimmert. Um zwei oder drei Kinder durchzubekommen, muß die an Lepra erkrankte Frau fünf- oder sechsmal schwanger werden. Von Leprabazillen aufgezehrt und von der Gesellschaft ausgestoßen, wird sie dann endgültig zum hilflosen Invaliden, zum in Lumpen verhüllten Bettler[12].

[12] Wie wenig gutgemeinte Ratschläge westlicher Medizin unter solchen Voraussetzungen nutzen, wurde kürzlich aus Malaysia bekannt. Englische Lepraspezialisten rieten leprakranken Frauen, nach der Geburt umgehend abzustillen, damit der Säugling nicht über die Muttermilch, in der regelmäßig Massen von Erregern zu finden sind, angesteckt würde. Mit diesem Ratschlag setzten sie aber eine fatale Kettenreaktion in Gang: das den Milchfluß induzierende Hormon Prolaktin verhindert nämlich gleichzeitig die Heranreifung von Eiern in den Eierstöcken und damit eine mögliche Schwangerschaft. Stillt die Frau aber ab, so sinkt die Konzentration des Prolaktins rasch auf ein unwirksames Niveau,

Es leuchtet ein, daß ein solcher Teufelskreis nicht mit Aufklärungspamphleten konventioneller Machart zu durchbrechen ist. Hier ist eine Veränderung des Bewußtseins notwendig. Und das ist genau der Hebel, an dem das Team aus Schweizer Pharmaökonomen und singhalesischen Soziologen angesetzt hat. Das Vorgehen bei dieser bislang einzigartigen Form von sozialem Marketing war dabei identisch mit dem üblicher umsatzfördernder Maßnahmen: Aus dem unbeachteten Kranken sollte ein »König Kunde« werden, dessen Bedürfnis für das Produkt »Heilung seiner Lepra« erst einmal durch geeignete Werbemaßnahmen geweckt werden mußte.

Parallel dazu wurde auch das Produkt selbst verbessert, z. B. durch Verpackungs- und Darreichungsformen der Medikamente, die auch für einen Analphabeten verständlich sind. Und schließlich wurden »Vertrieb« und »Management« durch Mobilisierung von niedergelassenen Ärzten, Ausbildung von paramedizinischem Personal und der Einrichtung von Gesundheitsstationen optimiert. Der Erfolg des sozialen Marketingkonzeptes überraschte selbst die Initiatoren der Aktion. Innerhalb eines Jahres stieg die Zahl neugemeldeter Leprafälle landesweit um das Zweieinhalbfache, in einigen Provinzen sogar um das Zehnfache an. Und während früher nur etwa 9% aller Patienten sich aus eigener Initiative an einen Arzt gewandt hatten, war der Anteil dieser Gruppe nach einem Jahr bereits auf 40% gestiegen. Da Patienten, die sich aus eigenem Antrieb in Behandlung begeben, in der Regel auch zuverlässiger ihre Medikamente einnehmen und zu Kontrolluntersuchungen kommen als solche, die sich zwangsweise einer Therapie unterziehen, zählt der Erfolg hier doppelt. Außerdem können durch eine frühzeitige Erkennung der Lepra und eine umgehend eingeleitete Behandlung gleich zwei Fliegen mit einer Klappe geschlagen werden. Einerseits wird die Ausbreitung der Leprabakterien auf andere Personen verhindert, zum anderen schützt eine frühe Behandlung vor den entstellenden Körperzerstörungen, wie sie in unseren Augen noch immer mit dem Krankheitsbild der Lepra verknüpft sind.

Das Beispiel Sri Lanka zeigt exemplarisch die fundamentalen Faktoren, die für eine Eliminierung der Lepra als Massenseuche notwendig sind: Erkrankte müssen möglichst früh diagnostiziert, ihre Bereitschaft, aktiv an der Behandlung mitzuwirken, muß gefördert und der Therapieerfolg muß regelmäßig nachkontrolliert werden – alles Elemente, die über rein ärztliche Aufgaben hinausgehen und die Mitarbeit von Psychologen und Sozialarbeitern erfordern.

---

und neue Eizellen können in den Eierstöcken heranreifen. Da von den mohammedanischen Frauen keine Empfängnisverhütung praktiziert wurde, waren die Leprapatientinnen bald wieder schwanger, wodurch sich ihre Heilungschancen deutlich verschlechterten.

Langsam, aber unbeirrbar

Es läßt sich heute nur schwer ermessen, wie stark das wissenschaftliche Weltbild der zeitgenössischen Medizin erschüttert wurde, als Gerhard Armauer Hansen 1873 – zehn Jahre bevor Robert Koch den Tuberkelbazillus entdeckte – nachwies, daß die Lepra durch einen bakteriellen Krankheitserreger, das *Mycobacterium leprae* verursacht wird. Die nur ein bis fünf Mikrometer langen und 0,2 bis 0,8 Mikrometer dünnen, stäbchenförmigen Bakterien fand Hansen in Haut und Nasenschleim seiner Patienten, aber niemals bei gesunden Familienmitgliedern – ein ausreichender Hinweis dafür, daß diese Bakterien die Verursacher dieser Erkrankung sein mußten [13]. Wie sich bald herausstellte, waren die Leprabakterien Mitglieder einer ganzen Familie von Krankheitserregern, die sich durch eine ungewöhnliche Form und die Tatsache, daß man sie mit den üblichen in der Bakteriologie eingesetzten Farbstoffen nicht anfärben konnte, auszeichneten [14].

Drei Besonderheiten des *Mycobacterium leprae* sind dafür verantwortlich, daß die Lepra für die Medizin über lange Zeit eine rätselhafte Erkrankung geblieben ist. Erstens vermehren sich Bakterien dieser Art so unglaublich langsam, daß sie in einem mikrobiologischen Guinness-Buch der Rekorde unbestritten den ersten Platz einnehmen würden. Ihre Verdopplungszeit – also die Zeitspanne, die vergeht, bis aus einem Erreger zwei neue entstehen – liegt zwischen zwei und drei Wochen. Bei anderen Mykobakterien dauert der Vorgang nur einige Tage, bei anderen Bakterienarten in der Regel nur wenige Minuten. Diese »Schlafmützigkeit« bei der Fortpflanzung erklärt, warum sich die Krankheit Lepra nur langsam und über Jahre hinweg entwickelt. Der Verlauf ist so schleichend, daß man beim

---

[13] Armauer Hansen war damals Assistenzarzt an einem Lepraspital in Bergen an der norwegischen Westküste. Eingedenk der Tragweite seiner Entdeckungen wiederholte er die mikroskopische Untersuchung von Gewebsproben seiner Patienten immer wieder und wieder und veröffentlichte die sensationellen Befunde erst eineinhalb Jahre nach seiner ursprünglichen Beobachtung. Während ihm zwei deutsche Gelehrte, Robert Koch aus Berlin und Albert Neisser aus Breslau, bei der Überwindung des Kardinalproblems halfen, nämlich die Leprabakterien so anzufärben, daß man sie eindeutig identifizieren konnte, stieß er bei seinen Vorgesetzten – die Lepra nach wie vor für eine Erbkrankheit hielten – auf Unverständnis. – Zu Ehren des Entdeckers wird die Lepra heute in zahlreichen Ländern als *Hanseniasis* bezeichnet.

[14] Die aus dem Schema der damals bekannten Bakterien fallenden Organismen wurden deshalb als säurefeste Stäbchen bezeichnet. Wie schon der Name sagt (latein. *myco*, Pilz), hielt man sie für Krankheitserreger, die zwischen den Pilzen und den als typisch betrachteten Kugelbakterien standen. Heute sind mehr als 50 verschiedene Arten von Mykobakterien klassifiziert, von denen aber nur etwa ein Dutzend Krankheiten bei Mensch oder Tier hervorrufen kann. Die Mehrzahl der Mykobakterienarten lebt als sogenannte Saprophyten von verwesenden organischen Stoffen im Erdreich oder auf Pflanzen.

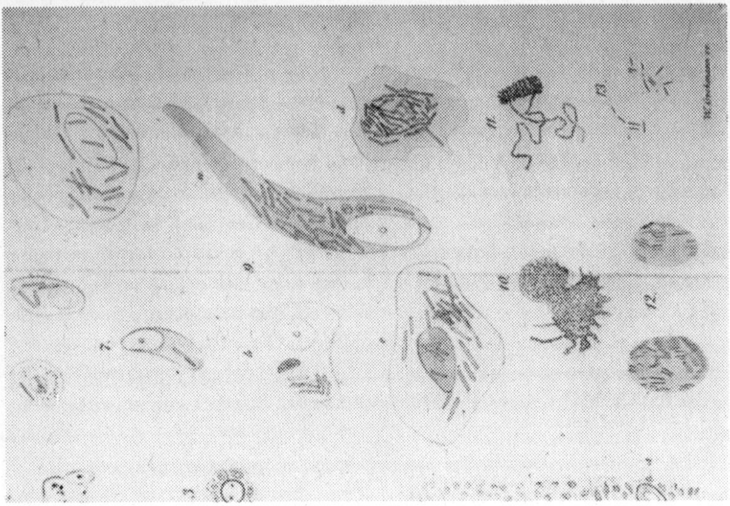

Verschiedene Formen von Mycobacterium leprae (Zeichnung von G. A. Hansen)

Auftreten der ersten Symptome an viele Ursachen, aber wohl nicht an eine bakteriell bedingte Infektionskrankheit denkt.

Außerdem haben die Lepraerreger zwei für Bakterien ganz ungewöhnliche Neigungen: Sie tummeln sich am liebsten in den sogenannten Schwannschen Zellen, einer hochspezialisierten Zellart, die einzelne Nervenfasern mit einem schützenden Mantel umgeben und die Nervenzelle ernähren. Außerdem haben sie es gerne verhältnismäßig kühl. Mit beiden Vorlieben wiederum hängt das Krankheitsbild der Lepra direkt zusammen.

Wenn *Mycobacterium leprae* in eine Schwannsche Zelle eindringt, gerät das fein abgestimmte biochemische Gleichgewicht im Inneren der Zelle durcheinander. Die Versorgungszellen »schwitzen« entzündungsfördernde Substanzen aus, so daß die Nervenscheide, die wie der Isoliermantel eines Elektrokabels die Nervenfasern umgibt, undicht und die Ernährung der Nervenzelle gestört wird. Die Entzündungsfaktoren »brennen« regelrechte Löcher in die Nervenscheiden, durch die Immunzellen eindringen. Meist handelt es sich dabei um sogenannte Makrophagen, eine Zellart, die ebenfalls eine ideale Herberge für die Leprabakterien darstellen. Um den in der Zwischenzeit aufgetretenen Schaden zu beheben, vermehren sich die Schwannschen Zellen und bilden wie bei einer Zwiebel immer neue konzentrische Lagen um die Nervenfaser. Diese, dermaßen abgekapselt und unter Druck geraten, kann nicht mehr richtig ernährt werden und schränkt mehr und mehr ihre Arbeit ein. Da sich dieser Vorgang zu Beginn dieser Krankheit vorwiegend in der Haut abspielt (sie ist der kühlste Bereich des Körpers), werden als erstes jene Nervenfasern betroffen, die uns Empfindungen wie Hitze, Kälte oder Schmerzen vermitteln[15].

In der Zwischenzeit haben die Bakterien immer neue Schwannsche Zellen aufs Korn genommen, zerstört und sind zu Milliardenheeren angewachsen. Längs der Nervenbahnen und über kleine Blutgefäße erreichen sie bislang verschont gebliebene Hautareale, wandern in die Schleimhäute ein, befallen die Muskeln und erreichen schließlich auch die inneren Organe. Im Spätstadium ist der gesamte Körper mit Mykobakterien regelrecht überschwemmt. In einem einzigen Milliliter Blut sind dann bis zu 100000 und in einem Gramm Haut bis zu einer Milliarde Leprabakterien nachzuweisen. Ist die Erkrankung bis zu diesem Punkt fortgeschritten, so sind – als Folge der Zerstörung von Nervenfasern und feinen Blutgefäßen – ganze Körperpartien zerfressen, verfault und Verstümmelungen an den Gliedmaßen eingetreten. Solche Schäden lassen sich dann durch die beste medikamentöse Therapie nicht mehr beheben, und der Kranke ist bis an sein Lebensende von der Lepra gezeichnet. Das alte Vorurteil »Einmal ein Leprakranker – immer ein Leprakranker« hat dann tatsächlich eine traurige Wahrheit erlangt.

Allerdings ist der aufgezeichnete Verlauf nur bei einer Form der Krankheit zutreffend. Die Lepra als definierte Einzelerkrankung gibt es nämlich gar nicht. So wie die Farben eines Regenbogens von Violett über Blau, Grün, Gelb zu Rot übergehen, so ähnlich werden bei der Lepra unterschiedliche Krankheitsbilder unter einer Bezeichnung zusammengefaßt. Festgelegt und eindeutig im Krankheitsverlauf sind nur die beiden äußeren Enden des Spektrums, nämlich die lepromatöse Lepra und die tuberkuloide Lepra. Deshalb kann aus einer tuberkuloiden Lepra niemals eine lepromatöse werden (oder umgekehrt), während sich die Krankheitsformen in der Mitte des Spektrums gegeneinander verschieben können. Und ähnlich wie in der Physik bestimmten Wellenlängen des Lichtspektrums bestimmte Farben zugeordnet werden, so ist auch die »Gradeinteilung« der Lepra ausgesprochen präzise. Krankheitsformen, die genau in der Mitte des Spektrums liegen, heißen *borderline* (Grenzlinie), solche, die zwischen der Grenzlinie und den beiden Polen einzuordnen sind, werden als *borderline lepromatös* oder *borderline tuberkuloid* bezeichnet. Der Lepraarzt muß jede dieser Regenbogenschattierungen erkennen, um die optimale Behandlung seiner Patienten einleiten und mögliche Therapierisiken abschätzen zu können.

---

[15] Entsprechend werden Gebiete der Haut, die relativ warm sind, wie die Achselhöhle, die Leiste oder der Damm, überhaupt nicht oder erst sehr spät von Leprabakterien besiedelt. Nase und Augen, ausgesprochen kühle Körperpartien (der vordere Teil des Auges ist 6 °C kühler als die Netzhaut) dagegen sehr früh.

Während die lepromatöse Lepra durch eine unaufhaltsame Vermehrung der Bakterien und ein sich kontinuierlich verschlimmerndes Krankheitsbild gekennzeichnet ist, findet man bei der tuberkuloiden Lepra nur sehr wenige Erreger, gleichwohl aber Zeichen einer chronischen, die Nerven zerstörenden Entzündung.

Den Schlüssel zu dem verwirrenden Puzzle unterschiedlicher Krankheitsformen, die durch einen identischen Krankheitserreger verursacht werden, entdeckten zwei englische Lepraforscher in den 60er Jahren im Immunsystem des Erkrankten. Die beiden Pathologen Dennis Ridley und Wallace Jopling hatten Tausende von Gewebsproben von Leprapatienten aus aller Welt untersucht und waren auf ein bestimmtes Muster gestoßen, das sich immer wiederholte. Patienten mit der lepromatösen Form der Lepra wiesen, wenn man eine Hautprobe unter dem Mikroskop untersuchte, unzählige Bakterien auf, zeigten jedoch nicht den geringsten Hinweis dafür, daß die Immunzellen etwas gegen die Eindringlinge unternehmen würden.

Dies bestätigte frühere Beobachtungen, die direkt an den Patienten gemacht wurden. Spritzt man nämlich lepromatös Erkrankten eine winzige Menge eines Extraktes aus abgetöteten Leprabakterien in die Haut, so zeigt sich nicht die geringste Reaktion. Das Ergebnis der als Lepromintest bezeichneten Methode ist stets negativ. Untersucht man dagegen das Blut solcher Patienten, so enthält es massenweise Antikörper gegen Teile von *Mycobacterium leprae*. Diese Antikörper können zwar den Ärzten einen diagnostischen Hinweis geben, daß der Patient an Lepra erkrankt ist, scheinen aber für die Bekämpfung der Erreger völlig wertlos.

Ganz anders war die Situation bei Patienten mit tuberkuloider Lepra. Hier waren die Leprominreaktion stets positiv und so gut wie keine Antikörper im Blut nachweisbar. Auch die histologische Untersuchung von Gewebsmaterial wies völlig andere Merkmale auf. Wie Ridley und Jopling beobachteten, schien das Immunsystem fast wie in Ekstase geraten: verschiedene Abwehrzellen hatten regelrechte Nester errichtet, andere hatten sich zu Riesenzellen umgebildet, die, wie große Planen auf einer Deponie vergleichbar, den Eindruck erweckten, irgend etwas abdichten zu wollen. Nur von den Leprabakterien war weit und breit nichts zu sehen. Häufig mußte man das gesamte Präparat im Mikroskop absuchen, um einige wenige Stäbchen zu finden.

Die beiden Lepraforscher folgerten daraus, daß dem Immunsystem des Patienten die entscheidende Rolle zukomme, auf welchem Teil des Spektrums sich die Lepra abspielt und welchen Kurs die Krankheit nimmt. Diese Hypothese hat sich in den Folgejahren zunehmend bestätigt und gilt heute als allgemein anerkannt.

Während bei der lepromatösen Lepra das Immunsystem völlig reaktionslos ist – und wie eine Hundertschaft im Tiefschlaf liegender Polizisten nichts gegen die

Eindringlinge unternimmt, selbst wenn diese die gesamte Polizeischule leerräumen –, ist bei der tuberkuloiden Lepra das Immunsystem sozusagen übermotiviert und richtet gerade dadurch nicht unerheblichen Schaden an. Zwar kann durch die intakte körpereigene Abwehr die Ausbreitung der Bakterien auf ein kleines Körperareal begrenzt werden, doch gelingt es immer einigen Leprabakterien, in die Schwannschen Zellen der Nervenscheiden einzudringen und dort ihr zerstörerisches Werk in Gang zu setzen. Durch die überschießende Immunreaktion kommt es aber sehr rasch zu einer Beeinträchtigung dieser höchst empfindlichen Erregungsleiter. Der Nerv, in dem Hunderte von Fasern wie feinste Glasfibern in einem Lichtleiterkabel zusammengefaßt sind, verdickt als Reaktion auf die Entzündung und wird unter der Haut wie ein gespanntes Seil tastbar. Funktionsstörungen in denjenigen Körperpartien, die durch diesen Nerv versorgt werden, sind die unausweichliche Folge.

Mit Hilfe der Spektrumtheorie ließen sich die vielfältigen Erscheinungsformen der Lepra, die die Ärzte über Jahrhunderte verwirrten und für die Laien Anlaß für obskure Spekulationen gewesen waren, einfach und überzeugend erklären. Fazit: Die Lepra verhält sich zwar in vielen Aspekten wie eine ganz normale Infektionskrankheit, andererseits bedingen aber Besonderheiten der Krankheitserreger und die Reaktionslage im Immunsystem des Betroffenen ihr einzigartiges janusköpfiges Erscheinungsbild[16].

Heiße Ergebnisse aus dem kühlen Norden

In der warmen Junisonne des Jahres 1976 durchstreifte ein einsamer Wanderer die Feuchtwiesen und Moore auf dem Fjell an der norwegischen Westküste. Hin und wieder blieb er stehen, schob die an einer Kette baumelnde Brille auf die Nase und bückte sich, um die verschiedenen Moosarten, die den Granitboden wie ein grüner immerfeuchter Schwamm bedeckten, genauer zu betrachten. Gelegentlich holte er eine Pinzette aus der Jackentasche, zupfte vorsichtig einen Büschel Moos heraus, bugsierte es in ein steriles Probengefäß und verschloß das

[16] Es ist nach wie vor unklar, warum bei Patienten mit lepromatoser Lepra die Abwehrkräfte wie ein ausgezählter Boxer am Boden gehalten werden. Zwar weiß man, daß die Leprabakterien bestimmte Zucker-Eiweiß-Moleküle freisetzen, die die sogenannten Supressor-T-Lymphozyten zu enormer Aktivität anregen. Diese »Unterdrücker«-Zellen sorgen dann dafür, daß die anderen Mitglieder des großen immunologischen Orchesters stumm vor ihren »Noten« sitzen bleiben. Aber diese Eigenschaft der Leprabakterien ist bei beiden Krankheitsformen gleichermaßen vorhanden. Winzige, angeborene Unterschiede im Abwehrsystem eines Menschen scheinen deshalb ebenfalls eine Rolle zu spielen.

Röhrchen mit einem Stopfen. Das Gefäß wurde sorgfältig mit Datum und Ortsangabe beschriftet und dann zurück in die Tasche gesteckt.

Der bärtige Wanderer, der von früh bis spät die mehrere hundert Meter über dem Meeresspiegel gelegenen Fjell-Moore durchstreifte, war Professor Jindrich Kazda, ein Spezialist für Mykobakterien am Forschungsinstitut in Borstel in Schleswig-Holstein. Der Professor, der sich wie kein anderer in der Welt freilebender Mykobakterien auskannte, war von einer Idee besessen. *Mycobacterium leprae*, so seine Hypothese, könnte ursprünglich vielleicht ein harmloser Allerweltskeim gewesen sein, der – durch welchen Zufall auch immer – einmal in einen menschlichen Organismus gelangt, sich erst dort zu einem bösartigen Krankheitserreger entwickelte. Und wenn das Leprabakterium tatsächlich in der Außenwelt vorkam – eine Mutmaßung, die der gängigen wissenschaftlichen Lehrmeinung geradezu diametral entgegenstand, denn nirgendwo auf der Welt hatten Forscher je außer im leprakranken Menschen *Mycobacterium leprae* nachweisen können –, dann wären die Chancen am größten, es in den Torfmoosen auf dem norwegischen Fjell zu finden.

Die botanisch Sphagnen genannten Torfmoose speichern nämlich die Sonnenstrahlen in Form von Wärme und geben diese wie ein gut isolierter Boiler nur ganz langsam wieder ab. Dies führt dazu, daß in den Sommermonaten in den oberen Schichten der Torfmoose eine Temperatur von 30 °C und mehr entstehen kann. Und bei der langen Sonnenscheindauer, wie sie für die Sommermonate in Norwegen typisch ist, bleibt diese Temperatur fast über den ganzen Tag konstant. Überdies verrotten in der sogenannten grauen Schicht der Sphagnen Teile des Mooses, so daß Nährstoffe freigesetzt werden, die Mykobakterien für ihre Vermehrung benötigen. Alles in allem ideale Voraussetzungen, so schien es, für das *Mycobacterium leprae*.

Tatsächlich wurde Kazda bei seiner Rückkehr nach Deutschland fündig. Er isolierte aus der grauen Schicht der Torfmoose eine Vielzahl von Mykobakterien, darunter auch eine Art, die sich mit den damals verfügbaren Methoden nicht von *Mycobacterium leprae* unterscheiden ließ. War diese Beobachtung schon ein aufsehenerregendes Ergebnis für sich, so war die eigentliche wissenschaftliche Sensation die Tatsache, daß die Mykobakterien, die dem Lepraerreger wie ein eineiiger Zwilling dem anderen ähnlich waren, just aus solchen Moorgebieten stammten, die in Gebieten des Fjells lagen, an dessen Fuß im vergangenen Jahrhundert die Lepra eine Massenseuche gewesen war.

Nun sah sich der Borsteler Forscher aber unversehens in einem Dilemma. Um zu beweisen, daß die Mykobakterien aus den Sphagnen tatsächlich identisch mit aus Patienten isolierten Lepraerregern sind, hätte man in der Bakteriologie üblicherweise beide Erreger auf Nährmedien angezüchtet und sie dann mit Hilfe biochemischer Methoden miteinander verglichen. Nun hatten aber seit der Entdeckung Armauer Hansens Generationen von Bakteriologen versucht, *Mycobacterium leprae* im Labor zu kultivieren. Doch welchen Nährboden man auch immer austestete, Leprabakterien ließen – und lassen sich bis zum heutigen Tag – nicht im Reagenzglas anzüchten. Ja, die Unfähigkeit von *Mycobacterium leprae* sich *in vitro*, also außerhalb des Menschen, zu vermehren, ist dermaßen charakteristisch, daß dieses Merkmal zusammen mit der typischen Anfärbung durch den Farbstoff Karbol-Fuchsin ausreicht, um die Diagnose Lepra zu stellen, wenn beispielsweise aus der Haut eines Patienten eine Probe entnommen wird. Und während es für alle anderen Krankheitserreger auch immer einige Tierarten gibt, in denen die Bakterien sich wie in Menschen vermehren und denen sie für medizinische Zwecke angezüchtet werden können, besteht in bezug auf *Mycobacterium leprae* auch hier Fehlanzeige. Nur zwei sehr »exotische« Tierarten sind bekannt, in denen sich die Lepraerreger – zumindest für eine vorübergehende Zeit – vermehren und in denen manchmal auch ein der Lepra vergleichbares Krankheitsbild entsteht: die sogenannte Nacktmaus und das neunbändige Gürteltier[17].

Mit Hilfe seiner Kollegen im Tropenmedizinischen Institut in Hamburg besorgte sich Kazda diese Versuchstiere und infizierte einige von ihnen mit den Mykobakterien aus den norwegischen Torfmoosen. Nach Monaten ungeduldigen Wartens trat ein, was kaum jemand für möglich gehalten hätte: Einige der Tiere zeigten Krankheitszeichen, die denen der menschlichen Lepra zum Verwechseln ähnlich waren.

Einige Jahre später konnte Kazda seine Indizienkette sogar noch um einige Glieder erweitern. Denn nicht nur die Untersuchungen an Nacktmäusen und Gürteltieren, auch modernste immunologische Nachweisverfahren deuteten darauf hin, daß die Mykobakterien aus den Sphagnen mit den Erregern der Lepra

[17] Die Nacktmaus ist kein nudistischer Verwandter der uns bekannten Nager, sondern ein Produkt ausgefeilter Tierzüchtung. Diesen völlig haarlosen Inzucht-Mäusen fehlt ein funktionierendes Immunsystem, und man muß sie deshalb in sterilen Brutschränken halten, da sie bei der kleinsten Infektion sterben würden. Injiziert man solchen Mäusen *Mycobacterium leprae*, so vermehren sich die Erreger für eine gewisse Zeit. – Das neunbändige Gürteltier (*Dasypus novemcinctus*), auch Armadillo genannt, ist dagegen ein putziges, dem Ameisenbär verwandtes Tier, das vom Süden der USA bis zum Norden Argentiniens verbreitet ist. Es besitzt einige ungewöhnliche Eigenschaften, die es für die Lepraforschung im höchsten Maße interessant machen: Seine Körpertemperatur liegt stets zwischen 28 °C und 33 °C (also eine Temperatur, wie sie die Lepraerreger lieben); seine Lebenserwartung beträgt 12 bis 15 Jahre (ausreichend lange, damit sich eine Lepra entwickeln kann); und wenn ein Gürteltierweibchen einmal Nachwuchs bekommt, dann sind es immer eineiige Vierlinge (eine ideale Voraussetzung für Untersuchungen über die genetische Abhängigkeit des Krankheitsverlaufes). Spritzt man Gürteltieren *Mycobacterium leprae* ein, so entsteht in etwa 50 Prozent der Fälle ein Krankheitsbild, das dem der lepromatösen Lepra des Menschen sehr ähnlich ist.

identisch waren. So hatten andere Forscher Schlüsselmoleküle aus Leprabakterien isoliert, die man mit sogenannten monoklonalen Antikörpern identifizieren konnte. Und wie ein kompliziert gefräster Schlüssel immer nur in das genau entsprechende Schloß paßt, so erkennen diese Antikörper ausschließlich ein ganz bestimmtes Molekül auf der Oberfläche der Leprabakterien. Wandte man dieses empfindliche Nachweissystem nun auf die norwegischen Moos-Bakterien an, so wurden sie nach dem immunologischen Schlüssel-Schloß-Prinzip ohne Ausnahmen als *Mycobacterium leprae* identifiziert.

Allerdings ist damit noch nicht bewiesen, daß die Lepra der norwegischen Bauern im letzten Jahrhundert durch Mykobakterien verursacht wurde, die heute in den Torfmoosen auf dem Fjell zu finden sind. Waren doch zur Zeit der Lepra in Norwegen die Lebensverhältnisse sehr ähnlich denen, wie sie heute noch in Entwicklungsländern zu finden sind. Mit anderen Worten, schon alleine die schlechten Wohnverhältnisse, mangelnde Hygiene und unzureichende Ernährung könnten theoretisch erklären, warum die Lepra in Skandinavien im 18. und im 19. Jahrhundert eine Massenseuche war: Die auf Einsiedelhöfen und in kleinen Dörfern lebenden Menschen waren extrem arm. Alle Familienmitglieder aßen und schliefen zusammen in einem einzigen Raum. Oftmals gab es keine richtigen Betten, sondern Kinder und Erwachsene saßen dicht an dicht gedrängt in einer Art Kurzbett, das gerade lang genug war, um im Sitzen schlafen zu können. Körperhygiene im heutigen Sinne gab es nicht, und das Angebot an Nahrungsmitteln war knapp und äußerst begrenzt (Kartoffeln und Trockenfisch waren im Winter die einzigen Nahrungsmittel). Da die Leprabakterien, wie man heute weiß, im wesentlichen durch Tröpfcheninfektion übertragen werden, kann man sich gut vorstellen, daß alleine die beengten Wohnverhältnisse und die mangelnde Körperhygiene ideale Bedingungen für die Ausbreitung der Erreger von einer erkrankten auf eine gesunde Person schufen.

Einen gewichtigen Hinweis gab es allerdings, der einen Zusammenhang zwischen Torfmoosen und der menschlichen Lepra wahrscheinlich machte. Da sich in dem harten Gestein am Fuße des Fjells nur schwer Brunnen graben ließen, leiteten viele Familien ihr Trink- und Brauchwasser in hölzernen Röhren aus den Feuchtwiesen und Mooren von dem Hochplateau des Fjells herunter. Somit konnten, zumindest theoretisch, auch Leprabakterien via Trinkwasser in die Häuser der Menschen gelangen.

Doch immer noch hatte die wissenschaftliche Beweisführung einen erheblichen Schönheitsfehler. Wenn nämlich im ländlichen Norwegen des vorigen Jahrhunderts die Lepra durch mit Mykobakterien verseuchtes Trinkwasser verursacht worden war, dann hätte die Krankheitshäufigkeit in allen Gemeinden, die ihr Trinkwasser in ähnlicher Weise aus dem Fjell herableiteten, gleich hoch sein müssen. Dies war aber nicht der Fall: Während in einigen Gehöften unisolo alle Personen erkrankt waren, gab es in anderen Weilern nur wenige oder überhaupt keine Leprakranken.

Des Rätsels Lösung fand Kazda zusammen mit dem Medizinstatistiker Lorenz Irgens von der Universität Bergen mit Hilfe des Lepraregisters, das seit dem ersten Auftreten der Lepra in Norwegen bis zu ihrem Verschwinden mit größter Genauigkeit geführt worden war. So enthielten die in einem Archiv in Bergen liegenden verstaubten Folianten exakte Hinweise, wann und in welchem Ort jemand an Lepra erkrankt war. Eine Computeranalyse dieser präzisen Daten zeigte dann ein frappierendes Muster: Leprakranke hatte es vorwiegend nur in jenen Ortschaften und Gehöften gegeben, die an einem Südhang lagen *und* die sich Trinkwasser aus Feuchtwiesen des Fjells herabgeleitet hatten. Statistisch betrachtet war unter solchen Voraussetzungen das Risiko, an Lepra zu erkranken, viermal so hoch wie bei einem in einer anderen Himmelsrichtung liegenden Gehöft. Warum gerade die Südlage das Leprarisiko so drastisch erhöhte, war für Kazda leicht zu erklären. Seine Untersuchungen in den Mooren hatten nämlich ergeben, daß nur auf den Südhängen des Fjells die Sonneneinstrahlung ausreichte, um in der grauen Schicht der Sphagnen eine Temperatur von mindestens 28 °C zu erreichen – und dies ist genau die Temperatur, die *Mycobacterium leprae* mindestens braucht, um sich vermehren zu können.

Wenn aber die Lepra durch verseuchtes Trinkwasser verursacht werden kann, müßten dann nicht auch in anderen Lepragebieten der Welt Mykobakterien in Wasserreservoiren nachweisbar sein? Genau dies konnte der schleswig-holsteinische Forscher in den letzten Jahren nachweisen. In Wasserproben aus Feuchtwiesen und Mooren in Gegenden Portugals, der Elfenbeinküste, Perus, Louisianas und Indiens, in denen die Lepra heute noch verbreitet ist, fand er in stereotyper Häufigkeit Mykobakterien, die von den menschlichen Lepraerregern mit allen derzeit zur Verfügung stehenden Methoden nicht unterschieden werden können.

Sogar aus China, das zusammen mit Indien wohl die Wiege dieser Seuche ist, gibt es Meldungen, die die Hypothese eines Reservoirs von Leprabakterien außerhalb des menschlichen Körpers unterstützen. So konnte bei den derzeit etwa 60000 registrierten Leprapatienten nur etwa bei einem Drittel ein anderer Leprakranker als mögliche Infektionsquelle nachgewiesen werden. Zwei Drittel der Patienten hatten jedoch nachweislich keinen Kontakt zu einem anderen Leprakranken. Wenn also die üblichen Übertragungswege – Tröpfcheninfektion, Nasensekret, Direktübertragung über Hautgeschwüre – wegfallen, muß die Infektion einen anderen Weg genommen haben. Verseuchtes Trinkwasser wäre auch hier eine denkbare Erklärung.

Wie lassen sich im historischen Rückblick die wissenschaftlichen Puzzlesteine aus Norwegen zu einem seuchenmedizinischen Mosaik zusammensetzen, das die Ausbreitung und das Verschwinden der Lepra plausibel erklärt? Denkbar – und aufgrund der epidemiologischen Situation auch wahrscheinlich – ist, daß die Bewohner der norwegischen Fjordküste – sofern sie ihr Trinkwasser von einem Südhang bezogen – regelmäßig infektionsfähige Leprabakterien über den Magen-Darm-Trakt in ihren Körper aufgenommen haben. Bei dem einen oder anderen Menschen wird sich dann aus der unbemerkten Infektion eine Lepra-Krankheit entwickelt haben[18]. Die vorherrschenden Lebensbedingungen haben dann – zeitverzögert um einige Monate oder Jahre – eine Übertragung der Erreger auf Familienmitglieder oder andere Bewohner eines Gehöftes quasi zwangsläufig werden lassen. Dies könnte durch Tröpfcheninfektionen in den Häusern oder durch direkten Kontakt in den überfüllten Sitzbetten geschehen sein. Da eine Unter- oder Mangelernährung die Abwehrkräfte schwächt, konnten überproportional häufig schwere Krankheitsformen mit Milliarden von Bakterien entstehen, was seinerseits die rasche Ausbreitung der Seuche begünstigte. Durch gelegentliche Besuche und Reisen dehnte sich die Infektionskrankheit später auch auf solche Gebiete aus, in denen sie ursprünglich nicht vorgekommen war.

Verschwunden ist die Lepra in Norwegen zu Beginn dieses Jahrhunderts nicht, weil die drakonischen Seuchengesetze eine Übertragung der Erreger verhindert hätten, sondern einfach, weil sich die Lebensbedingungen an der Westküste im Laufe der Zeit fundamental geändert haben: Aus einem Volk armer Bauern und Fischer wurde eine wohlhabende Mittelschicht von Kaufleuten, Schiffsbauern und Handwerkern. Selbst die wenigen noch übriggebliebenen Bauern konnten sich dank verbesserter landwirtschaftlicher Methoden bald größere Häuser, eigene Betten und auch eine ausgewogene Ernährung leisten. Und da das Wasser – wie überall in Europa – in hygienisch einwandfreier Qualität per Leitung von einem Wasserwerk geliefert wurde, brauchte niemand mehr sein Trinkwasser mühsam aus den Feuchtgebieten des Fjells herabzuleiten.

Wie immer man Volksweisheit beurteilen mag, an der norwegischen Fjordküste gibt es bis heute eine Redensart, deren Wahrheitsgehalt nicht bestritten werden kann: »Trinken Sie niemals Wasser, das von oben kommt«, sagen auch heute noch alte Bauern, wenn sie einen verschwitzten Wanderer am Fjell entlangkraxeln sehen.

[18] Es gilt heute allgemein als gesichert, daß höchstens 5% aller Menschen, die sich einmal mit *Mycobacterium leprae* infizieren, später dann tatsächlich an einer Lepra erkranken.

Aller guten Dinge sind drei

Die Nachricht von der Entdeckung Armauer Hansens hatte sich wie ein Lauffeuer in den Leprosorien bis in die hintersten Winkel von Afrika, Asien und Lateinamerika verbreitet. Wenn die Lepra eine Infektionskrankheit wie viele andere war, so werden Millionen von Leprakranken gedacht haben, so würde es auch sicher bald eine Möglichkeit geben, die Krankheit zu heilen. Doch diese Hoffnung erwies sich als trügerisch. Zwar wurden seit der Jahrhundertwende zahlreiche Substanzen von den Lepraärzten ausprobiert, doch es dauerte noch bis Anfang der 1940er Jahre, bis Pharmakologen auf eine Substanz stießen, die sich als wahre Wunderwaffe erweisen sollte, das Dapson [19]. Nachdem Dapson erfolgreich bei kleineren Gruppen von Patienten in Louisiana, auf Trinidad und in Brasilien gewirkt hatte, wurde die Substanz rasch zur Standardtherapie in allen Leprosorien der Welt und verdrängte die wirkungslosen Behandlungsverfahren, die – in Ermangelung eines besseren – bis dato praktiziert worden waren [20].

Auch wenn das Dapson ein Meilenstein in der Behandlung der Lepra war und es die faszinierende Perspektive eröffnete, die Patienten aus ihrer unverschuldeten Ausgrenzung zu befreien, so zeigte sich bald, daß auch die Dapson-Therapie einen Pferdefuß hatte: Die Substanz konnte Mykobakterien nicht direkt abtöten, sondern sie nur an Teilung und Wachstum hindern. Wie andere bakteriostatisch wirkende Medikamente mußte es über einen längeren Zeitraum gegeben werden; in Anbetracht des ungemein langsamen Wachstums der Leprabakterien mindestens über zehn Jahre, möglicherweise sogar ein Leben lang. Dies war einerseits für die Patienten eine Belastung und führte dazu, daß ihre Bereitschaft, das Medikament regelmäßig einzunehmen, in dem Maße abnahm, wie die Haut ihre ursprüngliche Farbe und Textur zurückgewann, womit sie eine mögliche Infektionsquelle blieben. Andererseits ließ sich aufgrund von Erfahrungen mit anderen Bakterien vorhersehen, daß die Langzeiteinnahme eines Antibiotikums

[19] Die Substanz mit dem chemischen Namen Diaminodiphenylsulfon, kurz DDS genannt, ein Abkömmling aus der Klasse der Sulfonamide, war bereits 1908 von den beiden deutschen Chemikern Fromm und Wittmann synthetisiert worden. Aus unerfindlichen Gründen lag das DDS jedoch für 30 Jahre in Laborregalen, bevor seine Wirksamkeit gegen *Mycobacterium leprae* entdeckt wurde.

[20] Die Geschichte der Lepra ist vor allem auch eine Geschichte des Auf und Ab obskurer Arzneimittel und medizinischer Quacksalberei. So setzte man eine Zeitlang große Hoffnung auf verschiedene Pflanzenöle, die den Patienten in die Haut gespritzt wurden – aber dort, statt die Leprabakterien abzutöten, entstellende Narben herbeiführten. Als die Anilinfarbstoffe der pharmazeutischen Chemiker gerade en vogue waren, wurde diese Substanzklasse vorübergehend hochgelobt und dann wieder verworfen. Eine gewisse Berühmtheit hat das Methylenblau erlangt, ein Farbstoff, der die Haut der Patienten bläulich verfärbte, so daß sie schon von weitem als Leprakranke zu erkennen waren.

die Entwicklung einer Resistenz gegen dieses Medikament beschleunigen konnte.

In der Tat, als der Stern Dapson seinen Zenit am Firmament der Lepratherapie erreicht hatte, zeichnete sich auch gleichzeitig das Menetekel ab, daß die einzige vorhandene Waffe gegen *Mycobacterium leprae* in wenigen Jahren stumpf werden könnte. 1964, zwanzig Jahre nach der Einführung des Dapsons als Standardmedikament, beobachteten Lepraärzte in Malaysia erstmals, daß die Substanz bei ihren Patienten keine Wirkung mehr zeigte.

Wiederum war es ein Forscher aus Schleswig-Holstein, der Ärzten und Patienten einen Weg aus dem Dilemma wies. Professor Enno Freeksen aus Kiel hatte sich sein ganzes Leben mit der Tuberkulose beschäftigt, als er als Leiter eines Forschungsinstituts mit dem Problem der Lepra konfrontiert wurde. Wenn Leprabakterien und Tuberkelbazillen zur gleichen Familie von Erregern gehören, so die Überlegung des erfahrenen Mikrobiologen, dann müßte man *Mycobacterium leprae* auch in der gleichen Weise in eine pharmakologische Zange nehmen können, aus der es keinen Ausweg für die Bakterien mehr gäbe. Während man nämlich bei der Tuberkulose zumindest zwei, besser sogar drei Medikamente miteinander kombinierte, wobei eines der Medikamente bakteriozid wirken mußte (d. h. Bakterien direkt abtötete) und die anderen Wachstum und Teilung hemmen sollten, hatten die Lepraärzte auf die Monotherapie mit Dapson gesetzt. Nach umfangreichen Laborversuchen begann Prof. Freeksen 1971 ein großangelegtes Experiment auf der Insel Malta[21].

Hier bekamen die Leprapatienten zum erstenmal einen regelrechten Arznei-Cocktail. Zusätzlich zu Dapson gab ihnen Freeksen Rifampicin, eine bakteriozid wirkende Substanz aus der Tuberkuloseforschung, sowie zwei weitere Medikamente, die sich in Laborversuchen ebenfalls als sehr wirksam gegen Mykobakterien erwiesen hatten. Der Erfolg war umwerfend. Die Zahl der Leprabakterien in der Haut ging innerhalb weniger Monate zurück, und die äußeren Krankheitszeichen verschwanden ebenso rasch. Statt Jahrzehnte – wie bei der Monotherapie mit Dapson – brauchten die Patienten im Höchstfall nur noch zwei Jahre behandelt werden. Bei leichten Verlaufsformen kam man sogar mit sechs Monaten aus. Die Multidrugtherapie, MDT, war geboren. Sie zeigte überall, wo sie angewandt wurde, bisher ungekannte Erfolge. 1981 erklärte die WHO die MDT zur Standardtherapie.

---

[21] Malta war wie viele Gebiete am Mittelmeer eine endemische Lepraregion. 1970 waren unter den 320000 Einwohnern noch 225 registrierte Leprakranke. Da zu diesem Zeitpunkt das von der englischen Regierung 1893 oktroyierte Gesetz der Absonderung von Leprapatienten in Leprosorien noch in Kraft war, war es organisatorisch recht einfach, die neue Therapieform in Malta auszuprobieren.

Leprapatienten, die mit MDT behandelt werden

geografische Region	insgesamt registrierte Fälle 1992	registrierte neue Fälle 1991	prozentualer Anteil derzeitiger Patienten mit MDT	Zahl von Patienten, die seit 1981 erfolgreich mit MDT behandelt wurden
ASIEN	2.282.930	498.173	43,8	2.659.763
AFRIKA	352.222	41.989	27,6	113.310
SÜDAMERIKA	335.490	30.532	20,6	23.082
PAZIFIK	110.125	13.659	69,9	74.606
EUROPA	7.021	59	33,2	2.329
GESAMTE WELT	3.087.778	584.412	42	2.873.090

In dem Maße, wie sich MDT in allen Lepraregionen der Welt durchsetzte, sanken auch die der WHO gemeldeten Erkrankungszahlen. Während 1985 5,4 Millionen Fälle registriert wurden, waren es 1992 nur noch 3,1 Millionen. Heute werden in einigen Ländern, z. B. im vorbildhaften Sri Lanka, bereits 100 % der Leprapatienten mit MDT behandelt.

Mittlerweile sind noch weitere Medikamente gefunden worden – quasi als Abfallprodukte der boomenden Nachfrage nach Antibiotika in der Ära der Intensivmedizin –, die die Behandlung der lepromatösen Krankheitsform auf ein bis drei Monate verkürzen. Oflaxacin, eines dieser Substanzen, wirkt ebenfalls bakteriozid und wird derzeit in Kombination mit den traditionellen Medikamenten der MDT in zahlreichen Leprabehandlungszentren ausgetestet. Allerdings ist das Oflaxacin fast doppelt so teuer wie die anderen bislang eingesetzten Substanzen. Da sich aber die Behandlungsdauer auf wenige Wochen verkürzen läßt und die Patienten ambulant behandelt werden können, ergibt sich ein psychologischer Vorteil, der nicht in Geld umzurechnen ist: Leprapatienten werden nicht mehr aus ihrer häuslichen Umgebung gerissen und können ihren Beruf weiter ausüben – beste Voraussetzungen dafür, daß die der Krankheit nach wie vor anhaftende Stigmatisierung zurückgeht.

Parallel zu den Entdeckungen der Pharmakologen haben sich auch in der

Immunologie Perspektiven ergeben, die ein Verschwinden der Lepra als Massenseuche wahrscheinlich werden lassen. So wurde 1984 in Venezuela eine Impfaktion gegen die Lepra begonnen, an der 29000 Personen teilnahmen. Vorausgegangen war die Beobachtung, daß eine Impfung mit dem Antituberkuloseimpfstoff BCG auch gegen eine Infektion mit *Mycobacterium leprae* schützen kann[22].

Da frühere, in verschiedenen Ländern durchgeführte Impfstudien mit BCG zu sehr unterschiedlichen Ergebnissen geführt hatten, setzte das venezolanische Gesundheitsministerium auf einen Kombinationsimpfstoff. Zusätzlich zu BCG werden die Kinder mit abgetöteten Leprabakterien, die in Gürteltieren angezüchtet wurden, geimpft. Eine kürzlich vorgenommene vorläufige Auswertung zeigte, daß etwa 80% der Geimpften vor einer Lepra geschützt werden konnten. Mittlerweile hat die WHO ähnliche Studien in Malawi und in Indien begonnen, an der insgesamt 370000 Menschen teilnehmen. Dies sind die größten Impfexperimente, die jemals in der Geschichte der Medizin durchgeführt wurden.

Der durchschlagende Erfolg der MDT und die überraschenden Erfolge des Kombinationsimpfstoffes haben die WHO bewogen, in ihrer Resolution Nr. 44.9 ein Ziel zu proklamieren, das bis vor kurzem niemand für realistisch gehalten hätte: Bis zum Jahre 2000 soll in den 91 Ländern der Welt, in denen Lepra derzeit verbreitet ist, die Krankheit als Problem der öffentlichen Gesundheit verschwunden sein. Konkret heißt dies, daß die Zahl von Neuerkrankungen einen Fall pro 10000 Einwohner pro Jahr nicht übersteigen darf (derzeit erkranken jedes Jahr weltweit noch etwa eine Million Menschen).

In der Tat, nie waren die Aussichten für eine Eindämmung der Lepra als Seuche und eine Verminderung der Leiden der Betroffenen besser als heute. Mit Hilfe molekularbiologischer Methoden sind neue Diagnosetechniken entwickelt worden, die um ein Vielfaches zuverlässiger sind als die bisherigen mikroskopischen Verfahren. Tiermodelle stehen zur Verfügung, in denen die Wirksamkeit neuer Antibiotika rasch überprüft werden kann. Es gibt Gesundheitsmanagementmethoden, mit denen Leprapatienten frühzeitig aufgespürt und kostengünstig behandelt werden können. Und schließlich haben Chirurgen und Orthopäden für die zwei bis drei Millionen Kranken, die derzeit unter Verstümmelungen

---

[22] In dem unerwarteten Nebeneffekt der Tuberkuloseimpfung sehen denn auch Fachleute eine der wesentlichen Ursachen für die weltweite Abnahme der Lepra in jenen Gebieten, in denen die MDT bislang noch nicht eingesetzt wird. In den letzten drei Jahrzehnten sind weltweit etwa drei Milliarden Kinder mit BCG geimpft worden. Wenn auch nur bei einem Bruchteil der Geimpften gleichzeitig Abwehrkräfte gegen die Leprabakterien mobilisiert wurden, so müssen schon allein aus diesem Grunde deutlich weniger Erwachsene an Lepra erkrankt sein, als dies in früheren Dekaden der Fall war.

leiden, angepaßte Methoden entwickelt, um ihnen ein menschenwürdiges Leben zu ermöglichen. Doch wirklich ausrotten läßt sich die Lepra wohl nur dann, wenn sich die ökonomischen Verhältnisse in den am meisten betroffenen Ländern Südostasiens grundlegend ändern *und* wenn die gängigen Vorurteile und Tabus in bezug auf die Lepra bereits im Kindesalter abgebaut werden.

Die Geschichte der Infektionskrankheiten lehrt, daß noch nie eine Seuche allein durch ein Medikament ausgerottet wurde. Die Besonderheiten der Lepra sprechen dafür, daß bei dieser Krankheit soziale und ökonomische Faktoren mindestens genauso wichtig sind.

Jürgen Voigt

Tuberkulose

Bezeichnung: Abk. Tb; Schwindsucht, Lungensucht, Auszehrung (engl. consumption), Phthisis (griech. für »Schwund«); chronische Bakterieninfektion, kann nach überwundenem Krankheitsbild erneut ausbrechen, relativ selten völlige Ausheilung; meldepflichtige Infektionskrankheit.
Erreger: *Mycobacterium tuberculosis*, seltener auch *Mycobacterium bovis* (Rinder-Tb); unbewegliche, leicht gekrümmte Stäbchen (0,4 µm × 3 µm); langsam wachsend; durch hohen Gehalt an Lipiden in der Zellwand widerstandsfähig gegen physikalische und chemische Einwirkungen; empfindlich gegen UV-Licht und Erhitzen über 90 °C (Pasteurisieren); atypische Erreger u. a. *M. avium intracellulare* in Vögeln.
Verbreitung: in der gesamten Welt; weltweit sind ca. 1,7 Milliarden Menschen erkrankt, davon ca. 20 Millionen an offener Tuberkulose; ca. 3 Millionen sterben jährlich.
Infektion und Krankheitsverlauf: meist durch Tröpfcheninfektion, seltener oral; Immunsystem reagiert mit Bildung von Antikörpern (für Immunität ohne Belang) und zellulärer Umkapselung (Tuberkel); diesen Primärkomplex erleiden alle Infizierten: 95 % entwickeln kein Krankheitsbild, bei 5 % entstehen fortschreitende Entzündungen, z. B. von Lunge, Lymphknoten, Rippenfell, Darm, Niere, Knochen, Eierstöcke, Nebenhoden, Gehirn; häufigste Form (95 %) ist die Lungen-Tb: offen beim Zerfall von Lungengewebe (Kavernen), hochinfektiös; geschlossen bei abgekapselten Entzündungsherden.
Krankheitsbild: leicht erhöhte Temperatur, Schwitzneigung, Ermüdbarkeit, Appetitlosigkeit, Gewichtsabnahme, Reizhusten; später hohes, langanhaltendes Fieber, schweres Krankheitsgefühl, auch Erbrechen, Kopfschmerzen, Reizhusten, Bluthusten; gelegentlich Hauttuberkeln.
Diagnose: mikroskopischer Nachweis, Bakterienkultur, Tierversuch; Antikörper erst nach ca. sechs Wochen nachweisbar durch Tuberkulin-Test (Stempeltest, Test nach Mendel-Mantoux).
Therapie und Prophylaxe: Erreger entwickeln relativ schnell Resistenzen, daher Behandlung mit mindestens drei verschiedenen Antibiotika, neuerdings treten auch Multiresistenzen auf; Vorbeugung durch Kontaktvermeidung mit Offen-Tuberkulösen; BCG-Impfung möglich.

Regionen, in denen ein Infektionsrisiko besteht (Tb: weltweit)

Mediziner müssen umlernen in unseren Zeiten. Krankheitsbilder, die sie im Verlauf ihrer Ausbildung gar nicht oder nur in Lehrbüchern beschrieben sahen, wurden inzwischen zum bedrückenden Anblick in den Inneren Abteilungen der Kliniken, in vielen Arztpraxen. Unter diesen Krankheitsbildern ist neu und bis vor kurzem unbekannt das Bild AIDS, alt und fast schon vergessen das Bild der Tuberkulose. Viele Mediziner sind gezwungen, sich intensiv mit den neuen »Trends« in der Infektiologie zu beschäftigen, doch die Lehre von der Infektionsbekämpfung der Tuberkulose ist in unserem Lande seit dem Ende des Zweiten Weltkrieges sträflich vernachlässigt worden. Bei uns will mancher Arzt, mancher Patient, noch nicht wahrhaben, daß die neuen alten Infektionskrankheiten der Kontrolle durch moderne Medikamente zu entgleiten drohen, also gefährlich werden für Leib und Leben allzu vieler Menschen, und daß eine Zukunft nicht abzusehen ist.

Anders die Mediziner etwa am Bellevue-Hospital zu New York. Ihnen sind die Bilder des Leidens alltägliche Gegenwart und Alptraum, und manch einer steht nahe am Rande der Resignation, weil erlerntes Wissen und Können sowenig vermögen wie die vielgerühmten Wunderwaffen aus den Arsenalen der Pharmaindustrie. Niemand wundert sich hier über den Besuch aus dem Ausland:

Die Silhouette der jungen Frau verschwimmt hinter den gläsernen Schwingtüren der großen Klinik: Yung-Ok, 23 Jahre alt, geboren in Korea, ist sehr krank. Die Ärzte in ihrer Heimat hatten ihr Medikamente gegen die fortgeschrittene Tuberkulose gegeben, doch der Nachtschweiß, die Fieberschübe, der peinigende Husten wollten nicht nachlassen. Yung-Ok schwand dahin, magerte ab, wurde hinfälliger von Monat zu Monat. Die Eltern brachten die Tochter nach New York. Inständig hofften sie hier auf die Wunder westlicher Medizin, auf neue wunderbare Mittel, die Yung-Ok retten würden.

Die Ärzte des Bellevue-Hospitals untersuchten sorgfältig den zarten Körper, sahen die Schatten auf dem Röntgenbild der Lunge, die Bakterien im Sputum, lasen die Testergebnisse. War die galoppierende Schwindsucht noch aufzuhalten? Die kleine Yung-Ok genoß sorgsame Pflege, die Zuwendung der Schwestern, nahm gehorsam, was verordnet wurde, und wußte, dies war das Beste, was Pharmakunst vermochte. Daß Yunk-Ok ihre Tuberkulose vor wenigen Jahren noch lächelnd überstanden hätte, wußte die junge Frau natürlich nicht. Nun, im Jahre 1993, wollte keine Therapie anschlagen. Yunk-Ok welkte dahin, starb langsam und zählte zu den undenkbar vielen Opfern einer Entwicklung, die in dieser Unbarmherzigkeit niemand vorherzusehen gewagt hätte: Erregerstämme tödlich verlaufender Infektionskrankheiten wie der Tuberkulose, vor kurzem noch in Schach gehalten von ausgeklügelten Medikamenten, entzogen sich dem Zugriff der Chemie, wurden »immun« und nahezu unangreifbar. Innerhalb weniger Jahre schien das Waffenarsenal der Medizin Schrott geworden zu sein.

Eine endlos erscheinende Geschichte in Fortsetzungen und auf wechselnden Schauplätzen. Während Yunk-Ok stirbt, drückt Raf, nicht allzuweit entfernt, den zweiten Schuß des Tages. Raf, 20 Jahre alt, schwarz, ist von Beruf Junkie, marschiert im Millionenheer der Süchtigen zwischen San Francisco und New York. Raf existiert (noch) zwischen den Skeletten geplünderter Autos und den Rattenkellern abbruchreifer Hochhäuser im New Yorker Stadtteil Spanish Harlem, South Bronx. Die Trümmer hier könnten Metapher sein für die Endzeit einst hoffnungsvoller Urbanität. Heute sind die kariösen Hausruinen kaputt wie die Menschenwesen, jung oder alt, denen niemand heraushilft aus der Hoffnungslosigkeit der »homeless people«, der Obdachlosen. Raf ist Junkie ohne Job und Dach, und, als gehöre es dazu, krank an der Seuche AIDS, so krank und schwach und vom Tode gezeichnet – wie Hunderttausende im fernen Afrika.

Rafs Chancen sind nicht besser als die der jungen Koreanerin – nahe Null. Raf wird nicht an AIDS sterben, sondern an einer der opportunistischen Infektionskrankheiten, denen AIDS den Weg bereitet, zum Beispiel an Tuberkulose. Letzten Endes gehen Raf und Yunk-Ok denselben Weg.

Auf leisen Sohlen

Immer wieder im Verlauf der Jahrtausende brachen Seuchen über die Menschen herein, sprangen von Land zu Land, verfrachtet von Karawanen durch Steppen und Wüsten, von Schiffen übers Meer. Solange die Kette der Infektionen funktionierte, tobten die Seuchen sich aus, sorgten für genetische Auslese bei Wirten und Erregern. Die Spuren vergangener Epidemien finden wir im Gedächtnis der Völker aufbewahrt, in Liedern und Geschichten tradiert von Generation zu Generation.

In diesen Kreis der Menschenfeinde gehört auch die Tuberkulose. Aber sie trat nicht so spektakulär und apokalyptisch auf wie Pest und Cholera. Die Schwindsucht schleicht auf leisen Sohlen, läßt sich Zeit mit ihrem Zerstörungswerk, tötet langsam, mit Unterbrechungen, in denen die Opfer neue Hoffnung schöpfen, um dann desto tiefer in die Qualen der Auflösung gestürzt zu werden.

Wann ist diese chronisch verlaufende Infektionskrankheit zum erstenmal aufgetreten? Ist sie vielleicht so alt wie die Menschheit? Wir wissen es nicht, sind auf Vermutungen angewiesen. Vor- und Frühgeschichtler verfolgten ihre Spuren zurück bis in die Jüngere Steinzeit. Die schrift- und heilkundigen Gelehrten der ägyptischen Hochkultur am Nil müssen diese Krankheit und ihre Auswirkungen schon um 2700 v. Chr. genau gekannt haben: Paläo-Pathologen fanden in zahlreichen Mumien tuberkulöse Gewebsveränderungen, und Ägyptologen kennen die Lehmstatuette jenes bedauernswerten Buckligen, der am Pottschen Übel litt,

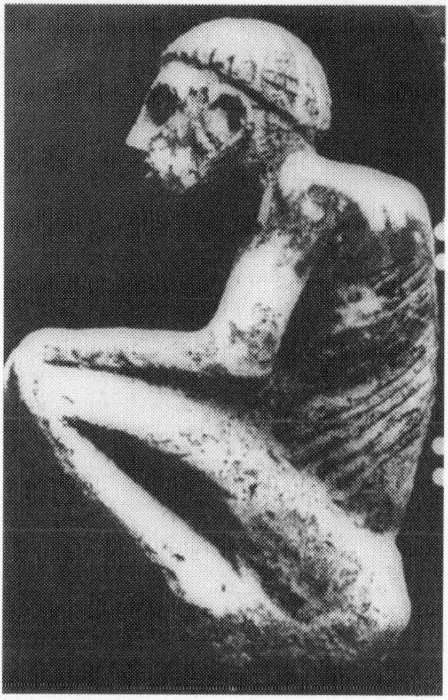

Mann mit der Pottschen Krankheit (ägyptische Skulptur)

einer Knochen-Tuberkulose, welche die Rückenwirbel angreift. Diese Erkrankung ist heute nur sehr selten anzutreffen.

Die Beschreibung tuberkulöser Symptome vermuten Fachleute in einem Keilschrifttext aus Babylon: »Der Kranke hustet ständig, der Auswurf ist dick und enthält manchmal Blut. Sein Atem ist wie eine Flöte. Seine Hand ist kalt, aber seine Füße sind warm. Er schwitzt leicht und sein Herz ist gestört. Wenn die Krankheit heftig ist, leidet er an ständigen Durchfällen.«

Das erste wissenschaftlich-medizinische Lehrgebäude schuf um 400 v. Ch. Hippokrates, der »Meister von Kos«, mit seinen Epidemiebüchern und dem *PROGNOSTIKON*. Dieser größte Arzt der Antike behandelte, zusammen mit Schülern und Arztgehilfen, ohne Unterschied freie Bürger und Sklaven. In seinen ärztlichen Werkstätten auf Thasos und Kos behandelte er Wunden und Brüche. Zu fiebernden Kranken begab er sich persönlich und notierte deren Krankengeschichten. Der Medizinhistoriker Charles Lichtenthaeler schreibt (1977): ». . . die schlechte Prognose der Phthisiker erklärt sich dadurch, daß diese Kranken sich sozusagen ›aushusten‹. Ihr Auswurf bleibt bis zuletzt ›roh‹; zu heilungbringender Kochung kommt es nie. Durch ›Einschmelzen‹ schwindet die Körpersubstanz mehr und mehr und wird durch die Luftröhre ausgeschieden.« Die Fachbezeichnung »Phthisis« hat sich bis in unser Jahrhundert gehalten, »Schwund« findet sich wieder in »Schwind-sucht«.

Auch die Auskultation mit Hilfe eines Rohres, 1819 von Laënnec in die Lungenheilkunde eingeführt, war der hippokratischen Medizin – ohne Rohr – geläufig. Ein zeitgenössischer Text lautet: »Wenn man das Ohr an die Brust hält, kann man ein Geräusch hören, das dem Rauschen des Essigs ähnelt. Man muß das Ohr an die Brust des Kranken halten und ihn kräftig an den Schultern rütteln; wenn die Flüssigkeit im Fell ist, hört man ein Plätschern.« Hippokrates erkannte den chronischen Charakter des Leidens und kam zu modern anmutenden Schlüssen: »Diese Krankheit dauert ungefähr sieben bis neun Jahre. Man gesundet, wenn man gleich von Anfang an behandelt wird.« – Eine Erkenntnis, die Hermann Brehmer 1850 wieder aufgriff, mit Erfolg.

Assyrische Keilschriften nennen eine »zehrende Krankheit«, die durch den Auswurf auf andere Menschen übergehe. Der griechische Naturforscher und Philosoph Aristoteles schrieb um 350 v. Chr.: »Weshalb werden diejenigen von Schwindsucht, Augenentzündung und Krätze ergriffen, die mit einem damit Behafteten verkehren? Die Schwindsucht bewirkt dies, weil sie einen schlechten und schweren Hauch verbreitet.« Man wußte oder ahnte: Diese Krankheit ist ansteckend!

Während der folgenden Jahrhunderte der römischen und christlichen Ära muß die Phthisis allgegenwärtig gewesen sein, sie war Gegenstand medizinischer Fachgespräche und gelehrter Abhandlungen. Der kaiserliche Leibarzt Galen (129–199 n. Chr.) schuf seine »Pneumalehre«, beschrieb die ansteckende Natur der Phthisis und schickte lungenkranke Patienten in afrikanische Klimakurorte.

In China erreichte die Medizin ihren Gipfel zwischen dem siebten und dem achten Jahrhundert. In medizinischen Abhandlungen finden sich die Beschreibungen mehrerer Formen der Lungentuberkulose: »Lungentuberkulose mit Bluthusten, die von Hua T'o als ansteckend betrachtet wird, schreibt Sun Ssumiao einem winzigen Tierchen (ch'ung) zu, das die Lunge benagt. Wang T'ao stellt dem Nachmittagsfieber die Euphorie des Morgen gegenüber; berichtet über den Nachtschweiß und die Gesichtsfarbe, die ›wie geschminkt‹ aussieht. Su You erfindet den Ausdruck ch'uan-shih (Übergang zum Leichnam), um die verderbliche Entwicklung der Krankheit zu bezeichnen. Ts'ui Chih-t'i behandelt Knochentuberkulose durch Moxa.«

Wie kam die Tb nach Nordamerika? Wurde sie eingeschleppt vom Schiffsvolk des Admirals Christoph Kolumbus und folgender Eroberer, wie man lange glaubte? »Der Spiegel« (Nr. 15/1994) berichtet, dem US-Pathologen Arthus

C. Aufderheide sei es gelungen, in der Lunge einer etwa tausend Jahre alten, präkolumbischen Mumie einen verkalkten Tuberkuloseherd nachzuweisen. Der Molekularbiologe Wilmar Salo konnte im Erbmaterial der Mumie ein DNA-Segment identifizieren, das typischerweise nur in einem *Mycobacterium tuberculosis* gefunden wird. In Sachen Tb waren die Konquistadoren also ausnahmsweise schuldlos.

Europa lag hinter den Chinesen zurück. Zwar hielt der arabische Arzt Avicenna (Ibn Sina, 980–1037) die Phthisis für eine auszehrende und geschwürbildende Allgemeinkrankheit, die nicht nur in der Lunge lokalisiert sei – doch achthundert Jahre nach den Chinesen erst wagte der italienische Gelehrte, Dichter und Arzt Girolamo Fracastoro (1478–1553) in seiner prophetischen Schrift *DE CONTAGIONE ET CONTAGIONISIS MORBIS* 1530 von »seminaria« zu sprechen, winzigen Krankheitssamen, welche Krankheiten wie die Phthisis verbreiteten. Fracastoro vertrat mutig die Meinung, Menschen seien nicht tuberkulös durch Veranlagung, sie würden es vielmehr durch den direkten oder indirekten Kontakt mit einem Kranken. Der Gelehrte war seiner Zeit um Jahrhunderte voraus, denn niemand konnte damals mit »Krankheitssamen« das geringste anfangen. Und brauchbare Mikroskope gab es noch nicht.

Die Geheimnisse um Entstehung und Verbreitung dieser grausamen Krankheit machten sie immer auch zum Objekt des Mythos, des Glaubens an die heilenden Mächte des Überirdischen. Sie manifestierten sich, so glaubte man, in der Hand des Königs. Siebenhundert Jahre lang, berichtet die Überlieferung, habe der von Gott gesalbte Herrscher einmal, am Tag seiner Krönung, die Skrofeln wartender Untertanen durch die Berührung mit seiner Hand heilen können. Skrofulose ist eine Tuberkulose der Lymphknoten, gefolgt von entstellenden Hautausschlägen mit Bläschen und Schorf. Sie muß damals häufig gewesen sein, denn vom Sonnenkönig Ludwig XIV. wird erzählt, 1600 Menschen habe er an einem Ostersonntag berühren müssen.

Könige und Skrofeln sind heute selten, doch der Glaube an die Kraft der Wunder- und Geistheiler ist lebendig geblieben. Eine Massenhysterie löste z. B. 1949 Bruno Göring aus, der mit Stanniolkugeln und Handauflegen Krankheiten, darunter die Tuberkulose, zu heilen versprach. Ein Arzt in Bayern empfahl den Verzehr bestimmter Käsesorten zur Vorbeugung und Heilung der Schwindsucht.

Das 17. Jahrhundert erlebte den Durchbruch einer rationalen Medizin. Franz de le Boe (Sylvius) beschrieb die Tuberkel (latein. »tuberculum«, Höcker, kleine Schwellung, Granulom) 1658 zum ersten Mal als eine krankheitstypische Gewebsveränderung und setzte die Basis für eine echte Tuberkuloseforschung. Zu ihren Heroen zählen u. a. Thomas Sydenham (1624–1689) in London, Marcello Malpighi (1628–1694) in Rom, Pierre Desault (1744–1795) und Nicolas Corvisart (1755–1821), der Kliniker, in Paris. Neue Spitäler mit Hunderten, gar Tausenden von Betten wurden errichtet, die Grundlagen für allgemeine Volkshygiene geschaffen. Edward Jenner (1749–1823) sorgte zwar 1796 mit der ersten Pockenschutzimpfung für eine Jahrhundertsensation, Erreger, Infektionen, Infektketten aber waren noch immer rätselhafte Phänomene. Man sah die Ursache der Krankheiten in Miasmen, Verunreinigungen z. B. der Luft – oder in Kontagien, die der menschliche Körper bildet und durch deren Berührung (Kontakt) die Ansteckung erfolgt. Miasmatiker und Kontagionisten lieferten sich erbitterte Dispute noch bis in die Zeiten Louis Pasteurs.

Erfahrene Ärzte, geschult im ständigen Umgang mit den Leidenden, erkannten wichtige Erkrankungen am spezifischen Geruch der Patienten und der Krankenzimmer. Einer mit der Ruhr roch deutlich anders als einer mit der Schwindsucht. Wesen und Erlebnis »Krankheit« in den vergangenen Jahrhunderten lassen sich für uns, die wir uns eines funktionierenden Gesundheitssystems erfreuen, nicht mehr nachvollziehen.

»Jahrhundert der Phthisis«

Das 19. dürfen wir getrost als das »Jahrhundert der Phthisis« bezeichnen aufgrund von vier Phänomenen bzw. Entwicklungen, die sich abzeichneten:

- Das Ausufern der Sterbeziffern: Frühkapitalismus, Verstädterung mit Slumbildung ließen die Tuberkulose zur Geißel eines Zeitalters werden.
- Das Aufkommen von Metaphern, die Wesen und Wirkung der Schwindsucht bildhaft umschreiben: Die Lungentuberkulose galt im vorigen Jahrhundert und noch zu Beginn des jetzigen (d.h. bis zur Entdeckung ihrer Heilung) als Krankheit der Übersensiblen, der Hochbegabten und von Leidenschaften Verzehrten.
- Die Einsicht in Ursache und Wirkung der grausam-tückischen »Weißen Pest« seitens der Ärzte, Fortschritte in der Diagnose und Ansätze einer Heilbehandlung.
- Und nicht zuletzt die detektivisch-hektische Fahndung nach dem Erreger. Endlich das Stellen und Benennen des Feindes.

Ein Bazillus, der über relativ kurze Entfernungen von Wirt zu Wirt springt und so die Krankheit verbereitet, trifft überall dort ein günstiges »Jagdgebiet«, wo Menschen unter bedenklichen hygienischen Bedingungen eng beieinander wohnen – in den häßlichen Randgebieten der rapide wachsenden Großstädte der europäischen und amerikanischen Industrialisierungsphase. Phthisis, diese chronisch schleichende Infektionskrankheit, erschien nicht in Form plötzlicher Massenausbrüche (wie Röteln oder Grippe), doch sie breitete sich über die gesamte Bevölkerung aus. Die Wiener nannten sie einfach *Morbus viennensis*, Wiener

Krankheit, und beklagten allein 1815 2859 Tb-Tote, ein Viertel aller Sterbefälle in Wien.

Eine echte Volksseuche wurde die Schwindsucht im Gefolge der rasch voranschreitenden Industrialisierung. 100000 bis 120000 Menschenleben forderte sie jedes Jahr im Deutschen Reich der zweiten Hälfte des 19. Jahrhunderts. Am schwersten zu leiden hatten Menschen im Alter von 20 bis 40 Jahren. Hermann Glaser beschrieb die Situation (1981): »Der Verlauf der Krankheit war meist chronisch; als galoppierende Schwindsucht konnte sie sehr rasch zum Tod führen. Durch Absonderung der an offener Tuberkulose Erkrankten wurde versucht, die Weiterverbreitung zu unterbinden. Wer arm war, war oft krank, und war er dann noch alt dazu, ohne Familie, so blieb ihm gar keine Hoffnung mehr.« Ein Zeitgenosse berichtet von den Zuständen in der Konfektionsfabrik: »Es ist an jedem Tisch mindestens ein Lungenkranker. Wenn der Lungenkranke einen Hustenanfall bekommt und das Mädchen ein wenig sich abwenden möchte, in der Furcht, von einem Sputumtröpfchen getroffen zu werden, fährt Madame zornig drein.«

»Über hundert Jahre lang blieb Tb die bevorzugte Art, dem Tod eine Bedeutung zu verleihen – eine erbauliche, vornehme Krankheit. Die Literatur des 19. Jahrhunderts wimmelt von Beschreibungen nahezu symptomloser, furchtloser, glückseliger Tode infolge Tb, insbesondere von jungen Leuten...«, beschreibt Susan Sontag (1981) die Stimmung. Die Schwindsucht erscheint als die romantische Krankheit, die junges Leben beendet. Die roten Fieberflecke auf weißen Mädchenwangen erhalten den makabren Namen »Friedhofsröschen«. Tuberkulose und Traurigkeit gehörten zusammen, aber auch Tuberkulose und das Empfindsame, das Schöpferische. Tb war das innere Brennen, Verbrennen. Philip Sandblom (1990) vermutet eine besondere Wirkung dieser Krankheit auf die kreative Phantasie. »Das leichte Fieber beflügelt die Gedanken und versorgt die Imagination mit träumerischen Bildern. Ein gesteigerter Lebenshunger, der im wirklichen Leben infolge der krankheitsbedingten Hinfälligkeit des Patienten nicht gestillt werden kann, befriedigt sich statt dessen in der Welt der Phantasie, und zwar mit Vorliebe in ihren erotischen Teilen.« Kurz vor seinem Tod schrieb der englische Lyriker John Keats 1820: »Die Krankheit hat, soweit ich es in so kurzer Zeit beurteilen kann, mein Gemüt von einer Last trügerischer Gedanken befreit und mich die Dinge in einem wahreren Licht sehen lassen.«

Die Arzte konzentrierten sich derweil auf ein präziseres Verständnis der Infektionskrankheit und ihrer Diagnose. Aus einer noch recht dürftigen »Spitalmedizin« entwickelte sich nach 1850, kräftig gefördert vom Urheber der Zellpathologie, Rudolf Virchow (1821–1902), eine wissenschaftliche Medizin, die sich auf empirische Forschung stützte. Klinikärzte sammelten und notierten ihre Erfahrungen am Krankenbett und bei der Obduktion der Leiche. Die physikalische Krankenuntersuchung profitierte entscheidend von der durch René-Théophile

Hyacinthe Laënnec (1781–1826) eingeführten Auskultation (Abhorchung) mittels des Stethoskops. Der Gebrauch des Thermometers verbreitete sich nach 1860, als auch die Laboratorien, ausgestattet mit verbesserten Mikroskopen, in den Kliniken eine immer wichtigere Rolle spielten.

Wohlhabende Phthisiker in vielen Ländern Europas bildeten eine zahlungskräftige Klientel für Mediziner, die sich »etwas einfallen ließen«. Zu ihnen zählte der schlesische Lungenfacharzt Dr. Hermann Brehmer (1826–1899), der nach 1854 eine »antituberkulöse Welle« auslöste mit seiner Behauptung, im Frühstadium sei die Tb heilbar. Um seine Thesen in die Praxis umzusetzen, baute Brehmer im schlesischen Görbersdorf, dem heutigen Sokolowsko, das erste fachmännisch geleitete Lungensanatorium der Welt auf. Kernstück war die Freiluftkur: Tuberkulose sei dort zu heilen, wo sie normalerweise nicht vorkomme, an hochgelegenen, »immunen« Orten. Die Patienten wurden angehalten, sich im Freien zu bewegen, auf dem Netz von Spazierwegen mit ihren Ruhebänken, Grotten, Pavillons und künstlerischen Plastiken. Alkohol wurde verordnet als Arzneimittel mit anregender Wirkung auf den Stoffwechsel. Das Essen war reich und vorzüglich. Aus allen europäischen Ländern kamen Patienten des wohlhabenden Bürgertums, des Adels. Brehmers Schüler und rechte Hand, Peter Dettweiler, zog 1878 nach Falkenstein im Taunus, baute sein kleineres Sanatorium, erfand die Taschenspuckflasche und den Stuhl für die von ihm eingeführte, revolutio-

Liegehalle in einem Lungensanatorium um 1900

näre Freiluft-Liegekur als Basistherapie. Die Patienten waren angehalten, alle Anweisungen der Ärzte strikt zu befolgen. Selbst Fürstlichkeiten unterzogen sich der rigiden Disziplin in der Dettweilerschen »Zuchtanstalt«.

Das ausgehende 19. Jahrhundert erlebte eine wahre Glanzzeit der Heilstättenbewegung. Bald wurden auch minderbemittelte Phthisiker in sogenannten Volksheilstätten aufgenommen, von denen Deutschland 1899 bereits 33 besaß, 1908 schon 99. Große und berühmte Sanatorien entstanden in Davos, in Belgien, Frankreich und Rußland. Angetrieben wurde der Bauboom vom vordringlichsten Problem der Epoche: Bekämpfung der Tuberkulose als Volkskrankheit, als soziales Leiden. Die Tb war längst zu einem Politikum geworden.

Hermann Brehmer versuchte seine wohlhabenden Patienten zu heilen, ohne sich um das Wirken eines Erregers kümmern zu müssen, obwohl der französische Militärarzt Jean-Antoine Villemin (1827–1892) schon 1865 Tuberkulose von einem Menschen auf ein Tier übertragen und damit den infektiösen Charakter der Krankheit klar bewiesen hatte. Eine Weile durfte Villemin sich seines Ruhmes freuen, doch nicht lange.

Robert Koch fand und isolierte den Erreger, gab ihm den Namen »Tuberkelbazillus« und verkündete seine Forschungsergebnisse auf einem Vortrag vor Mitgliedern der Berliner Physiologischen Gesellschaft am 24. März 1882 mit dem bescheidenen Titel »Die Ätiologie der Tuberkulose«. Es war die wissenschaftliche Sensation des ausgehenden 19. Jahrhunderts, ein Aufatmen ging durch die Welt mit der Hoffnung: Wird der Schrecken namens Phthisis endlich gebannt sein? Robert Koch: »Wenn sich die Überzeugung, daß die Tuberkulose eine exquisite Infektionskrankheit ist, unter den Ärzten Bahn gebrochen haben wird, dann werden die Fragen nach der zweckmäßigsten Bekämpfung der Tuberkulose gewiß einer Diskussion unterzogen werden und sich entwickeln.« Und wie diskutiert wurde! So erlebte Berlin einen unglaublichen Ansturm auf Heilung hoffender Phthisiker, als Koch 1890 – zu früh – sein »Tuberkulin« als Tuberkulose-Medikament vorstellte. Die braune Flüssigkeit bestand aus Stoffwechselprodukten und löslichen Extrakten von Tuberkelbazillen und diente später als Tuberkulintest: Eine Hautreaktion an der Einstichstelle zeigt das Vorhandensein von Antikörpern und damit eine Infektion an. Noch kein Heilmittel also, aber der Kampf gegen die »Volkskrankheit« wurde energisch aufgenommen.

Die Berliner Städtischen Krankenhäuser erhielten immer mehr Betten für Tuberkulöse. Immer neue Veröffentlichungen von Untersuchungen und Forschungsergebnissen zum Thema erschienen. Auf Betreiben Ernst von Leydens (1832–1910) errichtete man Sonderheilstätten für finanzschwache Phthisiker ab 1890. Im November 1895 feierte man die Gründung des Deutschen Zentralkomitees zur Errichtung von Heilstätten für Lungenkranke, aus dem 1906 das Deutsche Zentralkomitee zur Bekämpfung der Tuberkulose hervorging. Der erste internationale Tuberkulosekongreß mit 2000 Wissenschaftlern und Politikern fand 1899 in Berlin statt. Im selben Jahr erhielt die Charité die erste Poliklinik für Lungenkranke: unentgeltliche Frühdiagnosen, Laboruntersuchungen, Beratung von Tuberkulösen, prophylaktische Maßnahmen, Belehrung von Angehörigen der Phthisiker, Unterricht für Studenten und Ärzte. Die Frequenz der Poliklinik stieg ständig und lag 1904 bei 11 000 Patienten pro Jahr. Aber die Plätze für Schwerkranke reichten nicht aus. Im Charité-Garten wurden Baracken für tuberkulöse Männer und Frauen aufgestellt, die bis in die sechziger Jahre existierten.

Wie wichtig der Kampf gegen die Volkskrankheit war, zeigen die Sterbeziffern aus Berlin (aus: Wiss. Zeitschrift d. Humboldt-Universität zu Berlin, Math.-Nat. R 36, 1987, ½):

Tuberkulosesterblichkeit in Berlin auf 10000 der Bevölkerung

Jahr	An Schwindsucht bzw. Tuberkulose Gestorbene auf 10000 der Bevölkerung	Jahr	An Schwindsucht bzw. Tuberkulose Gestorbene auf 10000 der Bevölkerung
1755	45,0	1918	29,9
1760	56,0	1920	15,7
1772	64,5	1924	14,4
1784–1794 (89)	66,0	1929	10,4
1854–1868 (61)	37,6	1946	26,0
1870	40,4	1947	26,3
1880	34,7	1948	20,1
1882	32,3	1949	14,6
1890	28,5	1950	9,0
1895	24,9	1955	4,3
1900	24,5	1960	3,0
1905	23,8	1965	1,7
1910	18,8	1970	0,75
1913	16,7	1975	0,33
1914	17,6	1980	0,20
1917	30,5	1983	0,17

Im Hungerjahr 1917 reichte bei vielen Menschen die Abwehrkraft des Körpers nicht mehr aus, um der Bakterien Herr zu werden. Es starben mehr Menschen an Tb als an Altersschwäche. Die Ursachen: soziales Elend, Armut, Unterernährung, das Hausen in vermieften Mietskasernen, der Mangel an ärztlicher Betreuung. In mancher Berliner Gemeindeschule war jedes sechste Kind tuberkulös.

Säuglinge, Kleinkinder und Greise fielen der Seuche zum Opfer. Reichhaltiges Essen war Luxus. Mit 33976 Toten stand die Tb 1921 im Deutschen Reich an fünfter Stelle der Todesursachen – nach den Kreislauferkrankungen, der Altersschwäche und der Lungenentzündung.

Die Wissenschaft sah dem Sterben nicht tatenlos zu. In den Laboratorien der Chemiker und Bakteriologen herrschte Hochbetrieb. Man verstand nach und nach mehr von den Mechanismen der Infektionen und ihrer Wirkungen. Im Dezember 1908 hatten der französische Bakteriologe Albert Calmette (1863–1933) und sein Kollege Camille Guérin einen starken Virulenzverlust der Tuberkelbakterien festgestellt, wenn diese auf gallenhaltigem Nährboden gezüchtet wurden. Die virulenzschwachen Bakterien, der sogenannte Stamm, »Bakterium Calmette/Guérin« (BCG), bestehend aus *Mycobacterium bovis*, bildeten die Grundlage für die Produktion des Tuberkulose-Impfstoffes, der nach 1921 für die Impfprophylaxe angewendet wurde.

Heute wird die BCG-Impfung nur empfohlen für Personen mit hohem Kontaktrisiko: Ärzte, Pfleger in Tb-Sanatorien und -kliniken, Veterinäre. Und für Menschen in der Umgebung von tuberkulösen Personen. Die Impfung wird am besten bei Neugeborenen durchgeführt. Nach drei bis vier Wochen bildet sich an der Impfstelle ein erbsengroßes Knötchen. Nach vier bis acht Wochen wird die Tuberkulin-Reaktion positiv. Der Impfschutz bleibt drei bis vier Jahre, auch bis zu zehn Jahre erhalten. Eine vollgültige Immunität wird bei der Tb aber nicht erreicht. – Tb ist eine *chronische* Infektionskrankheit.

Seit Jahren empfahlen nicht mehr alle Experten eine allgemeine Anwendung der BCG-Impfung im Neugeborenenalter. Heute allerdings fordert die Weltgesundheitsorganisation energische Gegenmaßnahmen, nachdem weltweit 1,7 Milliarden Menschen mit Tb infiziert sind, 20 Millionen an offener Tb leiden und jährlich drei Millionen an Tuberkulose sterben. Tb tötet mehr Menschen als AIDS, Diarrhöe, Malaria u. a. Infektionskrankheiten – und ist doch die weltweit am meisten vernachlässigte Seuche. Angestrebt wird eine weltweite Immunprophylaxe aller Neugeborenen mit BCG. Wer sich allerdings die Zahlen einer explodierenden Weltbevölkerung näher betrachtet – jeden Monat werden auf diesem Planeten 7,75 Millionen Babys geboren –, dürfte seine Zweifel haben, ob ein solches Unterfangen durchführbar und finanzierbar wäre.

Tröpfchen für Tröpfchen

Müssen wir damit leben, daß die endlos erscheinende Kette »Offentuberkulöser-Hustentröpfchen-Infizierter« nicht mehr abreißt? Seit Anfang des 20. Jahrhunderts bemühen sich Ärzte, Laien und internationale Verbände wie z. B. die

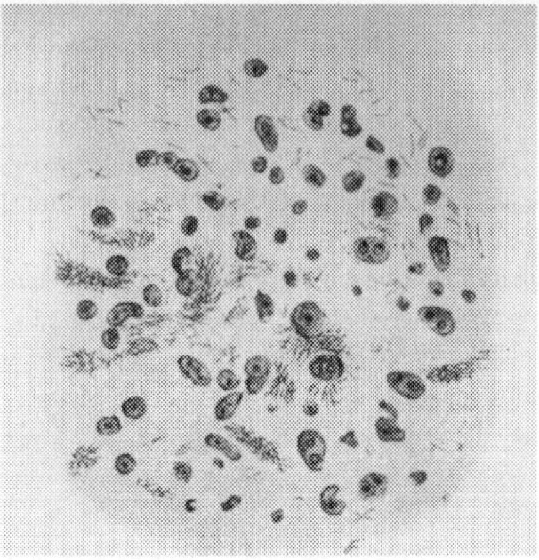

Mycobacterium tuberculosis (in einem Ausstrich von Robert Koch)

»Union Internationale Contre La Tuberculose et Les Maladies Respiratoires« und nicht zuletzt die WHO die Bevölkerungen über die Krankheit aufzuklären, die Gefahren zu schildern im Umgang mit *Mycobacterium tuberculosis*, Vorbeugung zu predigen. Je mehr sich die Tb-Infektionen nach Afrika und Asien verlagern, desto schwieriger wird es werden, derartige Bemühungen fortzusetzen, zu finanzieren. Doch es bleibt keine Wahl.

Mycobacterium tuberculosis ist nicht wählerisch. Einmal über die Atemluft eingedrungen, siedelt es beim Menschen in der Hirnhaut, in den Lymphknoten, im Rippenfell, der Nebenniere, den Nieren, in Knochen, Eierstöcken und Nebenhoden. Die bei weitem häufigste Form aber ist die Lungentuberkulose. Im Verlauf einer langen Evolution, durch Mutation und Selektion, hat der Bazillus »Tricks« entwickelt, mit denen er sich den Zugang in den menschlichen Organismus erschleicht, in mehreren Schritten. Eine Erkrankung entsteht, wenn Erreger in den Körper eindringen oder bereits in ihm existieren von früherer Invasion, wenn der Körper sich nicht wehren kann, weil er vom Hunger, von anderen Krankheiten geschwächt ist.

Entgehen kann man den unbeweglichen, langsam wachsenden Mykobakterien nicht: Sie sind überall auf der Welt, in Menschen, Tieren und auch im Boden anzutreffen. Ihr besonderes Charakteristikum ist die große Säurefestigkeit durch Einlagerung von Lipiden (Fettsäuren) in die Zellwand. Dadurch sind sie außerordentlich widerstandsfähig gegen chemische und physikalische Umwelteinflüsse wie Hitze, Kälte und Austrocknung.

Die Infektion: Großvater Ihlenfeldt hat seit zehn Jahren eine offene Tb; sie stört ihn kaum, ein bißchen Husten hin und wieder. Enkelin Erika besucht den Opa oft, liest ihm vor, betreut seinen kleinen Haushalt. Opa hustet. Winzige Tröpfchen, beladen mit Mykobakterien (etwa 3500 pro Hustenstoß), schweben in der Zimmerluft. Erika atmet sie ein – und ist infiziert. Erika ist jung, nicht kräftig, noch schwach auf den Beinen von der letzten Grippe. In ihrer Lunge siedeln sich die Bakterien in den schlecht belüfteten Gebieten des Lungenfells ab, dringen in die Lungenbläschen ein, verbergen und vermehren sich im umgebenden Entzündungsgewebe, den sogenannten Tuberkeln (latein. *tuberculum*, kleine Schwellung). Vier bis sechs Wochen vergehen vom Eindringen der Erreger bis zu ersten Krankheitserscheinungen. Das menschliche Abwehrsystem versucht, den Kampf aufzunehmen. Die Auseinandersetzungen zwischen Wirt und Erregern erzeugen Fieber, Appetitlosigkeit. Wie die Erkrankung weiter verläuft, hängt ab von der Menge und der Virulenz der Erreger, von der Veranlagung, dem Ernährungszustand und der Widerstandskraft des Körpers. Überall, wo *Mycobacterium tuberculosis* hingelangt, bilden sich die charakteristischen Granulome (Zellansammlungen) aus Gewebezellen und Zellen des Immunsystems. Bei der lebensgefährlichen Miliartuberkulose (latein. *milium*, Hirse) werden die im ganzen Körper verteilten Tuberkel so groß, daß man sie mit bloßem Auge erkennt.

In der Lunge bildet sich zunächst ein kleiner Herd; die dazugehörigen Lymphknoten im Brustkorb schwellen an. Der Primärherd verkäst, eingelagerter Kalk kapselt die Bakterien ab, macht sie unschädlich. Dieses Stadium, den Primärkomplex, machen alle Infizierten durch, aber nur etwa 5 Prozent von ihnen erkranken tatsächlich, 95 Prozent bleiben gesund und sind mehr oder weniger gefeit gegen eine neue Tb-Infektion. Der Primärkomplex bildet sich zurück, der Betroffene fühlt sich nicht krank, weiß oft nichts von einer Ansteckung.

Gefährlich wird die Situation für den Infizierten, wenn seine Körperabwehr geschwächt ist durch physischen und psychischen Streß, mangelhafte Ernährung, durch schwere Erkältung, Durchnässung, Alkohol- oder Drogenmißbrauch. Der Primärkomplex bricht auf, Mykobakterien überschwemmen den Organismus, gelangen über die Blutbahn in andere Organe. Jetzt braucht der Körper Schonung und Pflege, damit das Immunsystem siegreich bleiben kann im Kampf gegen die Erreger. So können die neuen Herde entweder wieder zur Ruhe kommen oder das Krankheitsbild voll ausbilden. Auch ruhende Herde können nach Jahren wieder aufflackern, vor allem bei alten Menschen, und zu einer Tb führen. Ein beträchtlicher Teil der Tb-Erkrankungen in Deutschland heute sind sogenannte Alterstuberkulosen.

Eine Lungentuberkulose entwickelt sich: Der Herd wird größer. Entzündliches Gewebe zerfällt, Flüssigkeit sammelt sich an, wird ausgehustet. In der Lunge entsteht ein Hohlraum, die gefürchtete Kaverne. Das ausgehustete Gewebe enthält Mykobakterien, die wiederum in die Luft und möglicherweise zum Nächsten gelangen – bei einer offenen Tb. Im allgemeinen rechnet man, daß ein Offentuberkulöser, wenn er nicht behandelt wird, innerhalb eines Jahres etwa zehn andere Menschen ansteckt. Eine rasche Diagnose beim Erkrankten ist deshalb so entscheidend wichtig, um die Infektionskette möglichst früh zu unterbrechen.

Die quälende Kaverne, das tiefe Keuchen, nach dem Husten das helle Blut im Tuch, Dahinsiechen – es sind die Stigmata der grassierenden Tb auch in der ersten Hälfte unseres Jahrhunderts; doch es war keine Rede mehr von der Krankheit als dem »metaphorischen Äquivalent für Zartheit und Sensibilität« – nur noch von Qual und langsamem Sterben. In den Jahren nach dem 1. Weltkrieg gab es allein im Deutschen Reich rund 300000 Offentuberkulöse, also Bazillenträger.

Manche der prominenten Tb-Opfer versuchten, in Schriften oder Bildern irgendwie ins reine zu kommen mit ihrer Schwindsucht, mit dem unausweichlichen Ende: Der Galgenliederdichter Christian Morgenstern (1871–1914), Gast vieler Sanatorien, schrieb 1908: »Mein Lungenleiden will ich letzten Endes gar nicht so sehr los sein ... im Grunde rührt das überhaupt nicht an mein Problem ... mir kann doch eigentlich nichts geschehen, außer, was aus mir selber kommt.« – Der italienisch-französische Maler Amedeo Modigliani (1884–1920) lebte das unstete Dasein eines Bohemien, arbeitete in seinen letzten drei Jahren wie ein Rasender, suchte Zuflucht in Alkohol und Selbsttäuschung und starb in Paris an tuberkulöser Meningitis. – Auf dem kleinen Friedhof von Avon bei Fontainebleau liegt die neuseeländisch-englische Autorin Katherine Mansfield (1888–1923), die ihrer galoppierenden Lungenschwindsucht ein kleines Œuvre großer Literatur abtrotzte und, um dies zu leisten, sich Scharlatanen anvertraute, wie dem Arzt Manoukhin, der Tb mit Röntgenstrahlen zu heilen versprach, und Iwanowitsch Gurdjew, der in Avon das dubiose »Institut für die harmonische Entwicklung des Menschen« betrieb. Katherine Mansfield war tief davon überzeugt, sie könne ihren Körper heilen, wenn sie nur ihre Seele rettete. – Einer der berühmtesten Tuberkulösen ist der deutsche Dichter Franz Kafka (1883–1924), der im Sanatorium Kierling qualvoll an der Kehlkopf-Tuberkulose zugrunde ging. Immerfort suchte er eine Erklärung der Krankeit, »denn selbst erjagt habe ich sie doch nicht. Manchmal scheint es mir, Gehirn und Lunge hätten sich ohne mein Wissen verständigt ...«

Im Todesjahr Kafkas erschien ein literarisches Denkmal für die Phthisis, »Der Zauberberg« von Thomas Mann. Fortan wurde Haus Schatzalp in Davos zum Inbegriff der Schwindsuchtexistenz im Sanatorium und ihrer eigentümlichen laszíven Erotik. Daß es etwas auf sich habe mit der gesteigerten Sinnlichkeit der Schwindsüchtigen, schienen der englische Zeichner Aubrey Beardsley (1872–1898) und der englische Autor von »Lady Chatterley und ihre Liebhaber«,

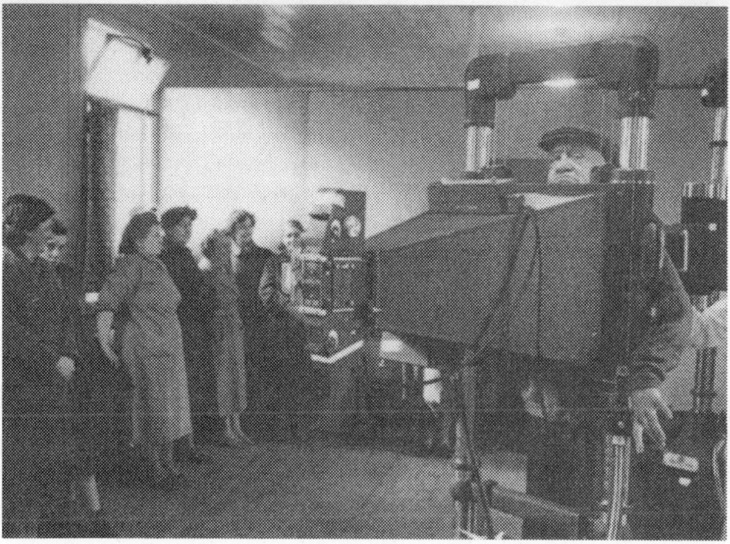

Röntgenreihenuntersuchung in den fünfziger Jahren

David Herbert Lawrence (1885–1930), zu beweisen. 1934 starb in Berlin an seiner Tb der Dichter des »Kuttel Daddeldu«, Ringelnatz, 1883 geboren als Hans Bötticher. »Aus diesem Geist wäre noch so viel zu schöpfen, wenn der Körper nicht so schwach wäre«, schrieb seine geliebte Frau, genannt Muschelkalk.

Dichtern war sowenig zu helfen wie dem krank gewordenen Mann auf der Straße. Der Tod ging weiter um, auch nach 1933 in der Ära der NS-Diktatur. Man brauchte junge Menschen – für die Arbeit, für den Krieg, und der Staat erließ rigide Verordnungen zum Schutz vor Ansteckung, zur Aussonderung von Ausscheidern. Tb-Fürsorgestellen wurden massenhaft eingerichtet mit Schwestern und Spezialärzten. Seit 1938 diente die Röntgenreihenuntersuchung der raschen und billigen Durchmusterung der Bevölkerung.

Dem Finder eines Medikaments gegen die zähen Mykobakterien winkte der Preis der Unsterblichkeit. 1935 hatte der Deutsche Gerhard Domagk (1895–1964) die Entdeckung seines wunderwirkenden Sulfonamids »Prontosil Rot« publiziert und wurde zu einem Pionier der Chemotherapie im Kampf gegen zahlreiche pathogene Mikroorganismen. Dafür erhielt er 1939 den Nobelpreis für Medizin, durfte ihn aber erst 1947 in Empfang nehmen. Im Herbst 1949 erfuhren alliierte Mediziner in Wuppertal-Elberfeld, daß die Deutschen während des Krieges im geheimen 7000 Tb-Patienten mit Domagks »Conteben« behandelt hatten, mit eindrucksvollen Ergebnissen.

Doch Domagks Großtat wurde überschattet von der Jahrhundert-Entdeckung des jungen Doktoranden Albert Schatz an der Landwirtschaftlichen Fakultät der Rutgers University, New Jersey, der unter Leitung seines Doktorvaters Professor Selman Waksman am 19. Oktober 1943 einen speziellen Stamm des Bodenpilzes *Streptomyces* entdeckte, der in der Lage war, Tb-Bakterien zu töten. Es war die Geburtsstunde des weltberühmten Arzneimittels »Streptomycin«. Die Veröffentlichung und die ersten Versuche an Patienten der Mayo-Klinik fanden 1944 statt. Es vergingen mehr als 12 Jahre, bis das Mittel auch den Lungenärzten in Deutschland zur Verfügung stand.

Nach 1950 begannen die Menschen sich allmählich von den Folgen des 2. Weltkrieges zu erholen; es gab zu essen, Wohnungen wurden gebaut, Sauberkeit und Hygiene wurden selbstverständlich. Nach 1960 schlossen viele Sanatorien. Die Sterblichkeit an Tb ging in Deutschland enorm zurück: Von circa 212 Toten pro hunderttausend Einwohnern im Jahr 1901 und etwa 40 im Jahr 1950 auf nur mehr sechs pro hunderttausend Menschen 1975. Man durfte sich in der Hoffnung wiegen, die große Seuche endlich besiegt, ausgerottet zu haben. Wenigstens in den »zivilisierten« Ländern.

Zurückgekehrt

Ein Irrtum mit Folgen: Die Tb ist zurückgekehrt und mit ihr eine Bedrohung wie zu Zeiten des 19. Jahrhunderts. *Tb auf dem Vormarsch* meint die »Süddeutsche Zeitung«; *Wird Tb wieder bedrohlich?* fragt das »Hamburger Abendblatt«; *TBC in der Disco*, sah »Bild« im April 1994; *Die Parasiten kommen... eine tickende Zeitbombe... bedroht sind immer die Schwachen...* Offizielle Statistiken sind selten genau, doch die Zahlen können erschrecken. In ihrem Wochenbericht vom 18. März 1994 schreibt die Weltgesundheitsorganisation:

»Insgesamt wurden 1990 3,9 Millionen Tuberkulosefälle registriert: 49 % in der Region Südostasien, 22 % im Gebiet des Westpazifik, 10 % beide Amerika. Die Tb-Fälle je 100 000 Lebende stiegen von der Dreijahresperiode 1984–1986 zur Periode 1989–1991 um 21 %, in Afrika, im Östlichen Mittelmeer, in Südostasien und im Westpazifik.«

Die Internationale Liga zur Bekämpfung der Tuberkulose und der Lungenkrankheiten schätzt, daß »weltweit etwa eine Milliarde Menschen mit *Mycobacterium tuberculosis*... infiziert sind. Sieben bis zehn Millionen neue Krankheitsfälle treten pro Jahr auf. Im gleichen Zeitraum sterben 2,6 Millionen an ihrer unzureichend oder gar nicht behandelten Tuberkulose. 95 Prozent aller Neuerkrankungen und Todesfälle betreffen die Länder der Dritten Welt.« Andere Quellen sprechen von jährlich rund drei Millionen Tb-Toten, was etwa sechs Prozent aller Todesfälle entspricht.

Italien verzeichnete in der zweiten Hälfte der achtziger Jahre eine Zunahme der Tb um 28, die Schweiz um 33 Prozent. In den USA hat die Zahl neuer Krankheitsfälle seit 1955 zwar kontinuierlich um etwa 4,5 Prozent pro Jahr abgenommen, doch nur bis 1986. Statt abzunehmen, stiegen die Tuberkuloseerkrankungen seither um 2,6 Prozent an. Bis Ende 1989 sind in den USA bereits 15000 Fälle mehr an Tuberkulose registriert worden, als dies vom Center for Disease Control in Atlanta prognostiziert worden war.

Man erkrankt nur noch selten an verseuchter Milch; Tb-kranke Rinder, nach dem 2. Weltkrieg bei uns sehr häufig, sind selten geworden. Die Forschung weiß heute mehr als je von den Eigentümlichkeiten der großen Familie der Mykobakterien. Dr. Sabine Rüsch-Gerdes vom Forschungsinstitut Borstel erläutert: »Die Tuberkulose des Menschen wird überwiegend durch *Mycobacterium tuberculosis* und *M. bovis* verursacht. In den letzten Jahren wurden Erkrankungen durch andere Mykobakterienarten beobachtet, die sich klinisch von einer echten Tuberkulose kaum unterscheiden lassen. Wir müssen also unterscheiden zwischen ›echten‹ und ›atypischen‹ Mykobakterien. Man weiß noch wenig darüber, wo die anderen Mykobakterien in der Umwelt natürlich vorkommen. Einige Arten kommen in Tieren vor, z. B. *M. avium intracellulare* in Vögeln. Andere, nicht pathogene, können im Leitungswasser nachgewiesen werden, z. B. *M. gordonae*... Neben den Tuberkulosebakterien gibt es circa 60 andere Mykobakterienarten.«

Unsere »neue« Tuberkulose geht – fast möchte man sagen, »selektiv« vor, d. h. sie trifft nicht jeden, sie trifft die Schwachen, Gebrechlichen, die an der Nadel hängen, die Menschen ohne Obdach und Bewohner von Obdachlosenunterkünften und nicht zuletzt immer wieder die abwehrgeschwächten HIV-Positiven. Für den überregionalen Transport ihrer Erreger bedient sich die Tb der wachsenden Wanderströme aus Ländern mit hoher Durchseuchung wie Südostasien oder Indien.

Nicht alle Einzelheiten des erschreckenden Phänomens sind bis ins letzte erforscht. Das Aufflammen der »Weißen Pest« hat ihre vielleicht wichtigsten Ursachen in Verhalten und Lebenssituation von Individuen und Gesellschaften. Immer wieder wird beobachtet, daß Tb-Patienten die sechsmonatige Therapie mit den wirksamen Antibiotika aus Mangel an Beschwerden vorzeitig abbrechen. Einige Mykobakterien in ihrem Körper können so überleben und auch ihr Erbgut verändern. Forscher in London und Paris vermuten, daß z. B. die Erbänderung in einem Enzym-Gen Tuberkelbazillen dazu befähigt, der Behandlung mit dem jahrzehntelang erfolgreichen Medikament Isoniazid zu widerstehen. Wie das »New England Journal of Medicine« berichtete, ist in New York bei einer großen Gruppe von Tuberkulose-Kranken die Resistenz gegen Präparate wie Streptomycin, Isoniazid und Rifampin seit 1975 steil angestiegen. Wissenschaftler fürchten, daß die sogenannte Mehrfach- oder Poly-Resistenz-Tuberkulose eine »unheilvolle, tödliche Krankheit« geworden sei. Eine nicht ausgeheilte Schwindsucht kann nach Jahren wieder ausbrechen, deshalb stellen Patienten, die trotz erfolgloser Behandlung eine Tuberkulose überleben, eine Gefahr für ihre Mitbürger dar.

Helmut Hahn, Professor an der FU Berlin, meint: »In den Gefängnissen von New York bilden sich resistente Tuberkulose-Erregerstämme heraus. Die Insassen sind hierfür geradezu prädestiniert: Es sind Drogenabhängige und AIDS-Kranke, die unter sehr beengten Verhältnissen zusammenleben, Nadeln von Spritzen tauschen, homosexuelle Kontakte pflegen. So tauschen sie auch Bakterien aus. Dadurch stehen die Erreger, da einige Patienten mit Anti-Tuberkulostatika therapiert werden, seit Jahrzehnten unter einem enormen Selektionsdruck. Jetzt gibt es dort holoresistente Stämme, gegen die nichts mehr hilft.«

Mycobacterium tuberculosis entzieht sich den fortschrittlichen Waffen der Pharmazie, infiziert weiter anfällige Organismen und bekommt Schützenhilfe von einem annähernd kugelförmigen Teilchen, Durchmesser etwa ein zehntausendstel Millimeter, mit der Bezeichnung HI-Virion oder HIV, dem Human-Immunschwäche-Virus, Verursacher des *aquired immune deficiency syndrome*, AIDS.

Nach einer Infektion ist HIV nicht die eigentliche Ursache des Krankheitsbildes, wie das Mykobakterium für die Tuberkulose. Das Virus nutzt zur Vermehrung das genetische Material von Immunzellen, die es dabei zerstört. In der Folge bricht das Immunsystem des Wirtes zusammen, und anderen Krankheitserregern sind Tür und Tor geöffnet. Der amerikanische Immunologe Warner C. Greene beschreibt den Vorgang: »Wenn das HI-Virion in eine Zelle eingedrungen ist, läuft eine komplizierte Folge von Vorgängen ab, an deren Ende sich neue Viruspartikel von der infizierten Zelle abschnüren. Obwohl sich das Immunsystem in einem sehr frühen Infektionsstadium möglicherweise erfolgreich gegen HIV zur Wehr setzen kann, hat sich die Infektion, wenn man Antikörper im Blut findet, im allgemeinen schon festgesetzt.« Die anfängliche Ansteckung mit grippeähnlichen Symptomen dauert meist nur wenige Wochen, in denen große Mengen HIV im Blut die Weitergabe der Viren an andere Menschen erleichtern. »Sobald dann die Immunreaktion voll im Gange ist, werden infizierte Zellen und Viruspartikel aus dem Blut entfernt. Einige infizierte Zellen entgehen jedoch der körpereigenen Abwehr, und in ihnen vermehrt sich das Virus langsam weiter, bis zu zehn Jahre lang. Die meiste Zeit während dieser chronischen Infektion geht es dem Patienten gut. Erst nach mehreren Jahren haben die Viren das Immunsystem so weit geschädigt, daß opportunistische Krebsformen und andere Infektionen auftreten.« Der geniale Trick zwingt fast zur Bewunderung: HIV nutzt die raffiniertesten Abwehrmechanismen des Immunsystems zum eigenen Überleben!

Sowohl die Tuberkulose wie auch AIDS unterdrücken die zellulären Abwehrmechanismen. So kann einerseits infolge von AIDS aus einer latenten Mykobakterieninfektion eine akute, chronisch forschreitende Organtuberkulose werden. Besteht jedoch bereits eine klinisch manifeste Tuberkulose, so vermehren sich die Mykobakterien, ohne vom geschwächten Immunsystem aufgehalten werden zu können. Eine Aussaat der Bazillen in andere Organe und die tödlich verlaufende Miliartuberkulose sind die Folge. Eine weitere Gefahr birgt die »unheilige Allianz« von *Mycobacterium tuberculosis* und HIV: AIDS könnte die BCG-Impfung von Säuglingen und Kleinkindern unbrauchbar machen. Der Impfstoff vermag bei HIV-infizierten Kindern anscheinend nicht, die körpereigenen Abwehrkräfte gegen die Mykobakterien zu mobilisieren.

Der Berliner Pneumologe Loddenkemper warnte im Februar 1994: »In den afrikanischen Ländern südlich der Sahara, wo Tuberkelbakterien fast jeden Einwohner vor oder während des frühen Erwachsenenalters befallen und in städtischen Zentren 5 bis 20 Prozent der sexuell aktiven Bevölkerung gleichzeitig mit HIV infiziert sind, besteht ein ... explosives Gefährdungspotential ... Die WHO hat im November 1993 erklärt, daß unter den gegenwärtigen Verhältnissen global 30 Millionen Tb-Todesfälle während der nächsten zehn Jahre zu erwarten seien – aber 12 Millionen wären zu verhüten, wenn die Etats für Behandlungsprogramme von derzeit 24 Millionen auf 160 Millionen Mark pro Jahr aufgestockt würden.« – Ob Geld ausreicht, um die Doppel-Pandemie Tb-AIDS noch zu stoppen?

Zusätzliche Probleme erschweren die Situation für die Erkrankten: Die »klassische« Schwindsucht galt als das vornehme Leiden der Sensiblen, Schöpferischen, Zerbrechlichen. AIDS, sexuell übertragen, begann als »Schwulenpest« und dient heute wegen der Herkunft des HIV aus Afrika als Vorwand für rassistische Vorurteile und gesellschaftliche Verurteilungen. Einwanderer und Asylsuchende gelten von vornherein als Transporteure von Krankheitserregern und werden zu Objekten fremdenfeindlicher Propaganda. Weit mehr noch und schneller als zu Beginn unseres Jahrhunderts können Erreger als »Reisende« heute sehr rasch den Erdball umrunden und zum globalen Ereignis werden – Schreckgespenster für jeden Weltbürger. Yung-Ok und Raf in New York sind nur zwei Protagonisten in einem Szenario, das allzubald bitterer Ernst werden kann, wenn wir nicht bereit sind, die Wiederkehr alter Seuchen ernster zu nehmen, als wir es heute tun.

Werden Menschen sich bald zu humaner Solidarität aufraffen im Kampf gegen die alten neuen Infektionskrankheiten? Die Medizin allein kann das Problem nicht lösen.

Der Autor bedankt sich für Beistand, Gespräche und Informationen besonders bei Erika Jonczyk-Rast, Wolfgang Homering, Hans-Günther Imlau, Christoph von Podwinski und Dr. Heribert Schwan.

Norbert Lossau

Cholera

Bezeichnung: griech. *kholera* (Gallenfluß); akute, meldepflichtige Bakterieninfektion, kann epidemieartig auftreten.

Erreger: *Vibrio cholerae; Vibrio El Tor, 0–139* und weitere Varietäten; beweglich, wegen seiner gekrümmten Gestalt auch »Komma-Bazillus« genannt (1,5–4 µm × 0,2–0,4 µm); stoffwechselphysiologisch den darmbewohnenden Bakterien *(Enterobacteriaceae)* ähnlich.

Verbreitung: in nahezu allen tropischen und subtropischen Gebieten; besonders betroffen sind der indische Subkontinent, Süd- und Mittelamerika und Afrika; die WHO meldete 461 783 Krankheitsfälle für 1992, 314 208 für 1993 (WHO, Stand: 27. 01. 1994).

Infektion und Krankheitsverlauf: Aufnahme des Erregers über kontaminiertes Trinkwasser und gewässerte Nahrungsmittel; Bakterien haften auf der Darmwand, dringen aber nicht in die Zellen ein; Endotoxin (Protein) bewirkt starken Durchfall und Erbrechen, dadurch hoher Wasser- und Elektrolyt-Verlust; unbehandelt fast immer tödlich (Sterblichkeitsrate bis 70 %); Inkubationszeit wenige Stunden bis 5 Tage.

Krankheitsbild: Schockzustand, Kollaps, Übersäuerung, Krämpfe, verminderte Harnausscheidung, Harnvergiftung, Herzrhythmus-Störungen, Koma; Tod meist durch Kreislauf- oder Nierenversagen.

Diagnose: mikroskopischer Nachweis der Erreger, Antikörpertest, endgültige Diagnose nur durch Anreicherung der Bakterien und besondere Untersuchungsverfahren; Meldepflicht bereits beim Verdacht auf Cholera.

Therapie und Prophylaxe: Ausgleich des Wasser- und Elektrolytverlustes durch physiologische Salz- und Zuckerlösungen; Antibiotika (meist Tetracycline) gegen den Erreger; Impfungen sind möglich gegen die klassischen Erreger, bislang aber nicht gegen den Typ *O-139*; Vorbeugung durch Einhaltung strikter hygienischer Regeln: Abkochen von Trinkwasser; Meeresfrüchte, Obst, Salate, Eis und aufgewärmte Speisen meiden.

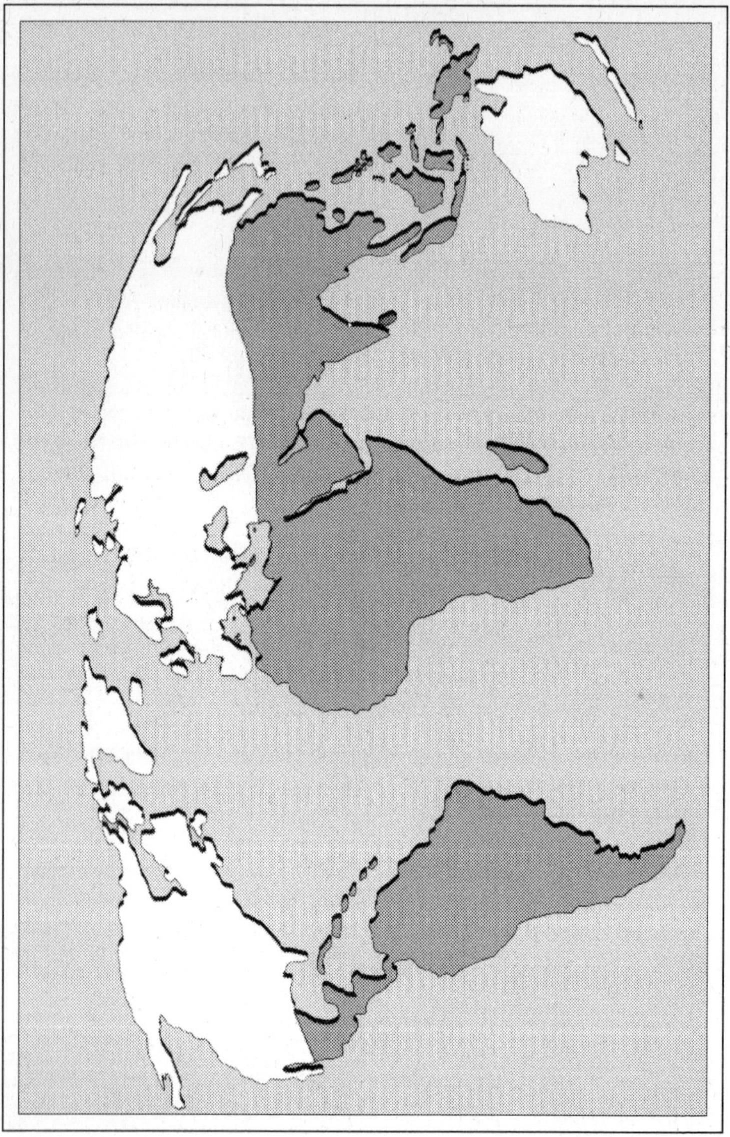

Derzeitige Verbreitungsgebiete

Eine alte Krankheit in neuem Gewand

Los Angeles, 5. Februar 1993: Eine 48jährige Frau wird von starken, wasserreichen Durchfällen geplagt. Sie sucht einen Arzt auf, der sofort eine Cholera-Erkrankung vermutet. Tatsächlich werden im Stuhl der Patientin Cholera-Erreger entdeckt. Die Behandlung ist erfolgreich, nach vier Tagen die gefürchtete Krankheit besiegt.

Berlin, 10. August 1993: Im Weddinger Virchow-Klinikum wird bei einem 14jährigen Mädchen Cholera diagnostiziert. Die Patientin kann durch eine Therapie mit einer Elektrolytlösung und Antibiotika gerettet werden.

Immer wieder ist in den vergangenen Jahrzehnten von einzelnen Cholerafällen in Europa oder den USA berichtet worden. So wurden seit dem Zweiten Weltkrieg insgesamt 25mal Cholera-Erreger von Reisenden nach Deutschland eingeschleppt. Doch die beiden beschriebenen, 1993 in den USA und Europa aufgetretenen Cholerafälle markieren den Beginn einer neuen Phase im Kampf des Menschen mit dem Bakterium *Vibrio cholerae:* Der gefürchtete Seuchen-Erreger kommt nach Jahrhunderten zum ersten Mal in einem neuen molekularen Gewand, das ihn für bestimmte Antibiotika unangreifbar macht. Und auch die heute verfügbaren Cholera-Impfstoffe können nicht vor dem neuen Cholera-Erreger schützen.

Zwar waren den Medizinern neben dem für die klassischen Cholera-Epidemien verantwortlichen Bakterium *Vibrio cholerae 0–1*[1] und dem erstmals 1905 beobachteten »0–1«-Mutanten *El Tor* rund 70 weitere »non 0–1«-Varianten bekannt. Doch die meisten von ihnen sind völlig ungefährlich. Nur wenige »non 0–1«-Cholera-Bakterien sind überhaupt fähig, Durchfallerkrankungen zu verursachen. Diese Cholera-Erreger besitzen keine ausgeprägte Virulenz: In der Vergangenheit wurden noch nie Epidemien beobachtet, die von Cholera-Bakterien vom Typ »non 0–1« verursacht worden wären. Daher wurden Erkrankungen, die durch diese Erregergruppe verursacht werden, bisher auch nicht im Bundesseuchengesetz erfaßt. Nur für Infektionsfälle mit *Vibrio cholerae 0–1* und *Vibrio cholerae El Tor 0–1* galt die Meldepflicht von Verdachts-, Infektions- und Todesfällen sowie weitere Bestimmungen, wie etwa das Verbot, die Leichen an Cholera Verstorbener zu waschen. Sogar für den Transport der Toten fordert das Gesetz Vorsichtsmaßnahmen.

[1] »0–1« ist die Bezeichnung für ein bestimmtes Antigen, das die klassischen Cholera-Bakterien *Vibrio cholerae 0–1* und *Vibrio cholerae El Tor 0–1* besitzen. Durch den Nachweis dieses Antigens ist die Identifizierung eines Cholera-Erregers als 0–1-Typ möglich. Darüber hinaus lassen sich die Cholera-Stämme mit dem 0–1-Antigen drei verschiedenen Klassen von sogenannten Serotypen zuordnen: Serotyp Ogawa, Serotyp Inaba und Serotyp Hikojima.

Erst der jüngste Mutant mit der Fachbezeichnung *Vibrio cholerae 0–139* weist eine vergleichbare Gefährlichkeit wie der klassische Cholera-Erreger auf. Schon 1993, dem Jahr der erstmaligen Identifizierung des Bakteriums *Vibrio cholerae 0–139*, empfahl das Bundesgesundheitsamt den Ärzten, beim Auftreten dieses Erregers die gleichen internationalen und nationalen Regelungen und Vorsichtsmaßnahmen anzuwenden, wie bei der klassischen Cholera. Renommierte Wissenschaftler und Ärzte warnen eindringlich vor einem weiteren großen Seuchenzug der Cholera, der durch den neuen Erreger verursacht werden könnte: Kehrt eine alte Seuche zurück?

Die großen Seuchenzüge der Cholera (nach Sticker 1912)

1. Pandemie	1817–1838	1817 Indien, Persien, Syrien, Arabien, Ägypten 1823 China, Ozeanien, Kleinasien 1830 Rußland 1831–1836 Europa 1838 Nordafrika
2. Pandemie	1840–1864	1840 Indien, Persien, Syrien, Arabien 1841 Rußland 1847–1858 Europa
3. Pandemie	1863–1875	1863 Südasien, Suez, Ägypten 1865 Europa
4. Pandemie	1881–1896	1881 Indien 1884 Südeuropa 1886 Nordeuropa (schwächer) 1888 Argentinien, Chile
5. Pandemie	1899–1914	1899 Indien 1900 Persien, Ägypten 1902 China, Japan, Europa (schwach, nur punktuell) 1908 Rußland
6. Pandemie	1940–1950er	globale Verbreitung; Ausgangspunkt unklar; Schwerpunkt: Slums in Südamerika (Rio de Janeiro, Santiago)
7. Pandemie	1960er	erstmals *Vibrio cholerae El Tor*, Ostasien, Afrika, Südamerika

Seinen ersten Auftritt, so konnten die Wissenschaftler rekonstruieren, hatte das Cholerabakterium mit der Unterbezeichnung *0–139* im Oktober 1992. Damals verursachte es in der indischen Stadt Madras eine Epidemie. Anfang 1993 erfaßte dann die Seuche Kalkutta und weitete sich nach Bangladesch aus. Zehntausende Infizierte und Hunderte von Toten wurden gemeldet. Der genaue Verbreitungspfad der neuen Cholera ist nicht bekannt, doch darf man davon ausgehen, daß der gesamte, rund 2000 Kilometer lange Küstenstreifen von Madras bis Bangladesch betroffen war. Auch das Landesinnere blieb nicht verschont: Die Patientin in Los Angeles hatte sich in der indischen Stadt Hyderabad infiziert; das Berliner Mädchen hingegen war in Pakistan mit dem Cholera-Bakterium *0–139* in Berührung gekommen.

Doch auch die klassischen Cholera-Erreger haben ihren Schrecken noch lange nicht verloren. Die indonesische Insel Sulawesi (Celebes) war im Jahre 1961 der Ausgangspunkt für die siebte Cholera-Pandemie.

Diese erstmals vom Biotyp *El Tor* getragene Pandemie der Cholera ist noch immer in vollem Gange. Zunächst waren verschiedene Länder Ostasiens erfaßt worden: Bangladesch erreichte die siebte Pandemie Ende 1963, Indien und die frühere Sowjetunion 1964, den Iran und den Irak in den Jahren 1965 und 1966. Auf dem afrikanischen Kontinent, der bis dahin – mit Ausnahme Ägyptens – als cholerafrei gegolten hatte, traten 1970 die ersten Cholerafälle auf. Mekka wurde zur Drehscheibe für die Verbreitung von *El Tor* über das gesamte Afrika: Durch die jährliche Wallfahrt der Mohammedaner, die Hedjar, verbreitete sich die Cholera zunächst in den mohammedanischen Ländern Afrikas, um dann später auf die übrigen überzugreifen. Die Bedeutung Mekkas für diese Pandemie schlug sich in der Benennung des Choleraerregers nieder: »El Tor« ist der Name eines Minaretts in Mekka. Auch Europa wurde nach 1970 immer wieder von kleinen Ausläufern der siebten Pandemie berührt, doch blieb es in den industrialisierten Ländern bei einzelnen, eingeschleppten Krankheitsfällen.

Völlig unerwartet gab dann Anfang 1991 *El Tor* sein Debüt in Südamerika, das ein Jahrhundert lang von der Cholera verschont geblieben war. Mit einer dramatischen Geschwindigkeit breitete sich der Erreger aus: Ende Januar hatte es in den peruanischen Orten Huarcho und Chancay die ersten Cholerafälle gegeben, die man zunächst aber für gewöhnliche Durchfallerkrankungen gehalten hatte. Mitte Februar wurden wöchentlich bereits 10000 neue Krankheitsfälle registriert. Nach und nach wurden fast alle Staaten Südamerikas von der Cholera erfaßt, und Ende 1991 lautete die traurige Bilanz 391 192 gemeldete Krankheitsfälle und 4002 Tote.

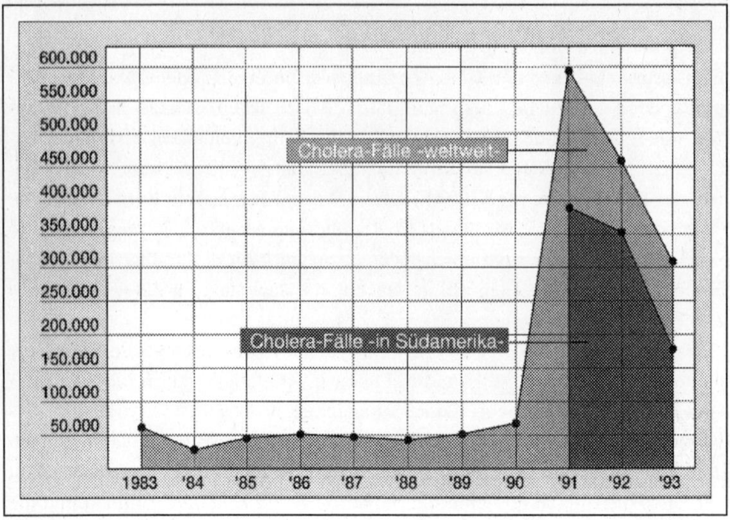

Obwohl seit 1991 über 60 Prozent der weltweiten Choleraerkrankungen in Südamerika auftraten, wurden hier nur circa 20 Prozent der weltweiten Todesfälle verzeichnet. Der größte Teil der global an Cholera Verstorbenen wurde in Afrika registriert. Die relativ gute medizinische Versorgung in Südamerika bewahrte dort die meisten Cholerakranken vor dem Tod. (Graphiken nach Angaben der WHO)

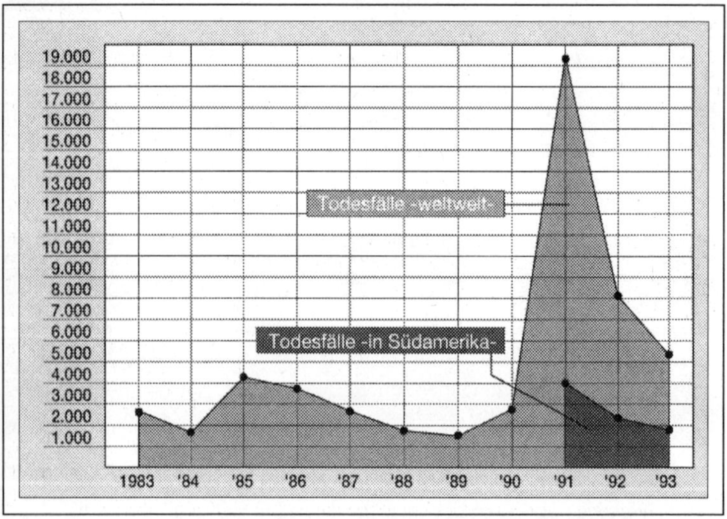

Von Hippokrates bis Hamburg

Die Cholera ist schon seit Jahrtausenden eine Geißel der Menschheit. So sind beispielsweise Berichte des berühmten griechischen Arztes Hippokrates (460–370 v. Chr.) überliefert, in denen er die Symptomatik der Krankheit beschreibt: Starker Durchfall über mehrere Tage hinweg, Krämpfe, eingesunkene Augen, stockender Harn, Kraftlosigkeit. Da allerdings andere Krankheiten wie etwa Ruhr oder Typhus recht ähnliche Symptome verursachen, läßt sich heute nicht mit Sicherheit klären, ob Hippokrates tatsächlich den Fall eines Cholera-Patienten berichtet hat. Die alte griechische Bezeichnung *kholera* (Gallenfluß) soll jedenfalls auf Hippokrates zurückgehen.

Den geographischen Ursprung der Cholera vermutet man auf dem indischen Subkontinent im Flußdelta des Ganges, wo die Krankheit seit vielen Jahrhunderten vorkommt. Die Wissenschaftler sprechen hier von einer endemischen Verbreitung der Cholera. Aus dieser »Brutstätte« konnte sich die Krankheit im Laufe der Geschichte mehrfach zu großen Pandemien aufschwingen und die Bevölkerung ganzer Länder heimsuchen. An Bord von Handelsschiffen oder auch über den Landweg drang sie mehrfach bis nach Europa vor – zum Beispiel bei Truppenbewegungen oder Pilgerzügen.

In Deutschland wütete die letzte große Cholera-Epidemie im Sommer 1892 in

Abtransport der Cholerakranken in Hamburg 1892 (Zeitschriftenholzstich)

Hamburg. Wochenlang herrschte trockenes Sonnenwetter mit Temperaturen um 30 °C. Das Wasser der Elbe hatte schon eine Temperatur von 22 °C erreicht, da passierte es plötzlich: Am 14. August erkrankt ein Hafenarbeiter, der Sieleinläufe reinigt, an der Cholera, am folgenden Tag ein Kollege. Beide sterben binnen 24 Stunden an den Folgen der tückischen Krankheit. Dann geht alles ganz schnell: Bis zum 18. August sind schon acht Menschen an der Cholera verstorben.

Die katastrophalen hygienischen Zustände im eng bebauten Gängeviertel Hamburgs begünstigten die explosionsartige Ausbreitung der Seuche. Das Trinkwasser wurde ungefiltert aus der Elbe bezogen, in die wiederum unbehandelt Fäkalien eingeleitet wurden. Es ist überliefert, daß aus den Wasserhähnen bisweilen sogar verschiedenes Kleingetier bis hin zu Aalen seinen Weg in die Häuser fand. Insgesamt erkrankten 1892 rund 17000 Hamburger an der Cholera, 10000 von ihnen starben.

Medizinhistorisch ist die Hamburger Cholera-Epidemie interessant, weil sie zeitlich einen Wendepunkt im Verständnis der Krankheit markiert. Im Jahre 1850 hatte sich der Münchener Geheimrat und Professor für Hygiene, Max von Pettenkofer (1818-1901), eine »Theorie« über die Ursachen der Cholera einfallen lassen. Danach sollte die Seuche von »Ausdünstungen eines siechenhaften Bodens« herrühren: Die Krankheit würde über den Luftweg auf den Menschen übertragen. Dabei sollte das Einatmen gewisser Substanzen zur Ansteckung führen, die geheimnisvoll als Miasmen bezeichnet wurden und als Ursache zahlreicher Krankheiten galten.

Bereits knapp zehn Jahre vor der Hamburger Epidemie war 1883 dem deutschen Arzt und Forscher Robert Koch die Entdeckung des Cholera-Bazillus gelungen. Als Leiter einer Forschungsexpedition reiste Koch nach Ägypten, um dort nach den Ursachen einer Cholera-Epidemie zu forschen. Er plazierte die Stuhlprobe eines Cholerapatienten unter einem Lichtmikroskop: Es wurden kurze, wie ein Komma leicht gebogene Bakterien sichtbar, die mit einer der Fortbewegung dienenden Geißel ausgestattet waren. Ihre Gestalt brachte ihnen den Spitznamen »Komma-Bazillen« ein.

Wie Sternschnuppen zogen die winzigen Lebewesen mit ihrem rotierenden Schwanz-Antrieb durch das Beobachtungsfeld des Mikroskops. Cholera-Bakterien besitzen Längen von 1,5 bis 4 µm und sind zwischen 0,2 und 0,4 µm dick, womit sie an der Grenze des Auflösungsvermögens der damaligen Mikroskope liegen. Koch vermutete sofort, daß sie die Urheber der Cholera sind und züchtete die Bakterien in einer Kultur. Schließlich gelang es ihm, Tiere über das Trinkwasser mit Komma-Bazillen zu infizieren. Die Versuchstiere litten danach unter den typischen Cholerasymptomen. Der Beweis war erbracht: Die Cholera wird vom »Komma-Bazillus« ausgelöst, der offenbar über den Mund mit dem Trinkwasser oder die Nahrung in den Körper gelangt. Die Wissenschaftler gaben dem Erreger den Namen *Vibrio cholerae*.

Trotz der überzeugenden Forschungsergebnisse Kochs glaubte Geheimrat Pettenkofer 1892 beim Ausbruch der Cholera in Hamburg noch immer an eine Miasmen-Theorie, wonach die Bodenbeschaffenheit die entscheidende Rolle für die Ausbreitung der Seuche spielen sollte. Pettenkofer sah seine Ansicht dadurch bestätigt, daß der benachbarte Stadtteil Altona kaum von der Cholera betroffen war. Der Grund dafür lag jedoch weniger in der Bodenbeschaffenheit Altonas als vielmehr in dem Umstand, daß das von Preußen regierte Altona eine eigene Sandfilteranlage zur Trinkwassergewinnung nutzte. In Hamburg hingegen wurde das Elbwasser einfach in primitiven Sedimentationsbecken eine Zeitlang stehengelassen und dann der Überstand ungefiltert als Trinkwasser gebraucht.

Die Bedeutung des Wassers für die Verbreitung der Cholera hätte spätestens seit der großen Epidemie in London im Jahre 1854 bekannt sein müssen. Damals bemerkte der englische Anästhesist John Snow, daß auffällig viele Cholera-Todesfälle innerhalb eines kleinen Gebietes mit nur einem Durchmesser von ca. 450 Metern auftraten. Im Zentrum dieses Bereichs befand sich an der Ecke Cambridge Street und Broad Street (heute Broadwick Street) eine öffentliche Wasserpumpe. Obwohl das Pumpenwasser kristallklar aussah und keinen Anhaltspunkt für irgendeine Verunreinigung bot, schöpfte Snow Verdacht. Er überzeugte am 7. September die zuständige Aufsichtsbehörde, vorsichtshalber den Pumpen-

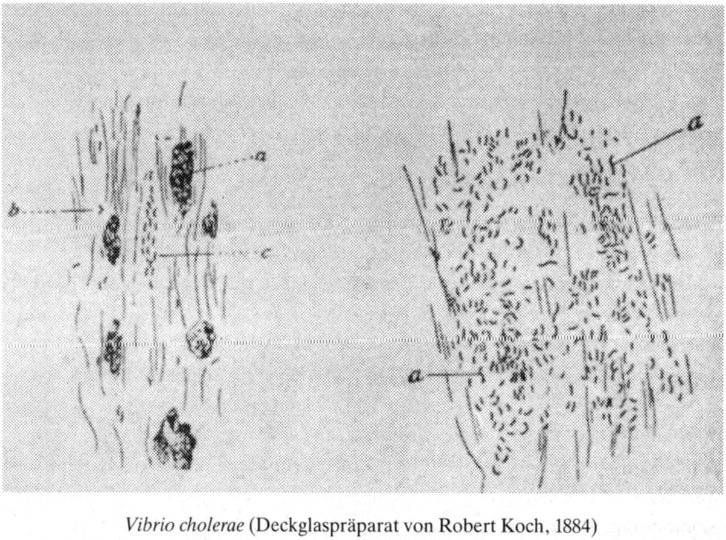

Vibrio cholerae (Deckglaspräparat von Robert Koch, 1884)

schwengel des verdächtigen Brunnens entfernen zu lassen. Bereits drei Tage später war die Epidemie gestoppt. Als Retter der Broad Street wurde Snow stürmisch gefeiert.

Nach der Londoner Epidemie versuchte eine Untersuchungskommission, der auch Snow angehörte, die genauen Ursachen der Choleraverbreitung herauszufinden. Das Ergebnis: Von den 137 Menschen, die aus dem besagten Brunnen Wasser getrunken hatten, waren 80 an der Cholera erkrankt. Von 297 Personen, die nicht von diesem Wasser genossen hatten, waren es hingegen nur 20. Die Statistik belegt eindeutig, daß die Cholera über das Wasser dieses Brunnens verbreitet worden war. Weiter fand die Kommission heraus, daß die Epidemie von einem fünf Monate alten Mädchen ausgegangen war. Seine Windeln hatte die Mutter in der Nähe der Pumpe gewaschen, und das Abwasser war durch ein undichtes Kanalisationsrohr in das Bohrloch geflossen, aus dem die Pumpe ihr Wasser bezog.

Die Erkenntnisse der Londoner Untersuchungskommission nutzte Snow für eine richtungsweisende Arbeit über Ursachen und Ausbreitung der Cholera, die er ein Jahr später (1855) veröffentlichte. Darin beschreibt er die Cholera korrekt als eine Erkrankung des Darms und stellt den Übertragungsweg richtig dar: vom Kot Infizierter über das Trinkwasser in den Darm. Diese Arbeit hatte Geheimrat Pettenkofer offenbar nicht gelesen oder ihre Aussagen nicht wahrhaben wollen. Er ließ Gegenargumente nicht gelten, und die kamen sogar direkt vom Entdecker des Cholera-Bazillus: Robert Koch führte die Cholera-Epidemie in Hamburg richtig auf die fatalen hygienischen Bedingungen zurück und äußerte sich nach einer Besichtigung des Gängeviertels bestürzt: »Ich vergesse, daß ich mich in Europa befinde. Ich habe noch nie solche ungesunden Wohnungen, Pesthöhlen und Brutstätten für jeden Ansteckungskeim angetroffen.«

Pettenkofer verstieg sich in eine wissenschaftliche Konfrontation mit Koch, die in einem Selbstversuch gipfelte. Öffentlich trank Pettenkofer eine Reinkultur von Komma-Bazillen, wodurch er die Unwichtigkeit der Kochschen Entdeckung beweisen wollte. Eigentlich hätte die Menge der geschluckten Komma-Bazillen seinen sicheren Tod bedeuten müssen. Doch Pettenkofer überlebte. Warum, ist in der Geschichte der Medizin ein Geheimnis geblieben.

Derartige Demonstrationen waren natürlich nicht geeignet, zu einer wirkungsvollen Aufklärung und entsprechender Vorsorge der Hamburger Bevölkerung beizutragen. Wie wenig die Menschen über die Cholera wußten, verdeutlicht ein Werbeplakat aus der Zeit der Hamburger Cholera-Epidemie: »Carl Mick, Conditorei & Café empfiehlt als Mittel gegen die Cholera seinen beliebten schwarzen Mokka...«. Daneben kursierten weitere, zum Teil recht abenteuerliche Rezepte: Leibbinden, heiße Suppen, Knoblauch und Schnäpse sollten vor der Cholera schützen. Der BROCKHAUS aus dem Jahre 1837 befand als bestes Mittel gar die »Furchtlosigkeit«.

Eine anerkannte Therapie gegen die Cholera gab es 1892 noch nicht. Neben Aderlässen, Seifenwassereinläufen, Trinken von Kalkmilch und Abführen wurden noch andere, ebenso unsinnige Behandlungsmethoden angewendet. Lediglich Opium brachte den leidenden Menschen ein wenig Linderung[2]. Zwar war schon 1831 der eigentlich naheliegende Therapie-Vorschlag gemacht worden, den durch die Durchfälle auftretenden Flüssigkeitsverlust durch Injektionen von Kochsalzlösung auszugleichen, doch erst Anfang des 20. Jahrhunderts konnte sich diese wirksame Maßnahme zur Cholera-Behandlung durchsetzen.

Spätestens 1893, als es Koch sogar gelungen war, aus abgetöteten Krankheitserregern einen Impfstoff gegen die Cholera herzustellen, konnte an der Rolle der Komma-Bazillen kein Zweifel mehr bestehen. Für die Entdeckung der schließlich allgemein als Erreger der Cholera anerkannten Bakterien erhielt Robert Koch einen Orden von Kaiser Wilhelm I.

Die Infektionswege des Bakteriums waren durchschaut und die Miasmen-Theorie hatte endgültig ausgedient. Die Erreger dringen mit dem Trinkwasser oder der Nahrung in den menschlichen Körper ein. Ausgeschieden mit dem Stuhl eines Infizierten, werden die Bakterien übertragen, wenn sie aufgrund mangelhafter hygienischer Zustände wieder in das Trinkwasser anderer Menschen gelangen. Falls also, wie in Hamburg zu Zeiten der Cholera-Epidemie, Trinkwasser direkt aus einem mit Abwasser belasteten Fluß gewonnen wird, existieren ideale Voraussetzungen für eine schnelle Ausbreitung der Krankheit. Aber auch andere Verbreitungswege sind möglich. So können die Erreger etwa durch Fliegen oder andere Insekten aus dem Kot auf Lebensmittel übertragen werden. Auch von verschmutzten Kleidungsstücken, auf denen die Cholera-Erreger drei bis sieben Tage überdauern können, werden sie weitergetragen.

Daß das Wasser bei der Ausbreitung der Cholera eine besondere Bedeutung spielt, haben viele Menschen schon vor der Entdeckung des Komma-Bakteriums und ungeachtet der Miasmen-Theorie geahnt. Ein historischer Holzschnitt aus dem Jahre 1866 symbolisiert die Cholera durch ein Skelett, das an einem Brunnen für die Menschen Wasser pumpt.

Die »bessere Gesellschaft« ließ denn auch während der Hamburger Epidemie von ihrem Dienstpersonal Wasser in ausreichender Menge abkochen. In der Tat konnte man sich so vor einer Erkrankung schützen, denn – wie man heute weiß – kann der Cholera-Erreger Temperaturen oberhalb von 70 °C nicht überstehen.

Auch durch Alkoholgenuß versuchten viele Hamburger der Cholera zu trotzen. Im Hafen wurde der sonst verbotene Ausschank von Spirituosen freigege-

[2] Opium hemmt bestimmte Nervenzentren, die die Darmmuskulatur steuern. Werden diese Muskeln »lahmgelegt«, kann sich der Darm nicht entleeren. Opium wird auch heute noch in vielen Ländern Südostasiens zur Behandlung von Durchfällen eingesetzt.

ben. Und wenn Cognac und Rum auch nicht viel gegen die Seuche auszurichten vermochten, so betäubten sie doch wenigstens das Bewußtsein der Menschen, die durch das ständige Jammern und Klagen von Sterbenden und Hinterbliebenen, den penetranten Geruch von Kadavern und Chlorkalk sowie von der Angst,

Satirische Darstellung der Gefährdung durch Trinkwasser (England 1866)

selbst zu erkranken, gequält wurden. »Juppheidi, Juppheida, Schnaps ist gut für Cholera!« sangen die Betrunkenen in den Straßen.

Am 26. August 1892, also zwölf Tage nach Ausbruch der Cholera-Epidemie, gaben die Hamburger Behörden erstmals öffentlich bekannt, daß Trinkwasser vorsorglich abzukochen sei. Doch die ärmere Bevölkerungsschicht im Gängeviertel konnte dieser Empfehlung schwerlich folgen. Diese Menschen hatten weder die Zeit noch das Geld, sich Brennmaterial zu besorgen.

Hier wird der soziale Aspekt für die Ausbreitung der Cholera deutlich. Und auch heute spielen Armut und Unkenntnis für das Auftreten von Cholera-Epidemien eine entscheidende Rolle. Das in den entwickelten Ländern angehäufte profunde Fachwissen über die Seuche nutzt wenig, wenn sich die als notwendig erkannten hygienischen Verhältnisse nicht realisieren lassen. Immer wenn Länder von Armut und Not, Krieg oder Naturkatastrophen betroffen sind, drohen den Menschen zusätzlich noch Seuchen wie die Cholera. Kein Zufall, daß gerade in den vergangenen Jahren Hunderte von Cholerafällen in der Ukraine, Rumänien und dem ehemaligen Jugoslawien aufgetreten sind. Im Sommer 1994 starben mehrere zehntausend Bürgerkriegs-Flüchtlinge aus Ruanda (Zentralafrika), die sich in riesigen Massenlagern unter katastrophalen hygienischen Bedingungen mit dem Cholera-Erreger infiziert hatten.

Aber nicht nur Entwicklungsländer sind von der Cholera bedroht: Auch in vielen Slums westlicher Metropolen, wie beispielsweise New York, ist die hygienische Situation durchaus bedenklich

Ein Plätschern kündigt das Unheil an

Die Cholera wurde zu allen Zeiten als besonders unheimliche Krankheit empfunden, weil sie einen bis dato gesunden Menschen innerhalb kürzester Zeit dahinraffen kann. Bereits wenige Stunden nach den ersten Symptomen kann der Tod eintreten, wenn der Erkrankte keine wirksame Therapie erhält. In einem französischen tropenmedizinischen Lehrbuch steht der bezeichnende Satz: »Der Cholerakranke gleicht nach 48 Stunden einem aus dem KZ befreiten Häftling.«

Sobald die Komma-Bazillen erfolgreich die Salzsäure-Barriere des Magens passiert haben, können sie kraft ihres Geißelantriebs durch den Schleimbelag des Dünndarms dringen und sich an den Oberflächen der Darmwandzellen festsetzen. In dem dort vorherrschenden alkalischen Milieu vermehren sich die Bakterien rasant. Sie verursachen eine lokale Entzündung im Bereich des oberen Dünndarms und beginnen Giftstoffe freizusetzen, sogenannte Endotoxine. Diese greifen in den Stoffwechsel der Darmzellen ein und zwingen sie zur Abgabe von Wasser und Elektrolyten. Außerdem wird die Produktion von Magensaft gebremst und die Reaktionsfähigkeit des Immunsystems herabgesetzt. Die Cholera-Erreger breiten sich allerdings nicht im Körper aus und können daher auch nicht im Blut eines Patienten nachgewiesen werden.

Oft sind die ersten Symptome einer Cholera-Infektion ein plötzliches Völlegefühl und plätschernde Geräusche im Unterleib. Dann beginnen unvermittelt die starken, dünnflüssigen Brechdurchfälle, die zu Flüssigkeitsverlusten von mehr als zehn Litern pro Tag führen können, allerdings weitgehend schmerzfrei sind. Schlagartig können diese Durchfälle den Infizierten auf der Straße oder im Flugzeug heimsuchen.

Choleradurchfälle nehmen sehr bald eine Konsistenz an, die der von Reiswasser ähnlich ist. Sie enthalten weder Schleim noch Blut und sind in der Regel sowohl farb- als auch geruchlos. In manchen Fällen wird jedoch von einem fischigen Geruch berichtet. Nach den ersten Darmentleerungen setzt in den meisten Fällen auch ein quälender Brechreiz ein; Fieber tritt nicht auf.

Alle anderen Symptome sind Folge des großen und plötzlichen Flüssigkeits- und Elektrolytverlustes. Es werden schockähnliche Reaktionen beobachtet: Wadenkrämpfe, Herzrhythmusstörungen, ein stark erniedrigter oder sogar nicht mehr meßbarer Blutdruck, eingefallene Wangen und Augen, ein Kahnbauch, zunehmende Apathie und eine sehr leise und heisere Fistelstimme, die als *Vox cholerica* bezeichnet wird. Das Schlafbedürfnis der Cholera-Patienten steigt. Ohne Behandlung folgen einer zunehmenden Teilnahmslosigkeit schließlich Bewußtlosigkeit und Koma.

Mit einem schnellen Ersatz der ausgeschiedenen Flüssigkeitsmenge durch eine ausgewogene kochsalz- und glukosehaltige Infusion kann der tödliche Ausgang einer Cholera-Erkrankung in mehr als 99 Prozent der Fälle abgewendet werden. Heute ist es auch möglich, statt einer Infusion geeignete Elektrolyt-Lösungen oral (durch den Mund) zu verabreichen. Diese orale Rehydratationstherapie (ORT) wird nach dem standardisierten Rezept weltweit durchgeführt. In Entwicklungsländern kommen Infusionen nur selten zum Einsatz. Dagegen sind ORT-Beutel in Choleragebieten in nahezu jeder Apotheke erhältlich.

Die Bakterien selbst kann man mit Hilfe von Antibiotika bekämpfen. Wird die Krankheit jedoch nicht oder nicht rechtzeitig erkannt und behandelt, so ist die Cholera todbringend wie eh und je. Nur einer von dreien überlebt eine schwere, nicht therapierte Cholera-Erkrankung.

Allerdings können Erscheinungsbild und Krankheitsverlauf der Cholera recht unterschiedlich ausfallen – was in früheren Jahrhunderten sicher die Entwicklung abenteuerlicher Ansichten über diese Krankheit gefördert hat. Die Inkubationszeit kann von wenigen Stunden bis zu fünf Tagen variieren, meist sind es jedoch zwei bis drei Tage.

Auch die Geschwindigkeit, mit der ein an der Cholera Erkrankter verfällt, ist von Mensch zu Mensch sehr verschieden. Die moderne Medizin konnte die Ursachen für diese Unterschiede aufklären: Zunächst spielt die Konzentration der Cholera-Bakterien im Trinkwasser oder in Lebensmitteln eine wichtige Rolle. Dementsprechend werden mehr oder weniger Krankheitserreger vom Körper aufgenommen. Ein zweiter wichtiger Faktor ist die unterschiedlich hohe Säurekonzentration im Magen. Die Magensäure greift die Komma-Bakterien an, und nur wenn sie es schaffen, den Magen in hinreichend großer Zahl lebend zu durchqueren, können sie im Darm ihr Unheil beginnen. Man geht davon aus, daß eine Infektion mit mindestens 100 Millionen bis eine Milliarde Cholera-Bakterien notwendig ist, um eine Erkrankung auszulösen.

Es ist überliefert, daß Cholera-Epidemien häufig nach Festtagen ausgebrochen sind. Aus heutiger Sicht erscheint dies plausibel, da dann – bedingt durch Völlerei – die Mägen der Menschen nicht mehr in ausreichendem Maße ihre wichtige Wächterfunktion übernehmen konnten. Patienten, die am Magen operiert wurden, und solche, die sogenannte H_2-Antagonisten als Dauermedikation einnehmen, sind dementsprechend besonders gefährdet. Haben sich die Bakterien erst einmal im Darm eingenistet, so sorgen die von ihnen produzierten Toxine ohnehin dafür, daß sich die Magensäureproduktion reduziert. So wird der Weg frei für weitere Krankheitserreger.

Bei der jüngsten Cholera-Epidemie in Südamerika spielt die bei zahlreichen Menschen reduzierte Konzentration der Magensäure wahrscheinlich eine wichtige Rolle: Rund ein Viertel der erwachsenen Anden-Bevölkerung kaut regelmäßig Blätter des Koka-Strauches. Seine Blätter werden zuvor mit Prisen von gelöschtem Kalk vermengt, um das Kokain aus der Bindung mit Pflanzensäuren herauszulösen. Das Kokain und der alkalische Kalk setzen im Magen die Säurestärke herab oder verursachen sogar ein alkalisches Milieu. Nach Kokain-Genuß ist daher die Säurebarriere des Magens für Stunden außer Kraft gesetzt.

Die individuelle Stärke des Immunsystems, insbesondere das Vorhandensein von Antikörpern nach einer überlebten Cholera-Infektion, spielen ebenfalls für den Verlauf der Krankheit eine wichtige Rolle. In den Gebieten, in denen die Cholera endemisch ist, sind besonders Kinder gefährdet, die noch keinerlei Immunität gegen Cholera-Bakterien aufbauen konnten. Sie erkranken häufiger und heftiger als Erwachsene, die bereits einmal oder mehrfach eine Cholera-Infektion überlebt haben.

Auch die Blutgruppe hat einen Einfluß auf die Wahrscheinlichkeit, schwer an der Cholera zu erkranken. Ein besonderes Risiko tragen Menschen mit der Blutgruppe 0: Sie erkranken rund 20mal wahrscheinlicher an Cholera als Menschen mit der Blutgruppe AB und viermal häufiger als Menschen mit der Blutgruppe B. Diese Unterschiede wurden Mitte der achtziger Jahre durch statistische Untersuchungen eines Forscherteams aus amerikanischen, schwedischen und Wissenschaftlern aus der Schweiz und Bangladesch entdeckt. Sie ermittelten die Blutgruppen von 1346 Cholerapatienten eines Hospitals in Bangladesch. Außerdem bestimmten sie die Blutgruppen von 664 Personen einer repräsentativen Kontrollgruppe, um die statistische Verteilung von Blutgruppen in der Bevölkerung zu berücksichtigen.

Auch bei anderen Infektionskrankheiten können das Risiko einer Erkrankung und die Wahrscheinlichkeit eines schweren Krankheitsverlaufes von der Blutgruppe der betreffenden Person abhängen. Doch nirgendwo sind die Unterschiede so deutlich ausgeprägt wie bei der Cholera. Die rasante Verbreitung der Cholera in Südamerika seit 1991 hängt auch mit dem besonderen Risiko für Menschen mit der Blutgruppe 0 zusammen: In Südamerika besitzen mehr als 95 Prozent der Bevölkerung die Blutgruppe 0.

In den endemischen Verbreitungsgebieten der Cholera auf dem indischen Subkontinent hat die stärkere Anfälligkeit für Menschen mit der Blutgruppe 0 im Laufe der Jahrtausende einen evolutiven Selektionsdruck ausgeübt: Ein Kind mit der Blutgruppe 0 hat dort eine kleinere Chance, das Fortpflanzungsalter zu erreichen, als ein Kind mit einer anderen Blutgruppe. So wundert es nicht, daß der Bevölkerungsanteil von Menschen mit der Blutgruppe 0 in keiner anderen Region der Welt so gering ist wie im Flußdelta des Ganges. Das Gen für das Blutgruppenmerkmal B ist hingegen nirgendwo so häufig vertreten wie dort.

Wasserliebende Überlebenskünstler

Spätestens mit der Entdeckung der Antibiotika verlor die Cholera in den entwickelten Ländern ihren Schrecken. Mit ihnen lassen sich Cholera-Erreger und andere Bakterien wirksam bekämpfen. Außerdem wurde der Cholera im Europa des 20. Jahrhunderts durch die Verbesserung der hygienischen Zustände bei der Trinkwasserver- und Abwasserentsorgung die Basis entzogen. Schließlich kann der Kommabazillus nur eine vergleichsweise kurze Zeitspanne außerhalb des menschlichen Körpers überleben. Es sind in erster Linie Oberflächengewässer (Wasserspeicher, Seen, Flüsse, Kanäle, Brackwasser), in denen *Vibrio cholerae* einige Zeit überdauern kann. Im Kot können sich die Bakterien bei tropischem Klima ca. fünf Tage halten, bei niedrigeren Temperaturen, wie sie in Mitteleuropa vorherrschen, jedoch auch länger.

In saurer Umgebung (pH-Wert kleiner als 4,5) kann das Cholera-Bakterium jedoch nicht überleben. Dagegen überstehen die Erreger in sauberem Wasser mit vier Grad Celsius immerhin einen Monat. Salzwasser mit Konzentrationen bis zu einem Prozent bietet dem Bazillus ebenfalls gute Überlebensbedingungen: Eine

Gefahr, die die Wissenschaftler erst in den achtziger Jahren erkannten. Insbesondere wenn sich *Vibrio cholerae* an Kleinkrebse, Muscheln oder Plankton heftet, kann es auch in küstennahem Salzwasser überdauern. Vermutlich hat die jüngste Cholera-Epidemie in Südamerika ihren Ausgangspunkt über belastete Meeresfrüchte genommen. Man nimmt an, daß die Cholera-Bakterien zuvor an Bord asiatischer Reisfrachter in die südamerikanischen Küstengewässer eingeschleppt worden sind. Wahrscheinlich wurden sie im Bilgenwasser von Schiffen mitgeführt, das manche Kapitäne entgegen den Vorschriften in küstennahen Bereichen verklappen.

Sogar in den USA traten in den vergangenen Jahrzehnten immer wieder Cholera-Fälle auf, die sich auf den Verzehr von Krabben, Hummer und Austern aus dem Golf von Texas zurückführen ließen. Und auch aus Japan wurde immer wieder von Cholerafällen berichtet, die nach dem Genuß roher Meeresfrüchte aus dem Golf von Siam auftraten. Nach einer 1989 veröffentlichten Studie sind gar 0,3 Prozent der aus Südostasien exportierten Meeresfrüchte und Fische mit dem Cholera-Erreger belastet.

Es gibt zwar keine Zwischenwirte des Cholera-Bakteriums, wie dies beispielsweise die Anopheles-Mücken für die Malaria-Erreger sind. Doch offenbar kann der Komma-Bazillus verschiedene Meerestiere als Vehikel oder Rückzugsraum nutzen, wenn er nicht gerade »Gast« im Darm eines Menschen ist und sich dort vermehren kann.

Bei der Cholera stehen die Chancen, die Krankheit auszurotten, nicht so gut wie bei den Pocken, deren Erreger ebenfalls keinen Zwischenwirt haben und nach einem konsequenten Impfprogramm der WHO seit 1979 weltweit als ausgerottet gelten. Außerdem bieten Cholera-Impfungen keinen hundertprozentigen Schutz. Bei mindestens 40 Prozent aller Infektionen können sie die Erkrankung nicht verhindern. Für den jüngst aufgetretenen Cholera-Erreger *0–139* gibt es bislang ohnehin keinen Impfschutz.

Darüber hinaus können Infizierte, bei denen die Krankheit aufgrund einer Impfung selbst nicht ausbricht, dennoch Überträger der Cholera sein. Bei *Vibrio cholerae 0–1* kommen auf einen Krankheitsfall durchschnittlich zwei bis vier Träger des Erregers, bei denen die Krankheit nicht zum Ausbruch kommt. Beim Biotyp *El Tor* sind es gar bis zu 100 symptomfrei Infizierte je Krankheitsfall. Diese Menschen tragen die Krankheitskeime weiter, ohne dabei selbst als Infizierte erkannt zu werden. *El Tor* ist zwar weniger virulent und verursacht nur etwa halb so viele Todesfälle wie der »klassische« Erreger, den *El Tor* schon zum größten Teil verdrängt hat. Allerdings ist *El Tor* resistenter und kann auch unter ungünstigen Umweltbedingungen außerhalb des Menschen überdauern: Ein wirkungsvolles Ergebnis der Evolution, das geeignet ist, die Verbreitung der Cholera langfristig zu sichern.

Für die Bekämpfung der Cholera sind Impfungen, die über einen Zeitraum von rund sechs Monaten wirksam sind, zweifelsohne weniger bedeutsam als eine Verbesserung der hygienischen Zustände und der Grad der Aufklärung in den Verbreitungsgebieten der Cholera. Insbesondere ist es wichtig, die Menschen über mögliche Infektionswege und -quellen umfassend zu informieren. Dies mag in Ländern mit einem niedrigen Bildungsniveau nicht einfach sein. Doch kontraproduktiv ist es, wenn in Pettenkoferschem Geist Risiken heruntergespielt werden: Um nach dem Ausbruch der Cholera-Epidemie in Peru 1991 den drastischen Rückgang des Exportes und des Konsums von Fischprodukten zu stoppen, verzehrte der peruanische Präsident Alberto Fujimori vor laufenden Fernsehkameras demonstrativ das Nationalgericht »Ceviche«, das aus rohem Fisch zubereitet wird. War es nur ein Zufall, daß in den Tagen darauf die Zahl der Cholera-Fälle anstieg?

Nützlicher wären praktikable Ratschläge, wie sich das Risiko einer Cholera-Infektion auch unter mangelhaften hygienischen Bedingungen minimieren läßt. Wissenschaftler haben vorgeschlagen, das UV-Licht der Sonne zur Sterilisierung des Trinkwassers zu nutzen. Bakterien können eine intensive UV-Bestrahlung nicht überleben. Ultraviolettes Licht wird in Krankenhäusern genutzt, um medizinische Instrumente keimfrei zu halten. Auch das Sonnenlicht enthält UV-Strahlung, die aufgrund der dünner werdenden Ozonschicht der Erde von Jahr zu Jahr sogar immer heftiger auf unseren Planeten trifft. Stellt man Trinkwasser in einem UV-durchlässigen Gefäß in die Sonne, so werden insbesondere bei der intensiven Sonneneinstrahlung in Äquatornähe innerhalb weniger Stunden die meisten Cholera-Bakterien abgetötet – ein einfaches und doch wirkungsvolles Verfahren. Nur – das Wissen um diese Zusammenhänge muß den betroffenen Menschen zunächst einmal vermittelt werden.

Reisenden, die Länder besuchen wollen, in denen die Cholera verbreitet ist, wird vom Impfarzt meist von einer Cholera-Impfung abgeraten. In Deutschland ist derzeit nur ein Cholera-Impfstoff verfügbar. Er enthält abgetötete Bakterien. Die möglichen Nebenwirkungen einer Impfung (vorübergehende Schwellung und Schmerzen an der Injektionsstelle, Fieber, Kreislaufbeschwerden) möchte man angesichts des bei korrektem hygienischen Verhalten recht geringen Infektionsrisikos und der geringen Zuverlässigkeit des Impfstoffs meist nicht in Kauf nehmen. Außerdem ist die Heilung, falls man sich den Erreger dennoch einfängt, bei rechtzeitiger Behandlung heute in aller Regel erfolgreich und ohne bleibende Folgen durchführbar. Manch einen Touristen würde das Wissen um seinen Impfschutz möglicherweise zur Unachtsamkeit in hygienischen Fragen verleiten. Daher empfahl die WHO ihren Mitgliedstaaten bereits im Jahre 1973, Choleraimpfungen nicht länger als Bedingung für eine Einreise zu verlangen.

Ein neuer Schluckimpfstoff gegen die Cholera ist Anfang 1994 in der Schweiz zugelassen worden. Er ist von Wissenschaftlern des Schweizerischen Instituts für Serum und Impfstoffe in Bern entwickelt worden. Eine Feldstudie in den USA hat ergeben, daß das Präparat mit der Bezeichnung »CVD103HgR« in mindestens 62 Prozent der Fälle vor einem Ausbruch der Krankheit nach einer Cholera-Infektion schützt. Es ist wahrscheinlich, daß der neue Schluckimpfstoff, der geringere Nebenwirkungen verursachen soll, im Laufe des Jahre 1994 auch in Deutschland zugelassen wird. Im Gegensatz zu den bisherigen Cholera-Impfstoffen handelt es sich bei CVD103-HgR nicht um abgetötete Bakterien, sondern um lebende, denen mit Hilfe der Gentechnologie ein Stück des Erbgutes entrissen worden ist. Das für die Produktion des pathologisch wirksamen Toxins verantwortliche Gen wurde dabei entfernt. Zwar wurden bei den durchgeführten Studien nur wenige der gentechnisch verstümmelten Cholera-Erreger in den Ausscheidungen der geimpften Personen gefunden. Doch werden hier faktisch gentechnisch modifizierte Bakterien in die Umwelt freigesetzt – eine Tatsache, die man nicht unbeachtet lassen sollte.

Ein weiterer Schluckimpfstoff wurde in den vergangenen Jahren von Professor Jan Holgran an der Universität Göteborg entwickelt. Dieser wurde ebenfalls mit Hilfe der Gentechnologie konstruiert, besteht aber im Gegensatz zum Präparat CVD103-HgR nicht aus lebenden Erregern, sondern aus abgetöteten. Ende April 1994 erhielt Professor Holgram für diese Arbeit in Genf einen europäischen Medizinpreis.

Auch die beiden neuen Schluckimpfstoffe schützen allerdings nur vor den Erregern *Vibrio cholerae* und *Vibrio cholerae El Tor* und nicht vor *Vibrio cholerae 0-139*. Für dieses Bakterium dürften Impfstoffe voraussichtlich erst in der zweiten Hälfte der 90er Jahre einsatzbereit sein.

Bei einer Reise in ein Verbreitungsgebiet der Cholera sollten einige hygienische Grundsätze unbedingt beachtet werden: Nur abgekochtes Wasser trinken; bei heißen Getränken wie Tee oder Kaffee darf man sich sicher sein, daß Cholera-Erreger durch die Hitze abgetötet wurden. Bei allen kalten Gerichten sollte man sich zurückhalten, Speiseeis und Eiswürfel in Getränken sind tabu. Zu den gefährlichsten Überträgern der Cholera zählen Meeresfrüchte wie Krabben, Muscheln, Hummer oder Krebse. In vielen tropischen Küstengewässern wurden Cholera-Erreger nachgewiesen, die wahrscheinlich mit Abwässern ins Meer gelangt sind. Die Bakterien können dann an den Schuppen von Fischen haften bleiben oder unter dem Chitinpanzer der Meerestiere verborgen sein. Beim Verzehr vermögen die Krankheitserreger, zuweilen durch die Chitinpartikel geschützt, die Salzsäure-Barriere des Magens leichter zu durchqueren. Eine Kühlung der Meeresfrüchte reduziert oder unterbricht allenfalls die Vermehrung der Bakterien. Durch Tiefgefrieren auf Temperaturen von −20 °C und anschließendes

Auftauen wird hingegen die Zahl der infektionstüchtigen Vibrionen deutlich verringert.

Gefahr droht auch von Gemüse, Obst und Salaten, die mit bakteriösem Wasser in Kontakt gekommen sind. Häufig werden in den betroffenen Ländern Gemüse mit dem Inhalt von Toiletten gedüngt oder Speisen mit infiziertem Wasser gekühlt. Das gilt besonders für Salate. Auch Gerichte mit Reis, Kartoffeln, Bohnen und anderen Hülsenfrüchten sind nicht unbedenklich, wenn sie nicht ausreichend lange gekocht wurden oder nachträglich mit belastetem Wasser in Berührung gekommen sind. Unter ungünstigen Umständen können sich die Cholera-Erreger in diesen Speisen sogar stark vermehren. Typischerweise erfolgt eine Infektion über solche Speisen, wenn sie nach der Zubereitung stehenbleiben und später nur kurz aufgewärmt werden. Ideal für die Vermehrung der Vibrionen ist ein alkalisches Milieu, wie es auch im Darm vorherrscht.

Unbedenklich sind normalerweise Früchte mit einer festen, geschlossenen Schale wie etwa Bananen oder Ananas. Allerdings ist zu beachten, daß die Cholera-Bakterien auch auf der Schale einer Frucht fünf bis zehn Tage überleben können. Zu vermeiden sind auch Lebensmittel, die den Säurewert des Magens reduzieren können. Gebratenes Fleisch und alles, was bei der Zubereitung stark erhitzt wird und anschließend nicht mehr mit Wasser in Berührung kommt, gelten als Nahrungsmittel mit dem geringsten Infektionsrisiko. Zum Spülen von Geschirr sollte nur Wasser benutzt werden, das kurz vorher gekocht worden ist. Selbstverständlich ist jegliches Baden in Gewässern, die möglicherweise durch Kot oder Küchenabfälle verunreinigt sein könnten, zu unterlassen.

Wenn ein Reisender – trotz aller Vorsicht – dennoch von starkem Durchfall (Diarrhöe) geplagt wird, ist dies in den meisten Fällen keine Cholera-Erkrankung. Auch zahlreiche andere Bakterien (z. B. Shigellen oder Salmonellen), Viren (z. B. der Rotavirus) oder auch parasitische Würmer können beim Menschen Durchfallerkrankungen verursachen. Das heißt aber nicht, daß diese Erkrankungen immer als harmlos angesehen werden können. Bei schweren Durchfällen sollte auf jeden Fall ein Arzt aufgesucht werden.

Der Krankheitsname Cholera ist untrennbar mit den schrecklichen Seuchenzügen vergangener Jahrhunderte verknüpft. Selbst einzelne Cholerafälle in Deutschland oder anderen Industriestaaten finden sofort größte Beachtung in den Medien. Im Schatten des Interesses, das der Cholera entgegengebracht wird, werden viele andere Diarrhöe-Erkrankungen weitaus weniger beachtet und ernst genommen. Die Ursache dieser Durchfallerkrankungen sind wie bei der Cholera letztlich unzureichende hygienische Bedingungen. Sie verursachen unvergleichlich mehr Todesfälle als die Cholera. Im Jahre 1992 starben weltweit 3,2 Millionen Kinder (!) unter fünf Jahren an einer Durchfallerkrankung; vor zehn Jahren waren es sogar 4,2 Millionen. Angesichts dieser Zahlen wird deutlich, wieviele Menschenleben gerettet werden könnten, wenn überall auf unserem Planeten hygienische Mindeststandards eingehalten würden. Doch der eigene Wasserleitungsanschluß wird wohl auch künftig für die meisten Menschen ein unerfüllbarer Traum bleiben. Der in vielen Teilen der Erde sich immer deutlicher abzeichnende Süßwassermangel dürfte das Hygiene-Problem noch weiter verschärfen. Der weltweite Tourismus und Geschäftsverkehr per Flugzeug ermöglicht den Krankheitserregern überdies, in kürzester Zeit von einem Kontinent zum anderen zu fliegen. Nie hatten es Bakterien leichter als heute, sich aus einem endemischen Gebiet zu einer weltweiten Pandemie rund um den Globus aufzumachen.

Im Falle der Cholera blicken Ärzte und Wissenschaftler sorgenvoll auf die weitere Entwicklung und Verbreitung der neuen Variante *Vibrio cholerae 0-139*. Wird dieser Erreger eine weltweite Pandemie verursachen, wie derzeit schon *El Tor*? Wird der neue Bazillus die klassischen Cholera-Erreger verdrängen? Drohen in den kommenden Jahren weitere Antibiotika-Resistenzen der Cholera-Bakterien? Auf all diese Fragen gibt es derzeit noch keine Antwort. Doch die Resistenz von *Vibrio cholerae 0-139* gegen bestimmte Antibiotika (z. B. Cotrimoxazol und Furazolidon) und seine im Vergleich zu *El Tor* etwa fünfmal höhere Rate an Todesfällen stimmt nachdenklich.

»Der Erreger ist hochgradig toxisch, resistenter als alle anderen Cholera-Bakterien und greift mit größter Geschwindigkeit um sich«, charakterisiert Dr. Balkrish Nair, Leiter des indischen Forschungsinstituts für Cholera und Darmkrankheiten, die neue Variante *0-139*, die er 1993 entdeckt hat. Zwar sind die neuen Erreger noch empfindlich gegen Antibiotika aus der Gruppe der Tetrazykline, so daß die WHO empfiehlt, diese gegen den Erreger einzusetzen. Es ist aber wahrscheinlich nur eine Frage der Zeit, bis auch diese Waffen des Menschen im Kampf gegen das Bakterium versagen: Bereits in den vergangenen Jahren zeigten sich die klassischen Cholerabakterien zunehmend resistent gegen Antibiotika dieser Klasse.

Die Cholera bleibt ein aktueller Gegenstand der medizinischen Forschung. Allein 1993 wurden mehr als 1000 wissenschaftliche Fachartikel publiziert, die sich mit dieser Seuche und ihrer Bekämpfung auseinandersetzen. Der evolutive Wettkampf zwischen Mensch und Bakterium ist noch lange nicht entschieden. Doch nach einigen wichtigen Erfolgen der modernen Wissenschaft scheint die alte Menschheitsgeißel Cholera gerade eine Runde gegen *Homo sapiens* gewonnen zu haben.

Der Autor bedankt sich für wertvolle Diskussionen und Hinweise bei Marion Thiel, Cathérine Veuthey, den Co-Autoren sowie den Lektorinnen des vgs-Verlags.

Karin Sträter

Fleckfieber

Bezeichnung: Flecktyphus, Läusefleckfieber, Typhus exanthematicus; man unterscheidet: epidemisches oder klassisches Fleckfieber, murines Fleckfieber; Bakterieninfektion, die epidemieartig auftreten kann.

Erreger: *Rickettsia prowazeki* (klassisches F.), *Rickettsia typhi* (murines F.); zur Vermehrung auf lebende Zellen angewiesen; natürliche Verbreitung in unterschiedlichen Tierarten; Übertragung durch Läuse *(R. prowazeki)* und Rattenflöhe *(R. typhi)*; andere Rickettsienarten leben in unterschiedlichen Tierarten, auch in Zecken, Milben, Flöhen, lösen beim Menschen aber nur in Einzelfällen Infektionskrankheiten aus.

Verbreitung: früher besonders Ost- und Südosteuropa; heute in kühlen Höhenlagen der Tropen unter schlechten hygienischen Bedingungen, endemisch in Afrika, Mittel- und Südamerika; 20000 Fälle des klassischen Fleckfiebers zwischen 1981 und 1990.

Infektion und Krankheitsverlauf: Eindringen der Erreger durch Biß der Läuse, Flöhe, Einkratzen deren Kots in die Haut oder Einatmen, über die Schleimhäute; Übertragung von Mensch zu Mensch nicht möglich; befallen grundsätzlich Zellen, die die Innenwand der Blutgefäße bilden, wo Entzündungen entstehen; besonders ausgeprägt in Haut, Herz, Gehirn und Nieren; Inkubationszeit 5–23 Tage; unbehandelt Letalität 10–20%; 3–40 Jahre nach Erstinfektion kann eine abgeschwächte Erkrankung folgen (Brill-Zinsser-Krankheit).

Krankheitsbild: klassisches Fleckfieber: hohes Fieber, Kopf- und Gliederschmerzen, Milzschwellung, Hautausschlag; Kreislaufkollaps, Entzündung des Gehirns und des peripheren Nervensystems; kann unbehandelt nach 3–4 Wochen zum Tode führen; murines Fleckfieber verläuft ähnlich, aber wesentlich milder, nur selten tödlich.

Diagnose: Lausbefall, Flohbisse; Antikörper-Nachweis frühestens ab dem 8. Krankheitstag möglich (Weil-Felix-Reaktion).

Therapie und Prophylaxe: Vorbeugung durch Beachtung hygienischer Grundregeln, Bekämpfung von Läusen, Flöhen; Behandlung gegen die Erreger mit Breitband-Antibiotika; Impfung ist möglich, aber nur für besonders gefährdete Personen empfohlen.

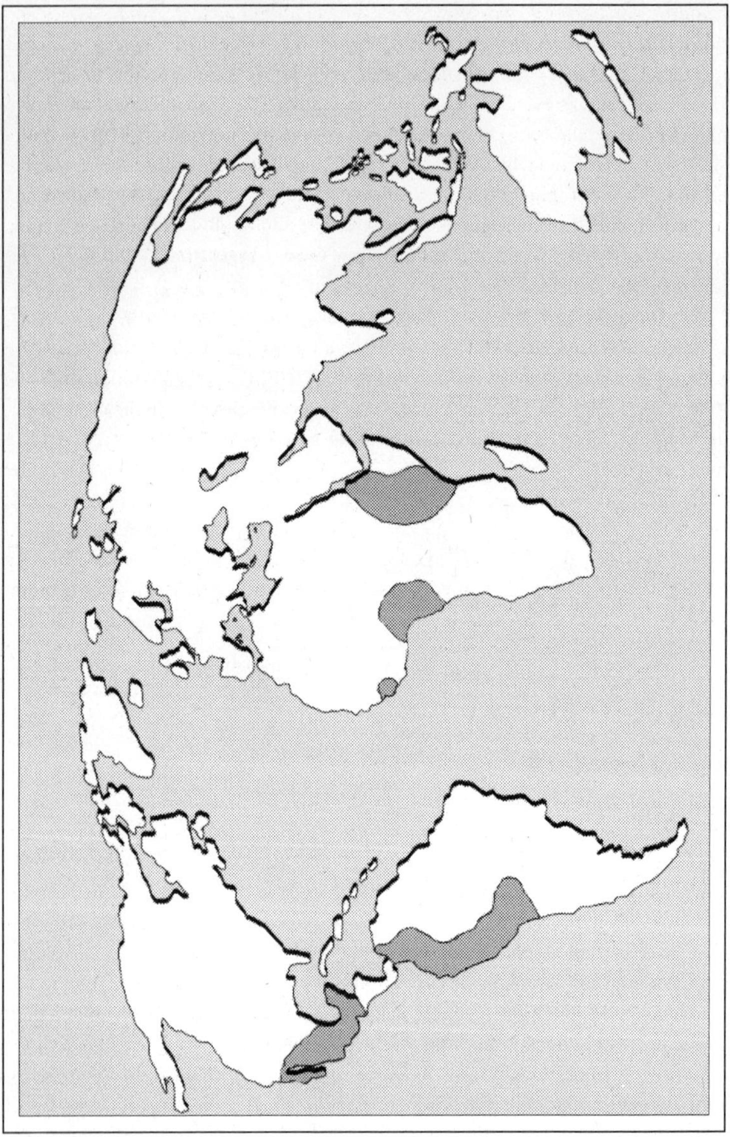

Registrierte Erkrankungen 1981–1990

Rhodos, 1992. Ernst K. wollte, wie viele andere Urlauber auch, Sonne, Meer und Strand, Kultur und Landschaft der gastlichen Insel genießen. Was er nicht bemerkte: Er selbst bekam ungebetene Gäste, winzig klein, für ihn unsichtbar. Zuerst verhielten sie sich nicht besonders auffällig. Eine Unpäßlichkeit mit einem merkwürdigen Hautausschlag war schnell vorübergegangen, und Ernst K. hatte sich nichts dabei gedacht. Aber dann, fünf Tage nach seiner Rückkehr, glaubte er, sein letztes Stündlein habe geschlagen. Hohes Fieber, Übelkeit, Erbrechen und ein elendes Schwächegefühl. Der Ausschlag an Rumpf, Armen und Beinen war es, der die Ärzte auf die richtige Spur führte: Fleckfieber! Der Name der unangenehmen Gäste: *Rickettsia prowazeki*.

Die Diagnose kam für den Patienten ebenso überraschend wie für die Ärzte, denn das klassische Fleckfieber gilt als eine auf wenige Gebiete in Afrika und Lateinamerika beschränkte Infektionskrankheit, die in Europa (fast) keine Rolle mehr spielt. Nicht mehr als eine Handvoll Fälle verzeichnet die Bundesgesundheitsstatistik für die letzten Jahre; mal waren es drei, mal fünf, von Fernreisenden eingeschleppte Einzelfälle.

Fleckfieber wird durch Läuse übertragen, oder, in einer milderen Variante, durch Rattenflöhe. Allein durch die verbesserten hygienischen Bedingungen gilt deshalb die Gefahr in Europa als gebannt. Zusätzlich haben Antibiotika – sie halfen auch Ernst K. wieder auf die Beine – der Krankheit den Schrecken genommen, den sie über Jahrhunderte verbreitete.

Fleckfieber zählt zu den ältesten Infektionskrankheiten der Menschheit. Und es trug viele Namen. Je nachdem, wo und unter welchen Umständen die Seuche auftrat, ging sie als Hunger- und Kriegstyphus, als Gefängnis-, Schiffs- oder Lazarettfieber, als Nervenfieber, Hauptkrankheit und Ungarische Krankheit in die Medizingeschichte ein. Auch vom »Petechialtyphus« sprach man, seit der italienische Renaissancearzt Girolamo Fracastoro (1478–1553) das Krankheitsbild unter der Bezeichnung »Febris peticula« – »Blutpunktfieber« beschrieben hatte. Zu den »typhösen Fiebern« zählten all jene Fieberkrankheiten, bei denen Gehirn und Nervensystem in Mitleidenschaft gezogen wurden. »...bei Hippocrates wahrscheinlich Blödsinn«, erläutert der Brockhaus 1898 die Herkunft des Begriffs vom griechischen »typhos«, was soviel wie »Nebel, Rauch« bedeutet. »Blödsinnig« konnten die Kranken tatsächlich aussehen, wenn sie ihre Umgebung wie durch einen Schleier wahrnahmen, delirierten und Gefangene ihrer – guten oder bösen – Traumbilder waren. Vom »Gehirntoben« spricht eine frühe Quelle.

Zu den »typhösen Fiebern« zählte man auch den Unterleibs- oder Abdominaltyphus, eine Salmonelleninfektion, die außer einigen Symptomen nichts mit Fleckfieber gemein hat. Die historische Verwechselung hat sich sprachlich niedergeschlagen und führt noch heute, zumindest beim Laien, zu mancher Verwirrung. Denn was dem Deutschen sein »klassischer« (Unterleibs- oder Bauch-)Typhus, ist dem englischsprachigen Zeitgenossen sein »typhoid fever«. Und wer in Amerika zum Arzt geht und sagt, er sei an »typhus« erkrankt, wird prompt entlaust und auf Fleckfieber behandelt.

Nicht jeder, der aus einem fremden Land mit hohem Fieber und Hautausschlag heimkehrt, hat tatsächlich Fleckfieber. Es könnte zum Beispiel auch das »japanische Tsutsugamushi-Fieber«, das »sibirische Zeckenbißfieber« oder das »Rocky-Mountain-Spotted-Fever« sein – die Familie der Rickettsien ist weit verzweigt und hat zahlreiche Varianten hervorgebracht, von denen viele beim Menschen fleckfieberähnliche Symptome hervorrufen können. Aber von allen Rickettsienarten ist keine dem Menschen so gefährlich geworden wie *Rickettsia prowazeki*, der Erreger des klassischen Fleckfiebers.

Porträt eines Mikroorganismus

Mit einer Größe von maximal 2μm mal 0,5μm sind Rickettsien im Lichtmikroskop gerade noch zu erkennen. Es sind geißellose Organismen, ausgestattet mit Zellwand und Stoffwechselenzymen, die sich durch Zweiteilung vermehren. Sie werden zu den Bakterien gezählt, auch wenn sie sich – ungewöhnlich für Bakterien – nicht außerhalb lebender Zellen fortpflanzen können. *Rickettsia prowazeki* teilt sich etwa alle neun Stunden, am schnellsten bei Temperaturen um 35 °C. Hitze über 60 °C ist tödlich für den Mikroorganismus, Temperaturen unterhalb des Gefrierpunktes hingegen schaden ihm nicht. Wasser und andere Flüssigkeiten gefährden ihn, im Trockenen indes (z. B. in eingetrocknetem Läusekot), kann er Monate überleben.

Der Fleckfiebererreger setzt sich im menschlichen Körper in den Endothelzellen der kleinen Blutgefäße fest und gelangt über die Blutbahn in andere Organe. Intrazellulär vermehren sich die Rickettsien, bis die Wirtszelle platzt und die Erreger freigibt. Vor allem in den feinen Blutgefäßen von Haut, Herz, Gehirn, Nieren, aber auch an allen anderen Organen entstehen dabei entzündliche Herde, die sogenannten Fleckfieberknötchen. In diesem Stadium liegt der infizierte Mensch bereits schwerkrank im Bett. Er hat hohes Fieber, die Entzündungen an Haut und Hirn äußern sich durch den charakteristischen Hautausschlag an Rumpf, Armen und Beinen und durch »zerebrale« Symptome: Kopfschmerz, Apathie, Delirien oder heftige Erregungszustände. Neurologische Störungen, Schwerhörigkeit, Seh- oder Sprachstörungen können ebenso zum Krankheitsbild gehören wie Entzündungen, vor allem in Haut und Gehirn. Bei Ernst K. hatten *Rickettsia prowazeki* eine schwere Nierenentzündung hinterlassen, die erst nach sechs Monaten, lange, nachdem Antibiotika die Erreger aus seinem Körper vertrieben hatten, ausgeheilt war.

Unbehandelt führt eine Infektion mit *Rickettsia prowazeki* bei etwa 20 Prozent aller Erkrankten nach drei bis vier Wochen zum Tod. Je älter der Mensch, desto größer die Todesgefahr – im Kindesalter überleben die meisten Menschen die Infektion. Todesursache sind meist Hirnentzündung, Nierenversagen, Herz- oder Kreislaufversagen. Wer die Krankheit übersteht, ist für Jahrzehnte vor einer neuen Infektion geschützt. Bei einigen Menschen kommt es allerdings nach vielen Jahren, ohne erneute Infektion, zu einem milde verlaufenden Fleckfieberrückfall, der sogenannten Brill-Zinsser-Krankheit.[1]

Rickettsia prowazeki gehören evolutionsgeschichtlich einer uralten Bakterienfamilie an – das zumindest muß man annehmen, wenn man sich die weitverzweigte Verwandtschaft anschaut. In jedem Erdteil existieren Rickettsienarten, in jedem Klima, in jeder Temperatur. In Zecken, Milben, Flöhen oder Läusen leben die Verwandten, oft ohne ihrem Wirt oder Vektor (Überträger) zu schaden. Viele Rickettsien können beim Menschen schwere Infektionskrankheiten, sogenannte Rickettsiosen, auslösen. Aber nur beim Erreger des klassischen Fleckfiebers ist der Mensch mehr als ein zufällig Betroffener, gehört er als Wirt und Reservoir unmittelbar zum epidemischen Kreislauf. Laus – Mensch – Laus – Mensch, so sieht die Infektkette aus, auf die das Leben von *Rickettsia prowazeki* ausgerichtet ist. Solange keine (Kleider-)Läuse im Spiel sind, ist Fleckfieber so wenig ansteckend wie ein verstauchter Knöchel. In einer verlausten Bevölkerung aber kann *Rickettsia prowazeki* schwere Epidemien auslösen.

Es gibt Gründe, die dafür sprechen, daß der Erreger des klassischen Fleckfiebers ein evolutionsgeschichtlich später Ableger seiner Familie ist. Denn die meisten Rickettsien leben weitgehend kommensalisch, d. h. sie schaden weder ihrem Wirt noch ihrem Vektor. Nicht so *Rickettsia prowazeki*: sie sind für den Wirt lebensgefährlich und für den Vektor tödlich. Die Kleiderlaus hat, nachdem sie an einem infizierten Menschen gesaugt hat, noch etwa 14 Tage Zeit, um die Erreger an andere Menschen weiterzugeben; länger erträgt ihr Organismus die ungebetenen Gäste nicht, die sich in ihrem Magen- und Darmtrakt angesiedelt haben. Ist der Zeitraum überschritten, verendet die Laus. An ihresgleichen kann sie die Rickettsien nicht weitergeben. Von einer »Symbiose« oder »friedlichen Koexistenz», die allen beteiligten Organismen das Überleben sichert, kann also nicht die Rede sein.

Aber die tödliche Virulenz, die *Rickettsia prowazeki* ihrem Wirt und ihrem Vektor gegenüber entwickeln, gefährdet den Fortbestand der Art nicht. Die Laus mit einer Lebenserwartung von etwa einem Monat kann immerhin die Hälfte ihres Lebens für die Verbreitung des Fleckfiebererregers sorgen. Und ein

[1] Durch die Brill-Zinsser-Krankheit kann in einer verlausten Bevölkerung eine neue Fleckfieberepidemie ausgelöst werden.

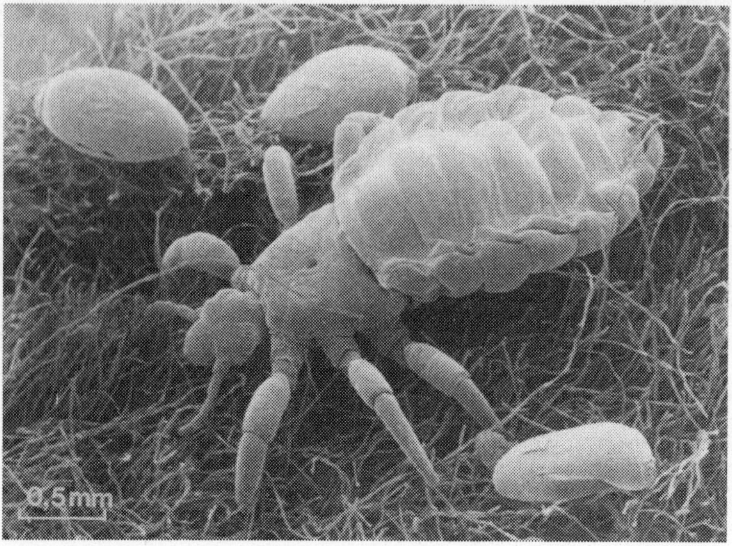

Kleiderlaus (Pediculus corporis) mit Eiern

an Fleckfieber erkrankter Mensch ist, selbst wenn er stirbt, für mehrere Wochen (1–3 Wochen Inkubationszeit und 3–4 Wochen nach Ausbruch der Krankheit) infektiös. Dieses System funktionierte über Jahrhunderte prächtig.

Lausige Zeiten

Als der Mensch die Bühne des Lebens betrat, war er nicht allein. Mumienfunde belegen, daß Läuse seit jeher zu seinen ständigen Begleitern zählten. Ein Sprichwort aus dem 16. Jahrhundert bringt es auf den Punkt: »Als Gott Adam erschuf, meinte die Laus, er habe es ihretwegen getan.«

Als verlauste Menschen sich in Städten zusammenschlossen und in engen Quartieren beieinanderhockten, als sie gar aufbrachen, um fremde Länder zu entdecken oder zu erobern, da war es, als sei eine Festtafel gedeckt, an der *Rickettsia prowazeki* regelrecht Orgien feiern konnten. Für den Menschen war es eine Tragödie, die viele Millionen das Leben kostete. Und die Tragödie war um so größer, als dem Menschen die Akteure des Schauspiels über Jahrhunderte unbekannt blieben.

»Bei dem Wirt zur goldenen Laus, da wird sein der Hochzeitsschmaus«, dichtete der junge Goethe. Der Reim wäre vielleicht anders ausgefallen, hätte Goethe gewußt, daß eine Laus, so oft sie ein Geschäft verrichtet (und das tut sie alle 20 bis 30 Minuten) 100 bis 200 Millionen Rickettsien ausscheiden kann. Im Lauskot können die Krankheitserreger mehrere Monate überleben. Kratzt sich der Mensch nun dort, wo vorher die Laus gesessen hat, gelangt der ausgetrocknete Kot mitsamt den Rickettsien in die Haut und damit in den menschlichen Körper. In selteneren Fällen reicht es auch, wenn der Mensch mit einem tiefen Atemzug den feinen Kot in sich aufnimmt.

Hätten unsere Vorfahren Bescheid gewußt... – als Koseworte wären uns Bezeichnungen wie »Lausebengel« oder »Lausbub« dann sicher nicht überliefert worden. Noch im 19. Jahrhundert zeigten sich viele Mütter besorgt, wenn ihr Kind unbelaust war. Läuse, so glaubte man, goutierten nur gesundes Blut und verließen kränkelnde Kinderköpfe. Und daran ist sogar ein Funke Wahrheit: Läuse meiden Menschen, deren Körpertemperatur 40 °C übersteigt – eine Eigenschaft, dank derer sie sich für die Übertragung des Fleckfiebererregers besonders eignen.

3–4 mm groß sind die Krabbeltiere, die sich ausschließlich von menschlichem Blut ernähren. Sie vergraben sich in Nähten und Säumen, nisten im Ohr, im Bart oder an anderen behaarten Körperstellen. Wollstoffe mögen sie besonders gern – ein Grund dafür, daß Fleckfieberfälle sich während der kühlen Jahreszeiten stets häuften. Kaltes Wasser schadet ihnen kaum: Bis zu 24 Stunden können sie es unter Wasser aushalten. Aber die Körper unserer Vorfahren kamen mit Wasser ohnehin nicht allzuoft in Berührung. Wie dürftig es – selbst bei Hofe – mit der Körperhygiene bestellt war, mag jeder sich ausmalen, der einmal in barocken Schlössern die winzigen Waschschüsseln besichtigt hat, die der gelegentlichen Reinigung dienten.

Der italienische Renaissance-Arzt Geronimo Cardano (1501–1576) nannte schon 1545 das hitzige Fieber »Flohbißkrankheit« (*Morbus pulicaris*), aber das war Zufall, der Hautausschlag glich Flohstichen. Die Laus blieb dem Menschen als Überträger von Krankheiten bis zu Beginn unseres Jahrhunderts unverdächtig – so sehr gehörte sie zu ihm.

Ungarische Krankheit oder Kriegstyphus

Schlecht ernährt, aus aller Herren Länder bunt zusammengewürfelt, verdreckt und verlaust zogen die Söldnerheere Karls V. 1542 nach Ungarn, um gegen die Truppen von Sultan Suleiman II. zu kämpfen. Wie erwartet trafen sie auf ihren Gegner – aber nicht ihm unterlagen sie, sondern dem Fleckfiebererreger. Und der grassierte fortan im Reiche Karls V. als »Ungarische Krankheit«.

Im Heilig-Geist-Spital zu Nürnberg wurden viele der Söldner aus Ungarn »gar krank und schwach« aufgenommen. Als die Todeszahlen im Spital beständig stiegen, ordnete der Stadtrat im Dezember 1542 an, die Leichen aufzuschneiden, um etwas über die Ursache des Todes zu erfahren. Aber die Ärzte widersetzten sich: Die Gefahr sei viel zu groß für sie; es seien schon viele gestorben, die die Landsknechte nur gepflegt und bedient hätten. Der Stadtrat lenkte ein, die Ärzte mußten nicht selber schneiden, aber wenigstens anwesend sein sollten sie bei der Autopsie. Und der Befund lautete: eine überaus gefährliche und »vergiftete« Krankheit. Ab Ende Dezember wurden die Landsknechte aus Ungarn schon an den Stadttoren abgewiesen und in das Lazarett außerhalb der Stadt geschickt.

Fleckfieber, in Europa nachweisbar seit Ende des 15. Jahrhunderts, verbreitete sich in den folgenden Jahrzehnten schnell. Schon 1587 klagte Johannes Oberndorfer, fürstbischöflicher Leibmedicus zu Regensburg, über die »Ungarische Krankheit«: »Solches böse Fieber wird nun so gemein, daß es nunmehr fast alle Jahre regieret, und wenn man eine Vergleichung zwischen ihm und der Pestilenz anstellt, die dazu nicht alle Jahre erscheint, nicht viel weniger das Jahr über hinwegrafft, als diese.«

In einer Bevölkerung, die noch wenig Bekanntschaft mit dem Erreger gemacht hatte und kaum Immunität gegen ihn entwickelt hatte, wüteten *Rickettsia prowazeki* in verheerendem Maße. Fassungslos sahen die Menschen, wie ganze Familien und halbe Dörfer ausradiert wurden. »Rothe Flecken überzogen die Körper, dann trat Raserei ein, in Folge derer die Unglücklichen den Kopf an der Wand zerschellten. Viele starben plötzlich und so fand man in den Straßen der Stadt wie auf dem Land zahlreiche Leichen; man hob große Gruben aus und warf sie hinein.«

Während des Dreißigjährigen Krieges machten Hunger und Elend die Bevölkerung noch anfälliger für Infektionen, deren Erreger Flüchtlinge und herumziehende Soldaten quer durch Mitteleuropa verschleppten. Für die Zeitgenossen war es augenscheinlich, daß die Söldnertruppen in irgendeinem Zusammenhang mit den Fleckfieber-Epidemien standen. Ludwig von Hörningk konnte es bezeugen. Er hatte gesehen, wie die Soldaten 1622 nach Frankfurt geströmt waren, daß sie »allerlei Unrath umb und neben sich samblen«, er hatte die Kranken und Verwundeten in den Gassen vor den Häusern liegen sehen. Ein erbärmlicher Gestank hatte die Stadt erfüllt, und unmittelbar darauf war das Fieber ausgebrochen, hatte Tausende von Toten gefordert. Von Hörningk war Arzt, aber er war machtlos. Er verordnete noch hier und da Aderlaß und schweißtreibende Mittel, in den meisten Fällen aber kam jede Hilfe zu spät, und er konnte nur noch den Rat geben, die Kleider der Toten zu verbrennen. Viele seiner Kollegen mieden den Kontakt mit den Kranken ganz. Man sah ja, wie leicht das Fieber überspringen konnte. Vielleicht kannte Ludwig von Hörningk die Schriften des berühmten italienischen Arztes Girolamo Fracastoro. Der hatte 1546 Theorien über die ansteckenden Krankheiten niedergeschrieben und dabei von drei Möglichkeiten gesprochen, wie die »seminaria«, kleine »Krankheitssamen«, übertragen werden könnten: Erstens »per contactum« – durch Berührung, zweitens »per fomites« – durch Zwischenträger, etwa Kleider, Stoffe und dergleichen, aber drittens auch »ad distans« – über eine gewisse Entfernung hinweg, also ohne direkten Kontakt mit dem Körper oder der Kleidung des Kranken.

Wie auch immer die »Ungarische Krankheit« sich verbreiten mochte, daß sie schmerz- und qualvoll war, sehr oft tödlich verlief und in einem atemberaubenden Tempo um sich griff, das sahen und wußten die Menschen. Und auch eine Deutung hatten sie: Das konnte nichts anderes sein als eine Strafe Gottes.

»Bey Leuten von geringem Stande ist die Ansteckung kaum zu verhindern. Wie oft liegen etliche Kinder in einem Bett, wenn sie überhaupt eines haben, oder auf einer Schütte Stroh beysammen? – Ebenso ist es, wo viele Menschen beysammen sind, als in Zuchthäusern, Waysenhäusern, Lazarethen, bey Regimentern oder auf Schiffen.« Johann Friedrich von Struensee (1737–1772) wußte nichts von *Rickettsia prowazeki* oder der Überträgerrolle der Laus. Aber er hatte Augen im Kopf. Und er sah, daß die Symptome immer dieselben waren, ob man nun von Kerker-, Schiffs- oder Lazarettfieber sprach. Er wußte auch, daß die Ärmsten der Bevölkerung besonders gefährdet waren, die, die in dunklen, feuchten Wohnungen eng beieinander hockten, die keine Kleidung zum wechseln hatten und den ganzen Winter über, tagein, tagaus, dieselben Lumpen am Leibe trugen. Als Armenarzt war er oft genug in die »häßlichen Löcher« gekrochen, um bei dem »daselbst herrschenden abscheulichen Geruche Leben oder wenigstens Gesundheit zu wagen«. Und der Lohn? Oft nicht mehr als ein paar Läuse!

Von Struensee kannte sich aus mit den »hitzigen Fiebern«. Ihn selbst hatte es erwischt, 1757, als er gerade das Medizinstudium beendet hatte. Gemäß der sprichwörtlichen Erfahrung, nur der Arzt, der das Nervenfieber überstanden habe, könne sich seines Lebens freuen, konnte von Struensee sich den Patienten um so mutiger nähern. Während des Siebenjährigen Krieges (1756–1763) war das »hitzige Fieber« durch Flüchtlinge und Truppenverschiebungen auch nach Norddeutschland und Dänemark verschleppt worden. Die Landbevölkerung hatte die ersten Anzeichen der Epidemie nicht ernst genommen und den Ausschlag für Masern gehalten. Erst als Tote zu beklagen waren, wurde der frisch vereidigte Stadtphysicus von Altona alarmiert. Von Struensee ordnete an, die Krankenräume gut zu lüften; die Kranken selbst sollten regelmäßig gewaschen und mit kalten Umschlägen und Packungen versorgt werden.

Die Therapie zeitigte einigen Erfolg. Läuse mögen keine Zugluft; sie verkriechen sich lieber in »ihren« angestammten Rockfalten, als daß sie in zugiger Luft herumspringen, um sich in anderen Kleidern und Stoffen einzunisten. Diesen Grund ahnte von Struensee nicht. Er fühlte sich vielmehr in der Theorie der »miasmatischen Ausdünstungen« bestätigt, die er mit vielen Medizinern seiner Zeit teilte. Danach entstand die Krankheit spontan in schlechter Luft. In überfüllten, ungelüfteten Räumen, davon war er überzeugt, konnten harmlose Fieber sich in das »giftige« verwandeln. Das war die Erklärung dafür, daß überall dort, wo viele Menschen auf engem Raum zusammenlebten, Petechialtyphus so oft zu Gast war, in Waisen- und Arbeitshäusern, auf Schiffen, in Gefängnissen. Auch als »Judenfieber« war die Krankheit bekannt: In den engen Grenzen der Ghettos fanden *Rickettsia prowazeki* ebenfalls günstige Bedingungen, zumal die Bewohner, die kein Handwerk ausüben durften, häufig mit Lumpen handelten.

Im Jahrhundert der Aufklärung, das an die Kraft der Vernunft glaubte, wurden Fleckfieberepidemien nicht mehr als gottgegeben hingenommen. Zu einer gründlichen Reform des »Hamburgischen Medicinalzustandes« gebe das »grassierende Petechialfieber« Veranlassung, heißt es 1764 in einer Eingabe an den Hamburger Senat. Vorzüglich sei der »garstige Zustand der vielen Kloaken« ins Auge zu fassen, und es sei dringend notwendig, geeignete Maßnahmen für eine »reine Luft« zu treffen.

»Reine Luft« – bei oft unvorstellbarem Gestank und vor dem Hintergrund der Miasmenlehre müssen diese Worte wie ein Zaubermittel geklungen haben. Auch der britische Mediziner James Lind (1716–1794) machte für das Entstehen von »ship«- und »jail-fever« »ungenügende Luftzufuhr« verantwortlich und forderte entsprechende Entlüftungsvorrichtungen. Gerade in den Gefängnissen war die Situation katastrophal: »In diese finstre Höhle ist nur dem Arzt und Speißträger der Zutritt gestattet. Ein durch die dicke Mauer ausgeschlagenes Loch verwehrt einer gesunden Luftsäule das erquickende Durchstreichen«, erinnerte sich von Struensee 1761 an einen seiner Arztbesuche. »Von den unflätigen Ausdünsten ungesäuberter, schwitzender, stinkender, krätziger Menschen, vom bösen Hauche ihrer Exkremente bildet sich eine die Sinne umnebelnde Wolke, die dem Eintretenden den Othem verschlägt.«

Rickettsia prowazeki mußten bei denen, die gesellschaftlich ganz unten standen, die günstigsten Voraussetzungen finden. Sozial bestechlich aber waren sie nicht: Als im Mai 1750 rund 100 Gefangene aus dem Londoner Newgate-Gefängnis zur Verhandlung ins Oberste Kriminalgericht geladen wurden, sprachen Rikettsien ihr Urteil über die Rechtsprecher: Tod durch Fleckfieber für vier der sechs Richter und weitere 40 Geschworene und Justizbeamte. Die Kleiderläuse der Angeklagten hatten die Verhandlungszeit genutzt, um ihr Terrain zu wechseln und sich, zum Beispiel in den Perücken der Richter, ein neues wohliges Heim zu suchen.

Irland, 1844: Die achtköpfige Familie MacMillan lebte in Loughrea. Üppig war ihr Leben nicht. Eine kleine Hütte mit zwei Räumen – immerhin mehr, als der Nachbar hatte. Zu jeder Mahlzeit Kartoffeln, das war kein Grund zur Klage, sondern Alltag für etwa ein Drittel der Bevölkerung. Und besser Kartoffeln als gar nichts – Hungerkatastrophen gab es schließlich häufig genug in Irland. Fieber hatten alle MacMillans mal gehabt, vielleicht war auch Fleckfieber dabei gewesen. Solange sie, oder wenigstens die Mehrzahl ihrer Kinder, überlebten, interessierte das die MacMillans nicht. »No famine – no fever«, so sagte man.

Fleckfieber, Rückfallfieber, Ruhr und Skorbut, das waren die Krankheiten, die in Irland jährlich wiederkehrten. In »normalen« Jahren starb, wenn's hochkam, in den unteren Schichten einer von 15 Fleckfieberkranken. Dank besserer hygienischer Verhältnisse war die Gefahr einer Ansteckung in den oberen Schichten wesentlich geringer; entsprechend niedriger war aber auch die Immunitätsrate, und, einmal infiziert, standen die Chancen, mit dem Leben davonzukommen, für die Bessergestellten nur 6 :1.

Doch dann kam wieder eine der gefürchteten Hungerkatastrophen. 1845 vernichtete eine Pilzkrankheit die Kartoffelernte der westlichen Regionen, und gleich darauf, im heißen, schwülen Sommer 1846, geschah das gleiche noch einmal. Im darauffolgenden Winter hungerte ein Viertel der Bevölkerung. Die unterernährten Körper konnten den Krankheitserregern nichts mehr entgegensetzen, und die Sterblichkeitsrate von Fleck- und Rückfallfieber änderte sich schlagartig: In einigen Regionen schwankte sie nun zwischen 40 und 70 Prozent.

Wer nicht verhungerte, starb am Fieber. Und wer nicht am Fieber starb und noch Kraft hatte, in den umliegenden Städten nach Nahrung zu suchen, verschleppte die Krankheit(en) auf Märkte, in die Armenküchen und Arbeitshäuser der Städte, selbst auf die Schiffe der Auswanderer bis nach Amerika.

Die Behörden blieben auch diesmal, wo nicht tatenlos, so doch hilflos. Die irische Bevölkerung schrumpfte zwischen 1845 und 1850 um etwa eine Million. Neben den Verlusten durch Auswanderung starben Hunderttausende an Hunger und »Fieber«.

Oberschlesien, 1847: Die Bilder ähneln einander. Eine verarmte Bevölkerung ohne gesundheitliche und materielle Reserven, miserable Wohnverhältnisse. Fleckfieber war auch hier, wie in ganz Osteuropa, verbreitet. Dann folgten Mißernten, die Menschen hungerten, suchten sich von verfaulten Kartoffeln, Klee oder Quecken zu »ernähren«. Die Fleckfieberfälle häuften sich, die lokalen Behörden schwiegen. Ende 1847 erschienen erste Presseberichte über eine verheerende »Hungertyphusepidemie« in Oberschlesien. Die lokalen Behörden schwiegen noch immer. Erste Stimmen waren zu hören, in den schlesischen Zuständen läge der Keim zu einer bevorstehenden Umwälzung. Im Februar 1848 endlich reagierte die preußische Regierung und schickte zwei Männer in das Katastro-

Rudolf Virchow (Pastell von Max Liebermann)

phengebiet; einer von ihnen hieß Rudolf Virchow. Er sollte die Lage sichten und Bericht erstatten. Handlungsbefugnis erhielt er nicht. Wenige Monate später lag Virchows Bericht vor: Es war eine 180 Seiten umfassende Anklage gegen die preußische Regierung geworden. »Daran läßt sich jetzt nicht mehr zweifeln, daß eine solche epidemische Verbreitung des Typhus nur unter solchen Lebensverhältnissen, wie sie Armut und Mangel an Kultur in Oberschlesien gesetzt hatten, möglich war.«

Virchow hatte sich genau umgesehen; er beschrieb Land und Leute, die menschenunwürdigen Wohn- und Lebensbedingungen des Volkes, die politischen, wirtschaftlichen und gesellschaftlichen Strukturen Oberschlesiens. Die Menschen, unterernährt, stumpfsinnig, dreckig, verseucht, oft mit Hungerödemen und Erfrierungen zweiten oder dritten Grades, vertrauten den Priestern eher als den Ärzten, versprach ihnen der Tod doch himmlische Freuden und eine Erlösung vom Elend des irdischen Daseins. Klerus und Bürokratie wußten »diesen Zustand der Gemüther« zu nutzen, so Virchow. Sie ließen öffentlich erklären, Ärzte seien nicht nötig, da das Volk sie gar nicht wolle.

Die herrschende epidemische Krankheit diagnostizierte Virchow nach ausführlichen Fallbeschreibungen als »Typhus«, obwohl er wußte, daß man in Frankreich »Fleckfieber« und »Unterleibstyphus« zu unterscheiden gelernt hatte. Viele von Virchows medizinischen Aussagen waren, dem Stand der heutigen Wissenschaft entsprechend, falsch. Zukunftsweisend aber war seine Verschränkung von seuchenprophylaktischen, sozialpolitischen und wirtschaftlichen Fragen. Vor dem Hintergrund der Revolution von 1848 befand Virchow: Die Zeit sei vorbei, da die Aufgabe der Mediziner sich in der »Behandlung dieses oder jenes Typhuskranken durch Arzneimittel und Regulierung der Nahrung, Wohnung und Kleidung« erschöpfe. Er forderte vielmehr Bildung, Freiheit und Wohlstand als Rahmenbedingungen für einen wirksamen Gesundheitsschutz. Genau 100 Jahre später, im April 1948, nahm die Weltgesundheitsorganisation diese Gedanken auf, als sie in ihrem Gründungspapier den Begriff »Gesundheit« definierte: Nicht das »Freisein von Krankheit und Gebrechen« sei darunter zu verstehen, sondern ein »Zustand des vollständigen körperlichen, geistigen und sozialen Wohlbefindens«.

Armut war stets der engste Verbündete von *Rickettsia prowazeki*, und wo immer in endemischen Fleckfiebergebieten Hungersnöte herrschten, ließen Epidemien nicht lange auf sich warten. Die größten Verluste mußte die junge Sowjetunion 1917–1921 hinnehmen: Nach Unterlagen des Völkerbundes sind damals drei Millionen Menschen an Fleckfieber gestorben. Lenin formulierte 1919: »Entweder vernichtet der Sozialismus die Laus, oder die Laus wird den Sozialismus vernichten.«

Der Fleckfiebergefahr wirksam begegnen zu können, das war nicht nur der Traum von Ärzten und Kranken, von Menschenfreunden und Sozialpolitikern, davon träumten auch die Heerführer. Kriegstruppen erfüllten alle Bedingungen, die Fleckfieber-Epidemien so wahrscheinlich machten: Unterkunft auf engstem Raum, schlechte hygienische Verhältnisse, durch Hunger und Kälte geschwächte Menschen, Angriff oder Flucht – also Bewegungen, dank derer die Erreger in verschiedene Regionen verschleppt wurden. Ob im Dreißigjährigen oder im Siebenjährigen Krieg: Bis Mitte des 19. Jahrhunderts starben in den Kriegen mehr Menschen an Seuchen als durch Waffengewalt. Und *Rickettsia prowazeki* waren immer dabei, beeinflußten die Schlagkraft einer Truppe, bestimmten den Ausgang von Schlachten mit.

Hart traf es die napoleonischen Truppen während des Rußlandfeldzuges 1812. Mit dem Einzug in Moskau, so berichteten Augenzeugen, herrschten Fleckfieber und Ruhr in der französischen Armee und dezimierten sie um ein Drittel. Ein weiteres Drittel dieser »Restarmee« war gestorben, noch bevor die Truppen Smolensk erreichten.

Der Rückzug der französischen Truppen hinterließ auf der Landkarte, wo immer die Überlebenden, die Flüchtlinge und Kranken aufkreuzten, Angst, Schrecken – und Fleckfieberepidemien, die allein in Preußen 200000 Menschen das Leben gekostet haben sollen.

100 Jahre später, zu Beginn des Ersten Weltkrieges, wußten sich die Menschen schon etwas besser zu schützen. Sie hatten gelernt, daß Hygiene gerade für die Seuchenprophylaxe im Krieg eine ungeheure Rolle spielt. Auch die Laus und anderes Ungeziefer waren als Krankheitsüberträger nicht mehr unverdächtig.

»Der Kern des Sanitätswesens im Krieg liegt in der Organisation und Administration«, heißt es in den »Kriegsärztlichen Erfahrungen«, die Hans Vollbrecht und Julius Wieting-Pascha während der Balkankriege gesammelt hatten und pünktlich zum Beginn des Ersten Weltkriegs veröffentlichten. Vollbrecht und Wieting-Pascha beschrieben eine Reihe von seuchenprophylaktischen Maßnahmen und forderten u. a. militärhygienischen Unterricht an Offiziersschulen oder zumindest Aufklärung vor Ort, etwa durch Flugblätter. Wickelgamaschen aus Stoff lehnten sie ab: »Die Kotspritzer, die bei der Defäkation im Freien häufig sind, dringen ein, die Bakterien haften und haben einen günstigen Boden zur Weiterbildung.«

»Transportable Desinfektionsbaracken« waren für die Körperhygiene und Entlausung der Truppen vorgesehen. Kleidung und Decken konnten dort bei 100 °C im »Dampfdesinfektor« gereinigt werden, verlauste Pelz- und Lederutensilien sollten mit Benzin bespritzt werden. Die Soldaten selbst mußten sich regelmäßig rasieren und mit Schmierseife abschrubben.

Die Vorsorgemaßnahmen zahlten sich aus: Vom westeuropäischen Kriegsschauplatz wurden 1914–1918 keine nennenswerten Fleckfieberfälle gemeldet. In Osteuropa allerdings initiierten die endemischen Herde immer wieder Epidemien, vor allem in Serbien und Rußland. Als 1914 in einem russischen Gefangenenlager in Cottbus zahlreiche Fleckfieberfälle gemeldet wurden, entsandte das Kriegsministerium sofort einen kompetenten Wissenschaftler nach Cottbus: Stanislaus von Prowazek (1875–1915). Durch Isolation der Kranken und umfassende Entlausungs- und Desinfektionsmaßnahmen konnte eine Ausbreitung der Epidemie verhindert werden.

Die Entdeckung des Fleckfiebererregers

»Von 39 russischen Ärzten, die an die Läusetheorie nicht glaubten, sich gegen das Virus durch Mummenschanz und Gesichtsmasken zu schützen glaubten, sind 21 erkrankt, fünf sind gestorben«, schrieb von Prowazek am 25. Januar 1915 aus Cottbus. »Von deutschen Ärzten sind drei, von den Krankenschwestern zwei tot.«

Stanislaus von Prowazek

Schon über 30 Jahre war es her, seit Robert Koch das *Vibrio cholerae* entdeckt hatte, aber das »Virus«, das man als Erreger des Fleckfiebers vermutete, hatte noch keiner identifizieren können. Immerhin gab es die »Läusetheorie«. Der Franzose Charles Nicolle (1866–1936) hatte die experimentelle Arbeit mit Tieren systematisch ausgebaut und als Arbeitsmethode für die Fleckfieberforschung eingeführt. 1909 war ihm ein entscheidender Nachweis gelungen: Läuse, die an infizierten Affen gesaugt hatten, waren imstande, die Krankheit auf gesunde Affen zu übertragen. In Deutschland glaubten nicht alle an die »Läusetheorie« – eine heftige Kontroverse darüber wurde noch 1916 in der »Berliner Klinischen Wochenschrift« ausgetragen –, von Prowazek aber hatte sich schon 1912 in Serbien intensiv mit den mutmaßlichen Fleckfieberüberträgern beschäftigt. In Cottbus setzte er seine Studien fort, und kurz nach seiner Ankunft im Dezember 1914 sichtete er in Ausstrichpräparaten von Läusen eine »ungeheure Menge bazillenartiger Körperchen«. Er sammelte weitere Proben, ordnete und präparierte, doch bevor er das Material auswerten konnte, war er selber ein

Opfer der »bazillenartigen Körperchen« geworden. Von Prowazek starb am 17. Februar 1915.

Einem anderen Forscher war es fünf Jahre zuvor ähnlich ergangen. Der Amerikaner Howard Taylor Ricketts (1871–1910) hatte zwischen 1906 und 1909 den Erreger und Vektor des fleckfieberähnlichen »Rocky-Mountain-Spotted-Fever« identifizieren können. Beflügelt durch diesen Erfolg, fuhr Ricketts 1910 nach Mexiko, um sich dort auch dem klassischen Fleckfieber zu widmen. Er untersuchte das Blut der Kranken, ihre Läuse... und dann sah auch er »kleine Körperchen«, in denen er die Krankheitsursache vermutete, die ihn aber dahinrafften, ehe er seine Vermutung beweisen konnte.

Nachdem zwei Menschen die »Körperchen« gesehen hatten, war es an der Zeit, einen Namen für sie zu finden. Dem Brasilianer Henrique da Rocha Lima, der mit von Prowazek zusammengearbeitet hatte und dessen Studien fortführte, war es wichtig, daß »irgendeine präjudizierende Bezeichnung vermieden wird«, zu unklar war es noch, um welche Art von Mikroorganismen es sich handelte. Und so schlug er, »den großen Forschern Prowazek und Ricketts zur Ehre«, 1916 den Namen »Rickettsia prowazeki« vor.

Es begann eine Phase intensiver »Rickettsienforschung«, die immer neue Erfolge zeitigte. Stück für Stück tat sich eine Welt auf, die mit jeder neuen Erkenntnis auch neue Fragen aufwarf.

Charles Nicolle hatte nicht nur die »Läusetheorie« entwickelt und experimentell untermauert, er stieß bei seinen Arbeiten in Tunis auch auf eine bis dahin wohl geahnte, aber niemals wissenschaftlich ins Visier genommene »latente« Form des Fleckfiebers. Er stellte bei Versuchen fest, daß infizierte Meerschweinchen unterschiedlich reagierten: Die einen zeigten leichte Fiebersymptome, andere aber tollten weiterhin putzmunter in den Käfigen herum. Nicolle dachte zuerst an einen technischen Fehler, bis er mit Erstaunen feststellte, daß das Blut aller Meerschweinchen, ob sie nun fiebrig waren oder nicht, gleichermaßen infektiös war.

Das Experiment bewies, daß es Fleckfieberinfektionen gab, die kein Mensch je bemerkt hatte. Konnte nicht ein scheinbar gesunder Mensch ebenso infektiös sein wie die putzmunteren Meerschweinchen? Gab es vielleicht noch mehr Tiere, die den Erreger in sich trugen, ohne daß der Mensch es vermutete? Zumindest war der Nachweis »latenter Infektionen« ein vorläufiger Hinweis darauf, wo der Erreger in nicht-epidemischen Zeiten überdauerte.

Einen weiteren Mosaikstein fand der Amerikaner Hans Zinsser in den 30er Jahren. Schon 1898 war dem New Yorker Arzt Nathan Brill eine Krankheit aufgefallen, die er nicht einzuordnen wußte: Ein mildes Fleckfieber, hätte man meinen können. Aber keiner der Patienten war verlaust. Aus Verlegenheit nannte man die Krankheit »Brill-Disease«. Etwa drei Jahrzehnte später sah sich Zinsser diese Krankheit genauer an. Unbestreitbar: die Symptome glichen milden Fleckfiebersymptomen. Er recherchierte die Krankheitsgeschichte der Patienten und fand heraus, daß alle, einige schon vor Jahrzehnten, eine Fleckfieberinfektion überstanden hatten. Zinsser stellte die – später bewiesene – These auf, daß die Krankheitserreger im Menschen fortleben können, um eines Tages wie aus heiterem Himmel erneut Virulenz zu entwickeln. Patienten mit der »Brill-Zinsser-Disease«, wie die Krankheit fortan genannt wurde, können in dem Moment eine neue Fleckfieberepidemie initiieren, in dem eine Kleiderlaus an ihnen saugt. Damit war eine Antwort auf die Frage gefunden, wo *Rickettsia prowazeki* außerhalb von Epidemien ihren Lebensraum finden: Der Mensch ist nicht nur ein Wirt, der hochempfindlich auf die Erreger reagiert, er kann auch ein stilles Reservoir sein, das ohne jegliches Krankheitssymptom die Rickettsien duldet. Bis heute ist unklar, wo genau im menschlichen Körper der Erreger sich in dieser Zeit festsetzt, welche Mechanismen ihm gestatten, erneut Virulenz zu entwickeln. Sicher ist nur, daß eine äußere Infektionsquelle für die »Brill-Zinsser-Krankheit« ausgeschlossen werden kann.

Für die Zeitgenossen nicht zu unterscheiden von der Brill-Zinsser-Krankheit war ein in Mexiko unter dem Namen »tarbadillo« bekanntes Fleckfieber, das ebenfalls sporadisch auftrat. 1931 isolierte Mooser den verantwortlichen Erreger – und entdeckte eine weitere Rickettsienart. *Rickettsia mooseri*, wie man sie nannte (heute auch: *Rickettsia typhi*), sind immunologisch recht ähnlich zu *Rickettsia prowazeki*; sie werden vom Rattenfloh übertragen, ihr Wirtstier ist die Ratte. Der Mensch, deshalb auch das sporadische Auftreten des »tarbadillo«, wird nur »zufällig« infiziert, wenn er mit Rattenflöhen in Berührung kommt. Die Verwandtschaft zwischen den *Rickettsia mooseri* und *prowazeki* ist so eng, daß der Mensch gegen beide Erreger identische Antikörper bildet. Fortan unterschied man zwei Fleckfiebervarianten: das epidemisch auftretende, von Kleiderläusen übertragene »klassische« Fleckfieber und das von Rattenflöhen übertragene, nur sporadisch auftretende »murine« Fleckfieber.

Über die nahe Verwandtschaft der beiden Rickettsienarten ist viel spekuliert worden. *Rickettsia typhi* leben angepaßter an ihre Umwelt als *Rickettsia prowazeki*. Der Rattenfloh überlebt die Infektion spielend und gibt die Erreger sogar an seine Nachkommen weiter. *Rickettsia typhi* scheint die evolutionsgeschichtlich ältere Variante zu sein. Aber sind beide Spezies tatsächlich Konstanten? Könnte es nicht sein, daß *Rickettsia typhi*, wo die Umstände es ermöglichen, sich auch einmal von Kleiderläusen übertragen lassen, auf ihre Weise beitragen zum Ausbruch des »Läusefleckfiebers«? Es war vor allem Hans Zinsser, der sich diese Fragen stellte. Unter Laborbedingungen lassen sich *Rickettsia typhi* tatsächlich entsprechend manipulieren. In »freier Natur« allerdings ist bis heute kein Fall bekanntgeworden, bei dem *Rickettsia typhi* von Läusen übertragen worden wäre.

Fleckfieber im Zweiten Weltkrieg

Zwei große Entdeckungen revolutionierten die Prophylaxe und Behandlung des Fleckfiebers in der ersten Hälfte unseres Jahrhunderts: Das unter der Abkürzung DDT bekannte Insektengift und die Antibiotika. Beide Präparate verdanken ihre Entdeckung einem Zufall, beide wurden unter dem Druck des Zweiten Weltkrieges zügig entwickelt. DDT wurde während des Krieges in großem Stile eingesetzt – und es bestand seine Bewährungsprobe. Es war noch unbekannt, daß das Gift über die Nahrungskette zum Menschen zurückkehrt, und DDT-Resistenz entwickelten die Insekten erst später. Auch Penicillin wurde seit 1940 erfolgreich eingesetzt. Das erste Tetracyclin allerdings, ein gegen Rickettsien wirksames Antibiotikum, wurde 1944 entdeckt und entfaltete seinen therapeutischen Nutzen erst nach dem Zweiten Weltkrieg.

Aber auch bescheidenere Fortschritte spielten eine Rolle bei der Fleckfieberbekämpfung. Das erste Verfahren für den serologischen Nachweis von Fleckfieber wurde 1917 von Edmund Weil und Arthur Felix entwickelt. Die nach ihnen benannte (und bis heute benutzte) »Weil-Felix-Reaktion« arbeitet mit bestimmten *Proteus*-Bakterien, die, wie die beiden zufällig entdeckten, einige Antigene mit *Rickettsia prowazeki* gemeinsam haben. Zwei polnische Ärzte, Stanislav Matulewicz und Eugeniusz Lazowski, nutzten diese biochemischen Zusammenhänge während des Zweiten Weltkrieges für einen »mikrobiologischen Widerstand«: Sie injizierten gesunden Menschen (harmlose) *Proteus*-Bakterien, verursachten auf diese Weise positive Weil-Felix-Reaktionen und gaben die Blutproben an die deutsche Besatzungsmacht weiter. Die erklärte daraufhin zwei Dörfer südlich von Warschau zum Fleckfiebergebiet – die Bewohner wurden vor Deportationen bewahrt.

Der erste Impfstoff wurde 1924 von Rudolf Weigl aus an Läusen gezüchteten Rickettsienstämmen entwickelt. Es folgten weitere, nachdem zwei Amerikaner in den 30er Jahren andere Nährböden für die Rickettsienzucht entdeckt hatten. Die verschiedenen Impfstoffe wurden im Krieg mit wechselndem Erfolg eingesetzt. Es gab Ärzte, die sich nicht scheuten, 1944 im Konzentrationslager Buchenwald Versuche mit Fleckfieberimpfstoffen auch am Menschen durchzuführen, um jenes Serum herauszufinden, das die deutschen Truppen im Osten am wirksamsten vor der Fleckfiebergefahr schützen könnte. Was im Tierversuch erprobt war, wurde an insgesamt 450 geimpften, ungeimpften und als »Rickettsiennährboden« mißbrauchten Menschen wiederholt. Ein Drittel der Opfer starb.

Das »Ergebnis« dieser sorgfältig dokumentierten »Versuchsreihen« brachte keine neuen Erkenntnisse: Impfstoffe – und das gilt bis heute – vermögen nicht vor einer Infektion zu schützen. Sie sorgen »nur« für einen milderen Krankheitsverlauf und senken das Risiko von Komplikationen erheblich.

Warnung vor Läusen als Krankheitsüberträger (Plakat 1946)

Mit Insektiziden, Impfstoffen und Antibiotika waren dem Menschen in der Mitte unseres Jahrhunderts alle Mittel in die Hand gegeben, um das Fleckfieber wirksam bekämpfen zu können. Schon während des Zweiten Weltkrieges spielte die Seuche, verglichen mit früheren Kriegen, eine untergeordnete Rolle. In den folgenden Jahrzehnten sanken die Zahlen weiter.

Auf neuen Wegen?

Innerhalb der letzten zehn Jahre wurden weltweit gut 20000 Fälle von epidemischem, von Läusen übertragenem Fleckfieber registriert. Zwei Drittel aller Erkrankten leben in Afrika. Bedenkt man, daß zum Beispiel an Tuberkulose allein in der Bundesrepublik jährlich zwischen 10000 und 12000 Menschen erkranken, muß man ein jährliches Aufkommen von weltweit etwa 2000 Fleckfieberfällen als verschwindend gering betrachten.

Fachleute sind dennoch skeptisch und sehen keinen Grund zur Entwarnung: Eine noch so geringe Anzahl von Erkrankungen beweist, daß *Rickettsia prowazeki* überlebt hat und eine latente Gefahr darstellt, die wieder aufbrechen kann.

Und auch den Zahlen selbst trauen nicht alle Wissenschaftler. Die Diagnose des klassischen oder murinen Fleckfiebers erfordert eine vergleichsweise komplizierte Labortechnik. Um Fleckfieberkranke zu erfassen, die weitab von den Städten zum Beispiel im äthiopischen Hochland leben, müßte sowohl die medizinische Versorgung als auch die nationale Seuchenüberwachung sehr gut organisiert sein – beides ist nicht überall der Fall. Hinzu kommt, daß – aus Angst vor politischen oder wirtschaftlichen Nachteilen – nicht alle Staaten ihre Fleckfieberfälle an die Weltgesundheitsorganisation melden.

Für Äthiopien sind zwischen 1981 und 1984 mehr als 14000 Fleckfieberfälle verzeichnet. Besonders in Addis Abeba grassierte die Seuche. Viele der Betroffenen hatte der Hunger erst vor kurzem in die Hauptstadt getrieben. Sie waren obdachlos, lebten in Notunterkünften. Seit 1984 jedoch gibt es keinerlei Fleckfiebermeldungen mehr aus Äthiopien. Die Krankheit scheint wie vom Erdboden verschluckt. Kein einziger Fall mehr? Läuse, Hunger und Obdachlosigkeit gibt es in Addis Abeba heute wie vor 10 Jahren.

»Die Meldung von Fleckfieber scheint eine sehr sporadische Angelegenheit zu sein«, interpretiert Peter L. Perin vom »Departement of Preventive Medicine and Biometrics« in Maryland die Zahlen. Perin geht davon aus, daß die Dunkelziffer die offiziellen Zahlen um ein Vielfaches übersteigt. »Nordost- und Zentralafrika müssen als immenses Reservoir eines latenten Fleckfiebers gelten. Migration und Tourismus können das epidemische Fleckfieber in Gebiete verschleppen, die zur Zeit fleckfieberfrei sind.«

Hans Zinsser glaubte schon 1935 nicht daran, daß der Mensch das einzige Reservoir von *Rickettsia prowazeki* sei, und seine These hat sich bestätigt. In den 50er und 60er Jahren wurde der Erreger in Zaire in Nutztieren und ihren Zecken gefunden (Perin 1992). Die betroffenen Schafe und Ziegen scheinen allerdings Einzelfälle gewesen zu sein – in anschließenden Untersuchungen konnte nicht eindeutig nachgewiesen werden, daß ihre Spezies als außermenschliches Reservoir für *Rickettsia prowazeki* fungieren.

Ein tierisches Reservoir wurde erst 1975 in den USA entdeckt, als der Erreger in einer bestimmten Art von Flughörnchen, die auf dem nordamerikanischen Kontinent zu Hause ist, nachgewiesen wurde. Eine Stichprobe, durchgeführt in Maryland, Virginia und Florida, ergab, daß immerhin 54 Prozent dieser Flughörnchen mit *Rickettsia prowazeki* infiziert waren. Artspezifische Läuse und Flöhe dienen als Vektoren. Seit 1976 sind 20 Fälle bekannt geworden, in denen Menschen über diese Quelle infiziert wurden. Der Krankheitsverlauf glich dem klassischen Fleckfieber.

Genetische Analysen zeigten, daß die aus Flughörnchen isolierten Erreger nur zu 98 Prozent identisch sind mit *Rickettsia prowazeki*. – Handelt es sich um einen evolutionsgeschichtlich »neuen« Ableger? Oder hat sich diese in Flughörnchen lebende Variante unabhängig vom Erreger des Läusefleckfiebers entwickelt, ist ebenso »alt« wie er und nur zufällig fast identisch ausgefallen? Alle Antworten auf diese Fragen sind spekulativ.

Rickettsia prowazeki macht nicht durch eine sprunghaft steigende Zahl von Fleckfiebererkrankungen auf sich aufmerksam und Antibiotika erweisen sich, bei rechtzeitiger Diagnose, nach wie vor als effektiv. Es ist die latente Gefahr des Erregers, die verunsichert. »Fleckfieber ist nicht tot«, warnte Hans Zinsser 1935. »Es wird noch für Jahrhunderte weiterleben und hervorbrechen, wann immer menschliche Dummheit oder Brutalität ihm die Chance dazu geben.« Für Peter Perin und seine Kollegen ist diese Warnung heute noch gültig. Und die Erkrankung von Ernst K. an einem so unverdächtigen Ort wie Rhodos sollte man nicht als Kuriosum bewerten, sondern als Mahnung an diese latente Gefahr.

PETER FREY

Gelbfieber

Bezeichnung: Dschungelfieber, Schwarzes Erbrechen, Ochropyra; Virusinfektion, bei zahlreichen Affenarten Afrikas, Mittel- und Südamerikas verbreitet.

Erreger: Virus der Familie der Flaviviren *(Flaviviridae*, latein. *flavus* = gelb); zur Gattung gehören mehr als 60 verschiedene Krankheitserreger u. a. von Hirnhautentzündungen, West-Nil-Fieber, Dengue-Fieber.

Verbreitung: in den tropischen Gebieten Mittel- und Südamerikas sowie in Afrika südlich der Sahara.

Infektion und Krankheitsverlauf: durch Stiche von Mücken der Gattung *Aedes*, meist *Aedes aegypti*; Eindringen und Vermehrung des Virus in Körperzellen; Inkubationszeit 3–6 Tage; neben relativ harmlosen Varianten existieren Formen, die zu einer Letalität von 80 % führen.

Krankheitsbild: plötzlicher Fieberanstieg auf 39–40 °C, Kopf- und Gliederschmerzen, Übelkeit, (Blut-)Erbrechen, Darmblutungen (durch toxische Gefäßschädigung); Gewebeschädigungen an Leber und Nieren, nach 6–8 Tagen Gelbsucht, Kreislaufkollaps; im ungünstigen Fall Tod am 7.–10. Tag durch Nieren- oder Herz- und Kreislaufversagen.

Diagnose: Nachweis des Virus im Blut nur in den ersten Krankheitstagen möglich; Nachweis von Antikörpern ab dem 5. Tag.

Therapie und Prophylaxe: keine spezifische, Behandlung der Symptome; Vorbeugung durch Aktivimpfstoff ist möglich, Schutzdauer mindestens 10 Jahre.

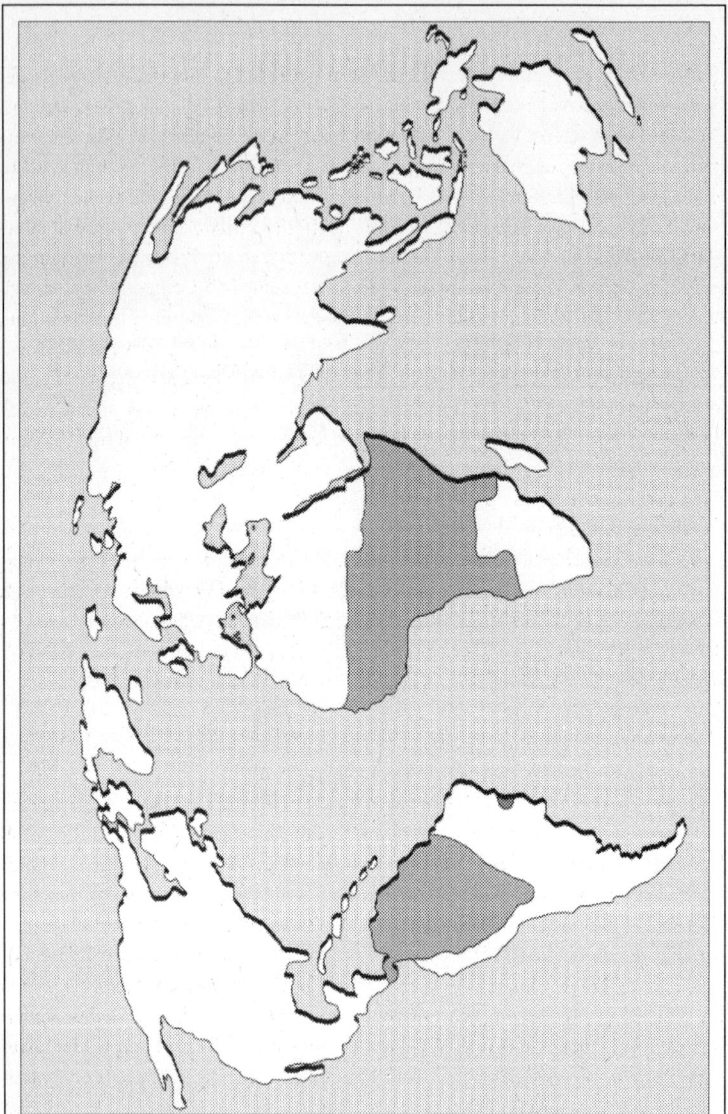

Regionen, in denen ein Infektionsrisiko besteht

Der Klimaerwärmung auf den Fersen

Für viele der an spektakuläre Nachrichten gewöhnten Amerikaner war es ein Schock: Der nächste große Ausbruch von Gelbfieber wird die Stadt New Orleans treffen. Die Prognose kam von zwei international renommierten Wissenschaftlern, die in Fachkreisen eher für ihre vorsichtige Zurückhaltung bekannt sind. In einer gemeinsamen Studie von Rockefeller- und Yale-Universität rechneten Joshua Lederberg und Robert Shope ihren verblüfften Landsleuten diesmal allerdings Horrorzahlen vor. Innerhalb kürzester Zeit, so die Prognose, würden die Impfvorräte der Vereinigten Staaten erschöpft sein. Die Epidemie könnte sich ungehindert in der malerischen Südstaatenmetropole ausbreiten, dann entlang der Sumpf- und Feuchtgebiete des Mississippi landeinwärts wandern. 100000 Fälle von Erkrankungen mit 10000 Toten erwarten die Forscher allein in den ersten drei Monaten. Wären die Gesundheitsbehörden auch dann noch nicht in der Lage, wirksame Gegenmaßnahmen einzuleiten, dürfte sich die leidvolle geschichtliche Erfahrung mit der ehemals gefürchteten Infektionskrankheit zumindest teilweise wiederholen.

Gelbfieber-Epidemien trafen die USA im 18. und 19. Jahrhundert immer wieder aufs Neue. Damals gehörten die südlichen Hafenstädte der Vereinigten Staaten zu den bevorzugten Zielen der Seuche. Entlang der Flußsysteme breitete sich die Krankheit nach Norden aus. In Mobile, Savannah und Charleston wütete das Gelbfieber ebenso wie in Memphis, wo die Krankheit zu Panik in der Bevölkerung führte, ökonomische Zerstörungen mit sich brachte und 100000 bis 150000 Todesopfer forderte.

Die Warnung der Wissenschaftler kommt nicht ohne Grund. In ihrer Studie verweisen sie auf drohende Gefahren durch die weltweite Erwärmung der Atmosphäre. »Noch wissen wir nicht genug über einen Anstieg der globalen Temperatur und die mögliche Veränderung von Niederschlagsmengen, um den Einfluß auf die Verbreitung von Infektionskrankheiten genau vorherzusagen«, meint Robert Shope von der Yale Universität in New Haven (Connecticut). Doch so viel scheint festzustehen: Von einer globalen Erwärmung dürften vor allem jene Infektionskrankheiten profitieren, die durch Insekten oder andere Zwischenwirte auf den Menschen übertragen werden können. So wird das Gelbfiebervirus in vielen Gebieten durch eine unscheinbare Mücke mit Namen *Aedes aegypti* verbreitet. Dabei ist nur das Weibchen in der Lage, die Krankheit weiterzutragen. Einmal Wirt des Gelbfiebervirus, bleibt die Mücke ihr Leben lang ein potentieller Infektionsherd für Menschen und Tiere.

Noch in den 30er Jahren war der Moskito in ganz Süd- und Mittelamerika und bis hinein in die Südstaaten der USA anzutreffen. Ständige Ausbrüche von Gelbfieber in dicht besiedelten Gebieten waren die zwangsläufige Folge. Als die Panamerikanische Gesundheitsorganisation (PAHO) 1947 beschloß, der ungeliebten Stechmücke zu Leibe zu rücken, gelang es, *Aedes aegypti* im kontinentalen Südamerika bis Ende der 70er Jahre weitgehend auszurotten. Ein Pyrrhussieg, wie sich heute herausstellt. Längst ist das Insekt wieder auf dem Vormarsch, bedroht die Küstenregionen Brasiliens und dringt in den USA bis in die Bundesstaaten Arkansas, Tennessee und South Carolina vor.

Erneut eingenistet hat sich die Mückenart auch in der Touristenhochburg New Orleans. Ohne Probleme begnügt sich der Blutsauger dabei mit geringen Niederschlagsmengen, wie sie auch bei einem Anstieg der Temperaturen in vielen Gebieten der Erde zu erwarten wären. *Aedes aegypti* ist in der Lage, jede noch so kleine Regenwasserpfütze zur Vermehrung zu nutzen. Weggeworfene Getränkedosen werden ebenso zu Brutstätten umfunktioniert wie Trinkwasser-Vorratsbehälter der Bevölkerung, achtlos weggeworfene Kanister oder Autowracks, die in vielen Wohnvierteln die Straßen säumen. Wer als europäischer Tourist in der weltbekannten Bourbon-Street zwischen herausgeputzten Jazz-Kneipen und teuren Restaurants flaniert oder am Rande des Amüsierviertels »French Quarter« ein typisch französisches Café besucht, der kann nur erahnen, daß wenige Kilometer entfernt ausgedehnte Slums immer weiter in die Stadtmitte vorrücken. Elendsviertel, die auch in den ländlichen Gebieten von Louisiana, einem der ärmsten Staaten der USA, ideale Voraussetzungen für die Vermehrung der Mükken bieten.

Einzige Hürde für ein Vordringen bis hinein in die nördlichen US-Bundesstaaten waren bislang die niedrigen Temperaturen. Zwar zeigt ein Blick in die Geschichte, daß Moskitos im 18. Jahrhundert als blinde Passagiere in den Wasservorratsbehältern von Segelschiffen sogar bis nach Boston transportiert worden sind und dort Gelbfieber-Epidemien verursachten, von Dauer waren diese Seuchenausbrüche aber nie. Die Mücken erwiesen sich gegenüber Kälte als wenig widerstandsfähig und überstanden Temperaturen um den Gefrierpunkt nicht. Versuche zeigen, daß 62 Prozent der erwachsenen Tiere getötet werden, wenn sie eine Stunde lang 0 °C ausgesetzt sind. Die meisten Mückenlarven sterben bereits, wenn die durchschnittliche Temperatur unter etwa 10 °C absinkt. Der 35. nördliche Breitengrad, also etwa die Höhe von Memphis (Tennessee), ist deshalb in den Vereinigten Staaten bis heute eine natürliche Grenze für den Gelbfieber-Überträger.

Ein Anstieg der jährlichen Durchschnittstemperatur könnte das schlagartig ändern, befürchtet Robert Shope. Doch damit nicht genug: Wird es wärmer, so verläuft die Entwicklung der Moskitolarven wesentlich rascher. Die Mücken würden schneller erwachsen und könnten eine Gelbfieberinfektion wesentlich früher übertragen. Schließlich ist auch die Vermehrung der Viren wärmeabhängig. Bereits kleine Unterschiede in der Durchschnittstemperatur lassen die Ver-

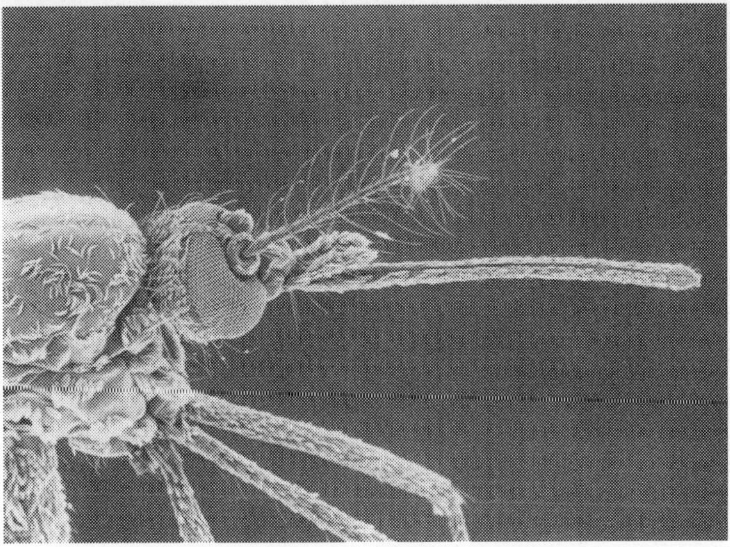

Kopf einer weiblichen Gelbfiebermücke (Aedes spec.)

mehrungsrate beinahe explosionsartig in die Höhe schnellen. Das Ergebnis all dieser Effekte wäre nach Meinung der Wissenschaftler eine enorme Beschleunigung der Ausbreitungsgeschwindigkeit einer Infektionswelle. »Müßte ich raten, welche Krankheit bei einer weltweiten Erwärmung die größte Gefahr für den Menschen darstellt«, sagt Virus-Spezialist Robert Shope, »ich würde auf Gelb- und Dengue-Fieber tippen, die beide von *Aedes aegypti* übertragen werden.«

Noch sind die nordamerikanischen Mückenpopulationen nicht mit Gelbfieberviren oder den eng verwandten Dengue-Erregern verseucht, doch die Gefahr wächst. Beinahe wöchentlich registrieren amerikanische Behörden, wie beispielsweise das US-Seuchenkontrollzentrum in Fort Collins (Colorado), zurückkehrende Touristen, die sich in anderen Ländern infiziert haben. Zwischen 1977 und 1987 brachten mindestens 345 Amerikaner ein solches unerfreuliches Souvenir mit nach Hause. Angesichts eines weltweiten touristischen Booms und einer Zunahme von Geschäftsreisen ist ein Ende des Seuchenimports kaum in Sicht. Ein anderer Überträger von Dengue-Fieber, die sonst nur in Asien verbreitete Mückenart *Aedes albopictus*, wurde kürzlich erstmals in den Vereinigten Staaten aufgespürt. Von dieser Moskitoart wissen die Forscher, daß sie bereits heute bis zum 42. nördlichen Breitengrad überlebensfähig ist. Damit steigt die potentielle

Gefahr eines Seuchenausbruchs selbst für Metropolen wie New York oder Chicago.

Obwohl die Szenarien der Klimaforscher mit zahlreichen Unsicherheiten behaftet sind, besteht Einigkeit darüber, daß die bodennahe Weltmitteltemperatur bis zum Jahre 2100 um 2–5 °C ansteigen wird. In einzelnen Regionen dürfte die Erwärmung sogar um ein Mehrfaches höher liegen. Die düsteren Prognosen reichen von einer starken Zunahme an Orkanen und Sturmfluten bis hin zu ausgedehnten Dürrekatastrophen. Vieles spricht dafür, daß wir bereits eine Umstellung unseres Klimas erleben. Anfang der 90er Jahre starben jährlich etwa 160000 Menschen an den Folgen von Naturkatastrophen, mehr als 22 Millionen wurden obdachlos. Die weltweiten Sachschäden lagen Jahr für Jahr bei geschätzten 11 Milliarden US-Dollar. Ein Rekordwert, der den Durchschnitt der Vergangenheit bei weitem übertrifft und der inzwischen sogar international operierende Rückversicherungsgesellschaften vor Finanzprobleme stellt.

Immer neue Hiobsbotschaften dann zu Beginn des Jahres 1994: Weil der Regen wochenlang ausblieb, kamen Hunderte von Buschfeuern der australischen Metropole Sydney so nahe, daß ganze Vorortsiedlungen niederbrannten. Kurze Zeit später versank Amerikas Ostküste bei Temperaturen unter −40 °C im Schnee. Schließlich ließ ein Erdbeben in Kalifornien Häuser und Autobahnbrükken zusammenbrechen wie Kartenhäuser. Es war mit einer geschätzten Schadenssumme von etwa 50 Milliarden D-Mark die teuerste Naturkatastrophe in der Geschichte der Vereinigten Staaten.

Durch die Vernichtung tropischer Wälder zerstört der Mensch zusätzlich ein empfindliches ökologisches Gleichgewicht. Viele weniger robuste Insektenarten und Wirte von Infektionskrankheiten könnten aussterben, virulentere Formen könnten die freiwerdenden Nischen ausfüllen. Die Folgen wären ebenso unkalkulierbar wie genetische Veränderungen von Viren, Parasiten oder Bakterien. In Südamerika, wo weltweit die größten Tropenwaldflächen der Motorsäge oder den Flammen zum Opfer fallen, ist die Rückeroberung des Subkontinents durch *Aedes aegypti* bereits Realität. Im brasilianischen Amazonasbecken vermehren sich die gefräßigen Moskitos ungehemmt mittlerweile auch in Regionen, in denen das Gelbfiebervirus in der freien Natur vorkommt. Verbreitet ist die Krankheit dort bei zahlreichen Affenarten. Gelegentlichen Infektionen der Bevölkerung begegnete die brasilianische Regierung in der Vergangenheit mit einem gigantischen Impfprogramm. Von den rund 17 Millionen betroffenen Einwohnern sind heute zwischen 80 und 100 Prozent gegen Gelbfieber geimpft.

Seit bislang fast unberührte Regenwaldgebiete an der Amazonasmündung durch Straßenprojekte erschlossen wurden, nimmt die Gefahr einer Ansteckung wieder zu. Was den Verkehrsminister freut, bereitet den Verantwortlichen der Gesundheitsbehörden Sorge, denn sie wissen, daß Infektionskrankheiten gern reisen. Und sie wissen auch, daß in den Küstenregionen ihres Landes 121 Millionen Menschen leben, die einer Bedrohung durch das Gelbfiebervirus schutzlos ausgeliefert sind, weil sie bislang nicht geimpft wurden. Die Situation, so glaubt Thomas P. Monath, der lange am militärischen Medizin-Forschungs-Institut für Infektionskrankheiten in Fort Detrick im US-Bundesstaat Maryland tätig war, sei mittlerweile mit der in den 40er Jahren vergleichbar, nur könne man heute im Prinzip auf eine wirksame Vorbeugung durch Massenimpfungen zurückgreifen. Ein Schutz, der zunehmend löchriger wird. Mit dem schnellen Anstieg der Mobilität infolge sozialer Ungleichgewichte steigt auch die Wahrscheinlichkeit eines Überspringens der Seuche in die dicht bevölkerten Küstengebiete bis hin zu den Millionenstädten Rio de Janeiro und São Paulo. Obwohl Brasilien als einziges Land der Welt größere Mengen des Impfstoffes 17D produziert, werden die Vorräte innerhalb von Tagen aufgebraucht sein, sollte der Gelbfiebererreger die Mega-Metropolen im Süden des Landes erreichen. Dann dürfte selbst die Phantasie der Verantwortlichen in den Behörden kaum noch ausreichen, um sich die Folgen einer solchen Epidemie auszumalen.

Was für die Menschen in Mittel- und Südamerika seit langem eine konkrete Gesundheitsbedrohung bedeutet, ist in den kommenden Jahrzehnten nicht einmal für Zentraleuropa auszuschließen. In den Computern der Klimaforscher entstehen bereits heute Szenarien, die Massenerkrankungen an beinahe jeder Tropenkrankheit bis hinauf nach Großbritannien oder Skandinavien wahrscheinlich machen. Von Urlaubsreisenden eingeschleppt oder durch Hitze, Trockenheit und Wirbelstürme nach Norden getrieben, profitieren sämtliche Insektenarten und Krankheitserreger bereits von einer relativ geringen Erwärmung der Atmosphäre ganz erheblich. David Warhurst von der Londoner Hochschule für Tropenmedizin und Hygiene rechnete den Lesern der Wissenschaftszeitschrift »New Scientist« vor, daß relativ geringe Unterschiede in der mittleren Jahrestemperatur ausreichen, um die Vermehrungsrate vieler infektionsauslösender Viren und Bakterien sowie der meisten Krankheitsüberträger deutlich zu erhöhen. Da Klimaforscher erwarten, daß die Jahresdurchschnittstemperatur in Großbritannien von derzeit 17 °C auf 19 bis 21 °C im Jahre 2050 ansteigt, läßt David Warhurst keinen Zweifel an den Auswirkungen aufkommen: »Ein Ausbruch von Tropenkrankheiten wird dann in England durchaus wahrscheinlich.« Eine Aussage, die für ganz Mitteleuropa Gültigkeit besitzt.

Erneute Bedrohung für die Dritte Welt

In vielen Entwicklungsländern kehrt das einst beinahe vergessene Gelbfieber inzwischen immer häufiger zurück. 17728 registrierte Erkrankungen mit 4710 Todesfällen wurden der Weltgesundheitsorganisation im Fünf-Jahres-Zeitraum zwischen 1986 und 1990 gemeldet. Eine Rekordmarke, die bei der WHO für erhebliche Unruhe sorgt, denn seit Beginn der statistischen Erfassung im Jahre 1948 waren die Zahlen niemals zuvor derart dramatisch hoch. Die Experten der Weltgesundheitsbehörde wissen zudem aus einer Studie im zentralafrikanischen Kamerun, daß es sich dabei nur um die Spitze des Eisbergs handelt: Bei einer Epidemie liegt die Anzahl der tatsächlich infizierten Menschen fast immer bis zu 100mal höher. Angesichts schlechter Infrastruktur sind viele Entwicklungsländer kaum in der Lage, korrekte Daten zu liefern. Weit entfernt von den Großstädten auftretende Infektionsherde spielen dabei ebenso eine Rolle wie fehlende Diagnosemöglichkeiten oder Verzögerungen bei der Informationsübermittlung. Nicht selten werden die Erhebungen aber auch aus Furcht vor Handels- oder Tourismuseinbußen bewußt geschönt.

Zum ersten Mal wurden zwischen 1986 und 1990 Fälle aus Ecuador, französisch-Guayana und dem Niger registriert. Weltweiter Schwerpunkt der Seuche ist dagegen bis heute Nigeria, wo die Krankheit beinahe flächendeckend verbreitet ist. In 19 der insgesamt 22 Bundesstaaten des westafrikanischen Landes infizierten sich 16230 Menschen mit dem Virus, beinahe ein Viertel von ihnen starb wenig später an der Krankheit. Mehrere Untersuchungen des nigerianischen Gesundheitsministeriums in Zusammenarbeit mit der WHO lassen keinen Zweifel daran, daß die tatsächliche Zahl der Erkrankten bis zu 90mal so hoch war. Besonders erschreckend: Fast drei Viertel der Infizierten waren Kinder oder Jugendliche. Die Behörden antworteten auf die Katastrophe mit einer Massenimmunisierung der Bevölkerung. Ende der 80er Jahre wurden 31 Millionen Menschen geimpft. Ein gesundheitspolitischer Kraftakt, der die ohnehin prekäre finanzielle Situation des Staates im Wettlauf mit der schnell vorrückenden Epidemie zusätzlich noch verschärfte. 1991 folgte ein Regierungsbeschluß, Kinder künftig routinemäßig gegen das Gelbfiebervirus zu impfen.

Eine Entscheidung, die in den nächsten Jahrzehnten vielen Tausend nigerianischen Kindern das Leben retten dürfte. Das jedenfalls glaubt Thomas P. Monath, mittlerweile bei dem Impfstoffhersteller »OraVax« in Cambridge (Massachusetts) tätig. Zusammen mit seinem afrikanischen Kollegen Abdulsalami Nasidi vom staatlichen Gesundheitsministerium in Lagos legte er eine umfangreiche Studie vor, um den lange andauernden Streit zwischen Anhängern von Notfall-Massenimpfungen und Verfechtern kontinuierlicher Vorbeugeimpfungen zu entschärfen. Die auf den ersten Blick düster anmutende Prognose für das heute etwa

120 Millionen Einwohner zählende Nigeria lautet: Nach dem Gelbfieberausbruch von 1986 wird das Land im Jahr 2006 erneut von einer Epidemie heimgesucht. Millionen von Menschen könnten dann von der Seuche betroffen sein. Das Computermodell gibt die Zahl der Erkrankungen mit exakten 86643 an. Ein Fünftel von ihnen wird die Infektion nicht überleben. Während eine sofort einsetzende Massenimmunisierung der Bevölkerung nur 1647 Menschen vor dem sicheren Tod retten würde, wären es bei routinemäßiger Vorbeugung etwa siebenmal mehr.

Die Kehrseite der Modellrechnung: Bei Notfallimpfungen (schätzungsweise vier Millionen betroffene Einwohner) würde der Staatshaushalt mit wenig mehr als fünf Millionen Mark belastet. Das von Nigeria beschlossene und von der WHO koordinierte »Ausgedehnte Immunisierungsprogramm« (EPI), das zusätzlich Impfungen gegen Masern, Polio, Pertussis, Diphtherie und Tetanus umfaßt, schlägt dagegen mit etwa 75 Millionen Mark zu Buche, bei allerdings deutlich geringeren Kosten pro Jahr. Bis zur übernächsten Seuchenwelle im Jahre 2026 rechnet die Studie sogar mit beinahe 8000 Toten weniger, falls bis dahin weiter kontinuierlich gegen das Gelbfiebervirus geimpft wird. Nahezu drei Viertel der Bevölkerung wären danach gegen die Seuche gefeit. Genug, so glauben die Fachleute, um eine neue Epidemie völlig auszuschließen. Auf einen Schönheitsfehler der Studie weisen die Autoren allerdings gleich selbst hin: Steigt die Temperatur in den Brutgebieten der Mücken an, so vermehren sich die Insekten unter sonst günstigen Bedingungen explosionsartig. Die Ergebnisse der Studie wären dann kaum mehr als optimistische Zahlenspielerei.

Da die Epidemieherde weltweit beständig größere Ausmaße annehmen, sind nationale wie internationale Gesundheitsorganisationen nach immer neuen verheerenden Ausbrüchen der Seuche kaum noch in der Lage, Notfallimpfungen im Millionenmaßstab zu finanzieren. Die WHO rät deshalb den 33 am stärksten von Gelbfieberinfektionen betroffenen afrikanischen Staaten dringend, den Immunschutz in das jeweilige landesweite Vorbeugungsprogramm aufzunehmen. Beinahe 50 Prozent der Regierungen sind dieser Empfehlung bereits gefolgt. Ohnehin an bescheidene Fortschritte gewöhnt, wird das von der WHO als Riesenerfolg gefeiert, denn bei kaum einer anderen Infektionskrankheit sind die Vorbeugungsmöglichkeiten so gut. Während auch nach Jahrzehnten intensiver Forschung noch keine erfolgversprechende Therapie gegen eine Gelbfiebererkrankung in Sicht ist, gehört der Impfstoff 17D zu den besten der Welt. Vor 60 Jahren zum erstenmal am Menschen erprobt, genügt heute für den Schutz eine einzige Injektion unter die Haut. Mehr als 95 Prozent der Erwachsenen sind danach gegen den Erreger gefeit. 17D besteht aus vermehrungsfähigen, aber abgeschwächten Viren, die in Embryonalgewebe von Hühnern angesiedelt werden. Obwohl eine Gelbfieberimpfung nach einer Empfehlung der Weltgesundheitsorganisation alle zehn Jahre wiederholt werden sollte, wurden bei einigen Personen noch 40 Jahre nach der Impfung Antikörper gegen das Virus nachgewiesen. Viele Wissenschaftler glauben deshalb, daß der 17-D-Schutz lebenslang anhält.

Auch wenn niemand darüber Statistiken führt, dürfte 17D in puncto Sicherheit weltweiter Rekordhalter unter allen Impfstoffen sein. Seit die WHO 1945 einen Qualitätsstandard für das Mittel einführte, wurden mehr als 200 Millionen Menschen damit immunisiert (jährlich allein in Afrika bis zu 15 Millionen Einwohner). Gerade 18 Fälle von Hirnhautentzündung, einer selten auftretenden Nebenwirkung der Gelbfieberimpfung, wurden beobachtet. Weil 15 Erkrankungen bei Säuglingen im Alter von weniger als vier Monaten auftraten, empfiehlt die Weltgesundheitsorganisation seit längerem, Kinder frühestens sechs Monate nach der Geburt zu impfen. Einziger Schönheitsfehler dieser Erfolgsstory bleibt die relativ große Anfälligkeit des Lebendimpfstoffes gegenüber hohen Temperaturen. Eine gut funktionierende Kühlkette aufrechtzuerhalten, ist nach wie vor die entscheidende Schwierigkeit eines Impfprogramms in allen tropischen Gebieten.

Während sich die Gelbfieberherde in Südamerika wie Afrika trotz aller Bemühungen wohl weiter ausdehnen werden, nehmen die meisten Urlauber die Entwicklung kaum zur Kenntnis. Der Ferntourismus boomt seit langem. Obwohl die Hälfte aller Tropenreisenden während oder nach den schönsten Wochen des Jahres erkrankt, kommt die Beschäftigung mit Gesundheitsrisiken einer geplanten Reise bei der Vorbereitung vielfach zu kurz. Erschreckende Sorglosigkeit allerdings auch bei jenen, die drohende Infektionsgefahren besser einschätzen können sollten. Louis Loutan und Claude-François Robert von der Medizinischen Poliklinik der Universität Genf wiesen kürzlich nach, daß selbst auf Impfungen spezialisierte Kliniken wichtige Entwicklungen regelrecht verschlafen. Nach einem Gelbfieberausbruch Anfang 1993 in Kenia, dem afrikanischen Lieblingsreiseland vieler deutscher wie schweizer Urlauber, befragten die Mediziner ihre Kollegen in 60 Impfzentren. Auch Tage nach einer WHO-Mitteilung über den Krankheitsausbruch in Afrika waren zehn Prozent von ihnen völlig ahnungslos; 27 Ärzte hatten Meldungen über die Gelbfieberepidemie eher zufällig in der Tageszeitung entdeckt. Louis Loutan und Claude-François Robert fordern nun ein Informationssystem für Tropeninstitute und Reisekliniken auf europäischer Ebene.

Wer die Sonne des zehnten Tages erblickt...

Rückfragen bei deutschen und französischen Tropeninstituten haben inzwischen die Schweizer Ergebnisse bestätigt. Unter Fachleuten besteht deshalb Einigkeit darüber, daß der Informationsfluß dringend verbessert werden muß, will man nicht eine Chance im Kampf gegen die Seuche leichtfertig verspielen. Kaum eine andere tropische Infektion läßt sich durch Impfung problemloser vermeiden, bei kaum einer anderen Erkrankung aber sind Mediziner zugleich derart hilflos wie bei der Behandlung von Gelbfieberpatienten. Eine ursächliche Therapie existiert nicht, nur die Symptome können – zumindest teilweise – gelindert werden.

Die explosionsartige Vermehrung des Virus macht sich bereits am dritten bis sechsten Tag nach der Ansteckung mit plötzlichen Fieberschüben bemerkbar. Die Betroffenen klagen über Kopf- und Rückenschmerzen, leiden unter Bindehautentzündungen. In schweren Fällen treten bereits in diesem frühen Stadium Blutungen auf. Häufig ist nach den ersten Krankheitstagen eine Besserung zu beobachten, die aber nur kurz andauert. Hat das Virus erst einmal die inneren Organe befallen, kommt meist jede Hilfe zu spät: Das Fieber steigt weiter, eine Gelbsucht zeigt eine akute Leberschädigung an. Als Folge von Nierenversagen wird immer weniger Harn ausgeschieden, der Körper leidet schnell an akuter Vergiftung durch Stoffwechselprodukte. Gleichzeitig setzen massive Blutungen aus Zahnfleisch, Nase, Magen-Darm-Kanal sowie in die Haut ein, die so schwer sein können, daß Patienten nach kurzer Zeit an Herz- und Kreislaufversagen sterben. Nur wenn das Gelbfiebervirus nicht die inneren Organe befällt, besteht eine gute Chance auf Heilung. In solchen Fällen geht das Fieber schnell zurück. »Wer die Sonne des 10. Tages erblickt«, so eine alte Volksregel, »der ist gerettet.«

Angesichts der bis heute bestehenden Machtlosigkeit der Medizin scheint es nur allzu verständlich, daß Epidemien in der Vergangenheit fast immer zu panikartigen Reaktionen bei den Betroffenen führten. Lange Zeit war unklar, ob die Infektion direkt von einem Patienten auf den anderen übertragen werden kann. Ein Problem, das während eines Gelbfieberausbruchs in Philadelphia zu heftigen Kontroversen unter den angesehensten Ärzten der damaligen Zeit führte. Ein offener Schlagabtausch der unterschiedlichen Meinungen über Therapieformen und Krankheitsursachen füllte sämtliche Zeitungen der US-Hauptstadt jener Tage. Die historisch gut dokumentierte Seuchenwelle begann im Sommer des Jahres 1793. Der Katastrophe am Delaware-River waren überaus turbulente Monate vorausgegangen. Frankreich führte Krieg mit halb Europa und versprach sich im Kampf gegen Großbritannien, Holland, Spanien und Österreich die Unterstützung der Vereinigten Staaten. Nachdem Präsident Washington jede Art von Hilfe abgelehnt hatte, kam es zu spontanen Demonstrationen der Bevölkerung. 10000 Menschen drohten, den Präsidenten aus seinem Regierungssitz zu zerren, um ihn umzustimmen. Historiker meinen heute, daß nur der Gelbfieberausbruch die Rebellion beendete.

Zur selben Zeit tobte in Santo Domingo ein blutiger Sklavenaufstand. Viele französische Flüchtlinge erreichten noch im Sommer 1793 Philadelphia, wo sie von einem grausamen Fieber berichteten, das zahlreiche Inseln in der Karibik heimgesucht hatte. Im Juli veränderte die Seuche die bis dahin weltoffene und blühende US-Hauptstadt radikal. Urplötzlich erkrankten die Menschen. Viele von ihnen starben innerhalb weniger Tage. Als das Fieber im November abflaute, war ein Zehntel der Bevölkerung tot, mehr als 17000 Einwohner hatten die Stadt verlassen.

Höchstes Ansehen unter den meisten seiner Medizinerkollegen genoß in jenen Tagen Benjamin Rush. Bis zu 120 Patienten behandelte er während des Höhepunktes der Seuche täglich. Obwohl seine Schwester und drei seiner Schüler an der Infektion starben, gab er sich stets optimistisch, und das Vertrauen in die eigene Heilkunst war derart groß, daß er viele Patienten mit dem Satz begrüßte: »Warum die Aufregung, sie leiden doch nur an Gelbfieber.« Auch wenn Rush felsenfest von seiner Therapie überzeugt war, bedeutete diese Diagnose für die weitaus meisten das sichere Todesurteil. Ohne nachprüfbare Erfolge verordnete Rush starke Abführmittel, giftiges Quecksilberpulver und ließ die Erkrankten radikal zur Ader. Andere Ärzte, die bereits auf verschiedenen Karibikinseln mit der Krankheit Bekanntschaft gemacht hatten, schworen auf den Konsum von reichlich Wein und Wasser. Viel Ruhe sollte den erschöpften Patienten wieder Kraft geben. Eine Behandlungsmethode, die zuerst von französischen Ärzten vorgeschlagen worden war.

Ein besonders schweres Los traf die farbigen Einwohner der Stadt, von denen man annahm, sie seien gegen die Krankheit immun. Unter menschenunwürdigen Bedingungen und teilweise ohne Bezahlung mußten sie die Kranken pflegen. Sie transportierten Patienten und arbeiteten als Leichengräber. Schließlich wurde auch den Verantwortlichen klar, daß ebenso viele schwarze wie weiße Bewohner an der Seuche starben. Doch die Ausbeutung der ehemaligen Sklaven endete erst mit dem Abflauen der Seuchenwelle.

Fast alle Mediziner waren auch zum Ende des 18. Jahrhunderts noch der Meinung, daß Krankheiten durch Unreinheiten in der Luft hervorgerufen würden, etwa durch schädliche Dämpfe von verfaulendem Gemüse. Benjamin Rush machte deshalb eine Schiffsladung verdorbenen Kaffees, die am Delaware-River verrottete, für den Gelbfieberausbruch in Philadelphia verantwortlich. Mit dem Fortschreiten der Seuche glaubte er fest daran, daß alle Patienten, die zu ihm kamen, an der gleichen Krankheit litten. Folgerichtig behandelte er alle auf die gleiche Weise und heilte zweifellos viele, die gar nicht an der Infektion litten.

Nachdem Rush seine Radikaltherapie dennoch öffentlich als »absolut erfolgreich« gepriesen hatte, begann sein Stern zu sinken. Andere Mediziner antworteten mit wütenden Attacken in den Zeitungen der Stadt, und schließlich mußte Rush aufgeben. Er zog sich mehr und mehr zurück. Wenige Jahre später verzichtete er schließlich ganz darauf, medizinisch zu arbeiten.

Doch Philadelphias Kampf gegen das noch immer geheimnisumwitterte Fieber ging unvermindert weiter. Die städtische Verwaltung sorgte zunächst für mehr Sauberkeit in den Straßen. Nach erneuten Ausbrüchen beschloß man im Jahre 1800, das erste öffentliche Wasserversorgungssystem Amerikas zu bauen. Fortan ging die Zahl der Regenwasserspeicher stark zurück. Dadurch wurden Brutplätze für Moskitos knapp. Die Einwohner hatten zwar weiterhin keine Ahnung davon, welche Rolle Mücken bei der Infektion mit der Krankheit spielen. Viele von ihnen verbanden aber die Insektenplage unmittelbar mit einem ungesunden Klima, bei dem die Gefahr der Ansteckung mit »Herbstfieber« und anderen Krankheiten groß war. Die wahren Gründe für die Verbreitung von Gelbfieber blieben im dunkeln. Allerdings traf es Philadelphia in den folgenden Jahren weniger oft. In der zweiten Hälfte des 19. Jahrhunderts wurden nur noch Städte im amerikanischen Süden heimgesucht. Der letzte große Ausbruch sorgte in New Orleans für Entsetzen. Lange bevor Impfstoffe entwickelt werden konnten, verschwand die Seuche dann aber aus der Mississippi-Metropole.

Blinde Passagiere

Zwar mögen uns heute die Radikalkuren von Benjamin Rush und seiner Kollegen altertümlich und plump vorkommen, aber auch nach Jahrhunderten der Forschung existiert keine wirkungsvolle Therapie gegen das Gelbfieber. Bis zu 80 Prozent aller Patienten sterben noch immer an der Infektion. Verantwortlich für die unverändert hohen Todesraten sind mikroskopisch kleine Angreifer, die Wissenschaftler weltweit vor immer neue Herausforderungen stellen. So gehört das Gelbfiebervirus zusammen mit mehr als 60 eng verwandten Virusarten in die Familie der *Flaviviridae* (latein. *flavus*, gelb). Gemeinsam verursachen die Winzlinge millionenfach Erkrankungen vom Denguefieber bis zu einer ganzen Palette verschiedener Hirnhautentzündungen.

Viren bedienen sich bei ihrer Vermehrung eines einfachen Tricks: Noch bevor das Immunsystem die Eindringlinge erkennen kann, verstecken sie sich in den Zellen ihrer Opfer und entziehen sich so meist wirkungsvoll den Attacken des körpereigenen Verteidigungssystems. Einmal dort angekommen, bleiben die »blinden Passagiere« keine Minute untätig und programmieren die Erbinformation ihrer Gastzelle derart um, daß sie fortan gezwungen wird, immer neue Viren herzustellen. Schließlich geht die befallene Zelle zugrunde, und eine Armee weiterer Erreger kann ausschwärmen, um ihr zerstörerisches Werk von neuem zu beginnen. Weil sich Viren die meiste Zeit in der schützenden Hülle einer befallenen Zelle aufhalten, sind die Möglichkeiten einer Therapie begrenzt.

Zahlreiche Arzneimittel, die in den Vermehrungszyklus der Krankheitserreger eingreifen, wurden bisher bereits getestet. Meist ohne Erfolg. Gamma-Interferon und Stoffe, die das Immunsystem stärken, zeigten im Tierversuch Wirkung, solange die Viren noch nicht die inneren Organe ihrer Opfer angegriffen hatten. Ein anderer Ansatz war die intravenöse Gabe von Glukose und Aminosäuren, um die Leberfunktionen so lange aufrechtzuerhalten, bis das Immunsystem die Infektion wirkungsvoll bekämpfen kann. Obwohl eine solche Behandlung bei erkrankten Laboraffen die Vermehrung des Gelbfiebervirus hemmte und die Lebenserwartung der Tiere zunahm, wurden die Versuche bisher nicht beim Menschen wiederholt. Für die Zukunft verspricht sich Thomas P. Monath die größten Fortschritte von maßgeschneiderten Drogen, die inzwischen auf zahlreichen Computerbildschirmen von medizinischen Forschungslabors Gestalt annehmen. Wissenschaftler versuchen dabei, durch die gezielte Konstruktion von Molekülen, Schlüsselenzyme oder Oberflächenstrukturen der Virushülle zu blockieren und damit die Vermehrung des Erregers lahmzulegen.

Was die Forscher zusätzlich beunruhigt, sind immer neue Mutanten des Krankheitskeimes. Fast täglich erscheinen umfangreiche Studien, wächst die Fülle der Informationen rund um das Thema Gelbfieber. Doch je mehr Mediziner, Biochemiker und Virologen über die Seuche erfahren, um so verwirrender scheinen die Fakten: Die Zahl der Mückenarten, die für eine Übertragung verantwortlich gemacht werden, wächst von Jahr zu Jahr, ebenso die Vielfalt der betroffenen Tierarten. Einerseits beweisen Serumproben aus der Bevölkerung immer häufiger die Existenz von »stillen Infektionen« ohne jedes Anzeichen von Erkrankungen oder gar Todesfällen. Dann wieder schnellen die Sterberaten bei Epidemien in einigen afrikanischen Gebieten urplötzlich in die Höhe. Neuere Studien an infizierten Affen und Mäusen deuten auf eine hohe Mutationsrate des Erregers, dessen Virulenz stark schwankt. Wächst der Evolutionsdruck – beispielsweise durch ökologische Veränderungen –, so befürchten Seuchenexperten, daß sich die Eigenschaften des Gelbfiebererregers drastisch ändern könnten. Ein unberechenbarer Cocktail immer neuer Virusvarianten wäre die Folge.

Wie bei zahlreichen anderen Infektionen erfreuen sich die Überträger der Seuche stets bester Gesundheit: Keine der Gelbfieber-Mückenarten weist selbst irgendwelche Zeichen der Erkrankung auf. Evolutionsbiologen deuten das als einen Beweis für eine lange gemeinsame Entwicklungsgeschichte zwischen Wirt und Virus. Damit ist klar, daß die Insekten gefährliche und weniger gefährliche Virusarten problemlos übertragen können. Mit modernen Untersuchungsmethoden versuchen die Forscher deshalb, die geographische Verteilung verschiedener Virusspielarten mit dem Auftreten von Epidemien in Einklang zu bringen.

Daß sich amerikanische und afrikanische Stämme des Gelbfiebererregers stark unterscheiden, bemerkte Anfang der 70er Jahre bereits Delphine Clarke vom Rockefeller-Labor, als sie sich mit Antikörpertests beschäftigte. Vincent Deubel vom renommierten Pariser Pasteur-Institut verglich das Erbgut der Virusstämme und fand damals heraus, daß sich afrikanische Gelbfiebererreger in drei unterschiedliche Untergruppen mit jeweils nur geringen Mutationsraten einteilen lassen (Topotyp I bis III). Was die Forscher zunächst verblüffte, war die scharfe geographische Abgrenzung der einzelnen Virusmutanten. Alles deutete auf eine getrennte Entwicklung der einzelnen Stämme hin. Epidemien sollten also zeitlich unabhängig voneinander auftreten und nicht beispielsweise durch Touristen oder Geschäftsreisende weitergetragen worden sein. Doch die Daten sprachen dagegen. Gleichzeitige Krankheitsausbrüche in verschiedenen westafrikanischen Staaten ließen sich eindeutig auf unterschiedliche Virustypen zurückführen. Es schien, als hätte eine unsichtbare Kraft die weit entfernten Epidemien exakt zur gleichen Zeit ausgelöst.

Um dafür eine logische Erklärung zu finden, fahndeten die Wissenschaftler zunächst nach Faktoren, die beide Regionen möglicherweise zur gleichen Zeit beeinflußt haben könnten. Fündig wurden sie schließlich nach der Auswertung von Landsat-Satellitendaten, die auf Klimaabweichungen hindeuten. Die Forscher glauben jetzt, daß außergewöhnlich starke Regenfälle in der westafrikanischen Savanne zu einer Mückenplage in weiten Gebieten geführt haben, und damit die Infektionsrate so stark anstieg, daß es zur Auslösung der Epidemien kam. Ließe sich die Theorie bestätigen, so könnte künftig vielleicht die Datenfülle des ersten europäischen Fernerkundungssatelliten ERS-1 bei der Prognose von Krankheitsausbrüchen helfen. Ein Frühwarnsystem gegen viele noch immer todbringende Seuchen würde so in greifbare Nähe rücken. Zugleich aber warnen Ökologen vor den Folgen einer durchgreifenden Klimaänderung. Wenn schon eine relativ geringe Erhöhung der Niederschlagsmengen derart deutliche Auswirkungen zeigt, so kann das nur ein milder Vorgeschmack auf die Herausforderung einer Klimakatastrophe sein, wie sie in zahlreichen Untersuchungen immer wieder vorausgesagt wird.

Kampfansage an den Wirt

Damit es gar nicht erst zu einer massenhaften Vermehrung der todbringenden Moskitos kommen kann, existieren in vielen verschiedenen Ländern seit langem Programme zur Dezimierung von *Aedes*-Arten. Schon früh erschien vielen

Camp Lazaer bei Havanna (Kuba), wo Stechmücken als Vektoren entlarvt wurden

Wissenschaftlern der Kampf gegen verseuchte Mückenpopulationen erfolgversprechender als die langwierige Suche nach Arzneimitteln gegen einen schwer angreifbaren Erreger. Doch bis die eigentlich naheliegende Idee in die Tat umgesetzt werden konnte, vergingen viele Jahrhunderte, in denen die Menschen jedem neuen Gelbfieberausbruch hilflos ausgeliefert waren. Eine Wende sollte sich zwei Jahre nach dem Ende des Spanisch-Amerikanischen-Krieges im Jahre 1900 abzeichnen. Amerikanische Soldaten, die damals auch auf Kuba stationiert waren, litten heftig unter dem Fieber. Fast jeder von ihnen fürchtete die Infektion mehr als alle spanischen Gewehrkugeln. Weil die Lage von Monat zu Monat bedrohlicher wurde, entschloß sich die Regierung der Vereinigten Staaten, eine Gelbfieber-Untersuchungskommission unter der Leitung des Militärarztes Walter Reed nach Havanna zu schicken. Schon etliche Jahre zuvor hatte der kubanische Arzt Carlos Finlay in dramatischen Appellen darauf hingewiesen, daß Moskitos die Infektion verbreiten. Bis dahin aber war seine Theorie von der gesamten Fachwelt jener Tage beharrlich ignoriert worden.

Mit dem Eintreffen von Walter Reed und seinem Team auf der Karibikinsel sollte sich das schlagartig ändern. Weil auch er keine andere plausible Idee für die Ausbreitung des geheimnisvollen Fiebers kannte, ging er daran, die Hypothese von den »mörderischen karibischen Mückenschwärmen« zu überprüfen. Mitglieder der Untersuchungskommission meldeten sich spontan für Selbstversuche, und so wurde James Carroll ein Extrakt aus infizierten Moskitos in die Blutbahn gespritzt. Wenig später erkrankte der Bakteriologe an Gelbfieber, erholte sich aber schnell wieder. Auch Wiederholungen des spektakulären Experimentes mit anderen Freiwilligen führten zum gleichen Ergebnis. Wieder andere Mitglieder

der Kommission willigten ein, die Kleidung von verstorbenen Gelbfieberpatienten zu tragen. Weil sich niemand von ihnen ansteckte, schlossen Walter Reed und seine Mitarbeiter daraus, daß die Infektion nicht direkt von Mensch zu Mensch übertragen werden kann. Schließlich war klar, daß die Krankheit durch den Biß von Mücken übertragen wird. Als es wenig später durch den Einsatz chemischer Vernichtungsmittel gelang, die blutsaugenden Insekten auf Kuba deutlich zu dezimieren, ebbten augenblicklich auch die Epidemien ab. Einige Jahre danach wurde auf die gleiche Weise die Panama-Kanal-Zone von einer Plage befreit, die bis dahin Zehntausende von französischen und amerikanischen Arbeitern das Leben gekostet hatte. Der Bau dieser bis heute wichtigen Wasserstraße wurde so überhaupt erst möglich.

Trotz der Erfolge blieb *Aedes aegypti* in Süd- und Mittelamerika bis in die 30er und 40er Jahre hinein weitgehend unbehelligt. Auch als die Panamerikanische Gesundheitsorganisation (PAHO) 1947 ein großangelegtes Ausrottungsprogramm für den gesamten Kontinent ankündigte, zeigten sich die Verantwortlichen in den Vereinigten Staaten halbherzig und verweigerten die finanziellen Mittel. Einer 1957 bis nach Südmexiko vorrückenden Seuchenwelle begegnete die US-Behörde für öffentliche Gesundheit mit verstärkten Forschungsanstrengungen und einem Pilotversuch zur Bekämpfung von Mücken in Pensacola im Norden von Florida. Eineinhalb Jahrzehnte später wurden die Erfolge der PAHO-Initiative sichtbar. Bis auf Venezuela und Teile von Kolumbien und Guayana galt Südamerika als weitgehend frei von infizierten Mücken. Zögernd begann man nun in den USA über ein eigenes Pestizid-Programm nachzudenken. Doch als die ersten Versuche beschlossen worden waren, schimpfte der Leiter der Kampagne, Donald J. Schleissman: »Wir haben viel zuwenig Geld, um dieser verdammten Mücke wirkungsvoll zu Leibe zu rücken. Es ist genau so, als müßte man mit einem halbvollen Flugzeugtank den Atlantik überqueren.«

Zwischen 1947 und 1972 wurde *Aedes aegypti* in 19 Ländern des amerikanischen Kontinents zurückgedrängt. Ein Mammutunternehmen, das bis dahin insgesamt rund 560 Millionen Mark verschlang. Dann allerdings wendete sich das Blatt. Die finanziellen Probleme vieler Entwicklungsländer stiegen ins Uferlose, und Gelbfieberausbrüche schienen in zahlreichen Gebieten Süd- und Mittelamerikas der Vergangenheit anzugehören. So ließen die Anstrengungen von Regierungen und Gesundheitsorganisationen nach. Mücken, die potentiell Gelbfieber übertragen können, sind in Mittel- und Südamerika heute wieder fast so verbreitet wie zu Beginn des Jahrhunderts.

Versuche, der Plage in Afrika Herr zu werden, blieben auf sporadische Aktionen beschränkt. Einem Gelbfieberausbruch in Zentral- und Ostafrika Ende der 50er Jahre begegnete die Regierung von Zaire beispielsweise mit Quarantäne, Massenimpfungen und dem Einsatz von DDT. Mehr als 20 Tonnen des heute vielfach geächteten Insektizids versprühten Hubschrauber im Frühjahr 1958 über großen Teilen des Landes. Am Ende war der zunächst erfolgreiche Kampf gegen die Blutsauger weder in Zaire noch anderswo in Afrika von Dauer.

Beinahe naturnah und umweltfreundlich muten dagegen die Ausrottungsmethoden der kubanischen Regierung an. Dort setzten die Verantwortlichen nach ebenfalls massivem Einsatz von Larvengiften und Pestiziden auf die Vernichtung der Moskitobrutplätze. Landauf, landab zerstörten eigens für die Gesundheitskampagne eingestellte Inspektoren zahlreiche Vorratsbehälter für Trinkwasser. Wasserspeicher auf Friedhöfen wurden verboten, und in den größten Seen und Teichen der Insel siedelte man Fische an, zu deren Lieblingsspeisen Mückenlarven gehören. 1981 waren mehr als 2000 Regierungsmitarbeiter überall im Lande für die Kampagne tätig. 60 Insektenkundler überwachten das Programm, und in jeder der 14 Inselprovinzen sorgte eine Frauenbrigade für die Einhaltung der Bestimmungen. Unbelehrbare mußten mit hohen Geldstrafen rechnen. Selbst die zahlreichen Skeptiker der Anti-Moskito-Kampagne gestanden schließlich ein, daß der Mückenbestand durch die ungewöhnlichen Methoden der Inselrepublik erfolgreich dezimiert worden war. In anderen Staaten Afrikas oder Südamerikas, so glauben Experten, könnte eine vergleichbare Kampagne schon wegen der unterschiedlichen Gesellschaftsstrukturen und der häufig fehlenden Unterstützung durch breite Bevölkerungsschichten nicht wiederholt werden.

So bleibt für eine schnelle Seuchenkontrolle in Notfällen weiterhin nur das großräumige Versprühen von Pestiziden. Doch schon kommen neue Warnungen aus den Forschungslabors. An der Universität von Wisconsin entdeckten Biochemiker, daß etliche *Aedes aegypti*-Stämme gegen eine ganze Klasse von Insektengiften (Cyclodien-Insektizide) resistent geworden sind. Der Austausch eines einzigen Eiweißbausteins in einer langen Kette mit Hunderten solcher Aminosäuren im Rezeptormolekül für das Insektizid im Moskitokörper reichte dabei bereits aus, um der sonst tödlich wirkenden Chemikalie zu trotzen. An eine Ausrottung der *Aedes*-Arten glauben deshalb inzwischen auch die kühnsten Optimisten nicht mehr. Dennoch fahnden Chemiker, Biologen und Ökologen unverdrossen nach neuen Wirkstoffen im Kampf gegen die Insekten. Immer häufiger tun sie das in tropischen Regenwaldgebieten, der natürlichen Heimat vieler Moskitoarten, wo eine genetische Schatzkammer mit Tausenden von unbekannten Pflanzeninhaltsstoffen bereitsteht.

Hermann Feldmeier

Malaria

Bezeichnung: latein. *mala aria*, schlechte Luft; Infektion mit parasitischen Protozoen, die durch Anopheles-Mücken übertragen werden; man unterscheidet: Malaria tropica (verursacht durch *Plasmodium falciparum*), Malaria tertiana (*Plasmodium vivax* und *P. ovale*) und Malaria quartana (*Plasmodium malariae*).

Erreger: Plasmodien, einzellige Sporentierchen (*Sporozoa*) mit kompliziertem Fortpflanzungskreislauf; als Vektor dienen Mücken der Gattung *Anopheles*, in denen aus Geschlechtszellen Sporozoiten entstehen; im Menschen entwickeln sich daraus Merozoiten, von denen sich einige wiederum zu Geschlechtszellen umwandeln.

Verbreitung: überall in den Tropen, z. T. auch in den Subtropen, unterhalb von 2000 m; früher auch während der Sommermonate in Europa; jährlich erkranken ca. 100 Millionen, sterben über 1 Million Menschen an Malaria.

Infektion und Krankheitsverlauf: Übertragung durch Mückenstich; nach kurzem Aufenthalt im Blut wandeln sich die Sichelkeime (Sporozoiten) in den Leberzellen in Merozoiten um, die nach 9 – 14 Tagen (manchmal auch erst nach Monaten) die roten Blutkörperchen befallen; zyklischer Zerfall der Erythrozyten und Freisetzung der Merozoiten bewirkt Fieberanfall; bei Nichtimmunen kann Malaria tropica innerhalb von wenigen Tagen tödlich verlaufen; Malaria tertiana führt zu Rückfällen, falls die Hypnozoiten in der Leber nicht durch Medikamente abgetötet werden; Malaria quartana heute die seltenste Form.

Krankheitsbild: rhythmische Fieberschübe (Malaria tertiana alle 48 Stunden, Malaria quartana alle 72 Stunden) oder unregelmäßig (Malaria tropica), Schüttelfrost; allgemeines Krankheitsgefühl, Kopfschmerzen, grippeartige Symptome, Durchfall, Erbrechen, Leber- und Milzvergrößerung; bei Befall des Gehirns auch psychische Auffälligkeit bis zum Koma.

Diagnose: mikroskopischer Nachweis im Blut; Antikörpernachweis bestätigt nur eine durchgemachte Infektion.

Therapie und Prophylaxe: Behandlung nur durch Spezialisten; Medikamente zur Vorbeugung werden in Abhängigkeit von Reiseziel und Reisedauer ausgewählt; in endemischen Gebieten Mückenkontakt vermeiden (ab Dämmerung Ganzkörperbekleidung, Moskitonetz, chemische Mükkenmittel etc.); Mückenbekämpfung.

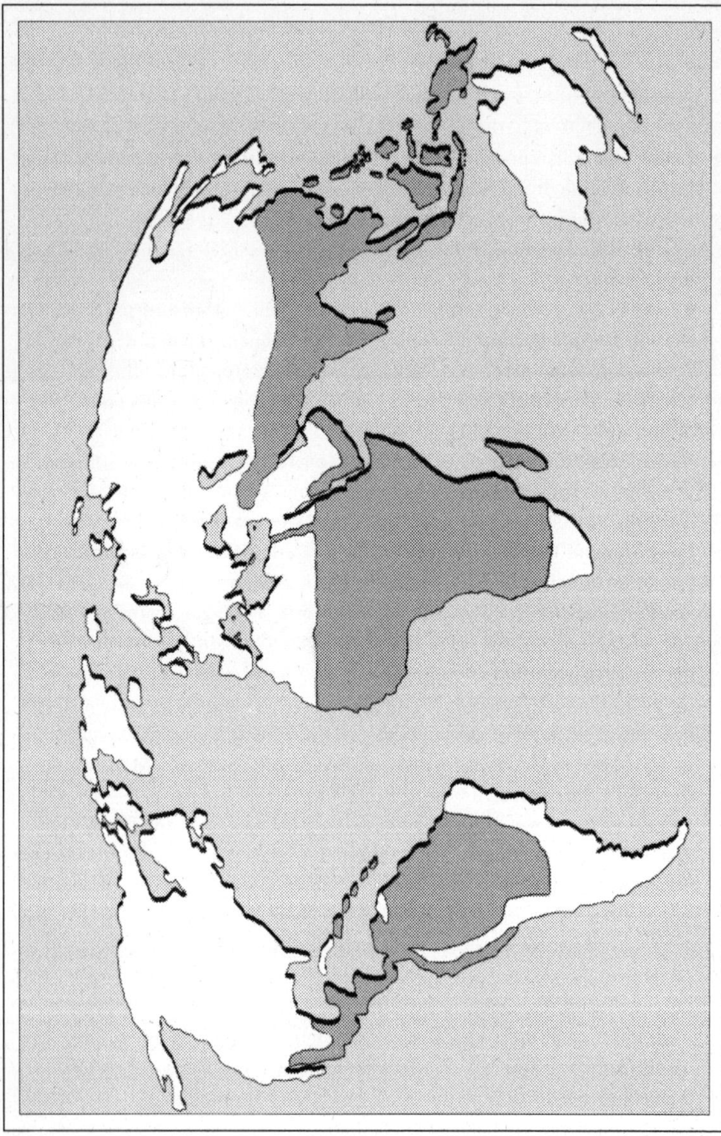

Regionen, in denen ein Infektionsrisiko besteht

Seit die Menschen schriftliche Zeugnisse über ihre Krankheiten hinterlassen, schildern sie auch die Symptome der Malaria. So kannten chinesische Ärzte die Malaria als »Mutter aller Fieber« und konnten bereits im Jahre 2700 v. Chr. auf »Lehrbücher« zurückgreifen, in denen die *Malaria tertiana* (das Drei-Tage-Fieber) und die *Malaria quartana* (das Vier-Tage-Fieber) akkurat beschrieben waren. Etwa zur gleichen Zeit berichteten die Sumerer auf Tontafeln über ein »bösartiges Fieber« in Mesopotamien und dem Jordantal. Susruta in Indien und Hippokrates in Griechenland verfaßten etwa 500 v. Chr. exakte Beschreibungen einer Krankheit, die nichts anderes als die Malaria gewesen sein kann.

Von etwa 200 v. Chr. bis kurz vor dem Zweiten Weltkrieg waren die Pontinischen Sümpfe vor den Toren Roms, später in Campagna di Roma umbenannt, eine der malariaverseuchtesten Gebiete der Erde.[1]

Die Malaria hat Kriege entschieden (sicher den zwischen Athen und Syracus 413 v. Chr.[2]; vielleicht sogar den amerikanischen Bürgerkrieg), Eroberungslüste machtversessener Persönlichkeiten abrupt beendet (Alexander der Große verstarb 323 v. Chr. vermutlich an einer Gehirnmalaria) und für lange Zeit die wirtschaftliche Entwicklung ganzer Kontinente blockiert (der Bau des Panama-Kanals wurde erst möglich durch systematische Anwendung wissenschaftlicher Erkenntnisse über die Malariaparasiten und ihren Überträger, die Anophelesmücke).

Auch wenn in den 114 Jahren seit der Entdeckung der Malariaplasmodien, so die wissenschaftliche Bezeichnung der Parasiten, ganze Bibliotheken mit malariologischem Fachwissen gefüllt wurden, ist die Malaria nach wie vor in vielen Aspekten eine rätselhafte Erkrankung, der auch die moderne Medizin noch immer – oder teilweise schon wieder – ratlos gegenübersteht.

[1] Wie vernichtend auch immer Historiker über Mussolini urteilen, im infektionsmedizinischen Sinne hat er unzweifelhaft Verdienste erworben. Durch seine Direktiven wurde aus der Campagna zu den Füßen Roms, einem malariaverseuchten Umland, ein hochwertiges Bau- und Siedlungsgebiet (z. B. der römische Flughafen Fiumicino liegt dort). Beraten von den besten Malariologen der damaligen Zeit, entstand in den 30er Jahren ein komplexes Kanalsystem, mit dessen Hilfe der Grundwasserspiegel systematisch abgesenkt werden konnte, so daß die Anophelesmücken ihre Brutplätze verloren – ein Musterbeispiel für einen umwelttechnisch-ökologischen Ansatz zur Malariabekämpfung.

[2] Das sizilianische Syracus, ein Verbündeter des Erzfeindes Sparta, war von sumpfigen Niederungen umgeben. Da die athenischen Truppen aufgrund taktischer Anweisungen die Stadt von den Sümpfen aus belagerten, kam es im Verlauf der Sommerwochen zu einer epidemiehaften Ausbreitung der Malaria, bei der die Athener Soldaten wie die Fliegen starben. Wie Historiker wissen, erholte sich Athen nie mehr von dieser Katastrophe, und das endgültige Aus gegen Sparta ließ nicht mehr lange auf sich warten.

Antonia aus Mirante da Serra

Mirante da Serra ist selbst für brasilianische Verhältnisse ein gottverlassenes Nest. Die Siedlung mit den etwa 15 Häusern liegt an einer der zahllosen Stichstraßen, die auf keiner Landkarte verzeichnet sind und die sich beiderseits der großen Magistrale BR-364 im äußersten Westen Amazoniens verlieren. Die schmale Piste, tief aufgewühlt durch die schweren Holzlastwagen und im typischen Rot tropischer Laterolböden, schlängelt sich steil aufwärts zwischen den Hütten der »Colonos« hindurch, die in Sichtweitenabstand links und rechts des Weges aufgereiht sind. Fast bis zum Horizont erstrecken sich die gerodeten Felder, auf denen sich frische Setzlinge wie grüne Punkte auf einem rotbraunen Faltentuch ausmachen lassen. Nur einige über 30 Meter hohe Paránußbäume und Uaguaçupalmen haben mit ihren harten Hölzern die Rodungsfeuer überstanden und ragen wie Monumente einer vergangenen Zeit schwarz und blätterlos in den Himmel. Zwischen Stubben und verkohlten Überresten haben die Siedler Maniok und Reis gepflanzt. Bananenschößlinge schießen in einem Hain aus dem Boden. In einer Hütte ganz oben am Ende der Siedlung stand Antonia Batista de Souza, 23 Jahre alt und im siebten Monat schwanger, an dem aus Lehm gebrannten Herd und starrte auf einen Topf mit braunen Bohnen. Antonia fühlte sich fiebrig und war wie gelähmt durch die Schmerzen, die Trommelwirbeln gleich durch ihren Kopf rasten.

Malariakranke Siedler am Mississippi (Lithographie 1832)

Antonia stammte nicht von hier. Gebürtig war sie aus dem Sertão, dem trockenen Nordosten Brasiliens, einer Region, die so arm ist, daß sie seit Generationen für stetigen Nachschub von billigen Arbeitskräften in die großen Städte des Südens sorgt. Vermutlich wäre sie auch nach Rio de Janeiro oder São Paulo gezogen, hätte nicht Felisberto, ihr Mann, sie schon vor der Hochzeit dazu überredet, statt in den Süden nach Westen, nach Rondonia, zu gehen. Hatten nicht die Politiker in ihren Fernsehreden immer wieder betont, daß »die Mutigen nach Westen ziehen«? Dort läge das Land der unbegrenzten Möglichkeiten, wo jeder ausreichend eigenen Grund und Boden erhalten könne und wo gute Ernten und Wohlstand warteten.

Doch die Wirklichkeit sah ganz anders aus: Die Böden Rondonias, einmal des vor Vitalität strotzenden Regenwaldes beraubt, waren lange nicht so ertragreich, wie man ihnen erzählt hatte. Sie mußten regelmäßig gedüngt werden, um zumindest den Eigenbedarf an Gemüse und Früchten zu decken. Die Kredite der INCRA, der staatlichen Landverteilungsbehörde, waren schnell für den Kauf von Bauholz, Küchengerätschaften und einer Motorsäge ausgegeben, und andere Einnahmen waren nicht in Sicht. So mußte sich Felisberto, ganz wie früher im Sertão, anderweitig verdingen, damit zumindest das Lebensnotwendigste gekauft werden konnte. Er arbeitete bei einem Sägetrupp in der Nähe der bolivianischen Grenze, der Mahagoni und andere Edelhölzer fällte, und kam nur einmal im Monat nach Hause.

Die Freude und der Stolz, den junge Frauen im Nordosten Brasiliens empfinden, wenn sie zum erstenmal schwanger sind, und die Zuversicht, mit der sie der Geburt ihres Kindes entgegenblicken, hatten sich bei Antonia deutlich abgeschwächt. Sie fühlte sich in der neuen Siedlung, in der Menschen aus einem Dutzend brasilianischer Bundesstaaten zusammenlebten, fremd und einsam, und sie war besorgt, daß ihr in der letzten Zeit die täglichen Arbeiten immer schwerer fielen. Im trockenen Sertão gab es keine Malaria, aber hier schien die Krankheit fast jedermann zu befallen. Zum Glück gab es an der Hauptstraße einige Läden, in denen man im Notfall Medikamente kaufen konnte.

Die staatliche Malariabekämpfungsbehörde SUCAM schickte zwar gelegentlich einen Mitarbeiter vorbei, der die Siedler darauf hinwies, daß sie nur unter Moskitonetzen schlafen sollten, doch die neuen Moskitonetze aus Kunstfasern waren für die meisten Colonos zu teuer und unter den mehrfach geflickten alten aus Baumwolle war es nachts unerträglich stickig und heiß. Der Gesundheitsbeamte hatte schon mehrfach versprochen, in Kürze einen Sprühtrupp zu senden, damit die Siedler für einige Zeit von den stechenden und beißenden krankheitsübertragenden Quälgeistern befreit würden, die das Leben zur Hölle machten. Daraus war allerdings nie etwas geworden, und Antonia war eigentlich froh darum, denn man hatte ihr berichtet, daß nach einer Sprühaktion alle Katzen sterben würden und daß später Mäuse und Ratten zu einer regelrechten Plage würden.[3]

Als eine moderne, aufgeklärte junge Frau war sie im letzten Monat in der »Maternidade« gewesen. Die Hebamme hatte sie untersucht, ihr gesagt, daß es dem Baby gut gehe und daß sie sich beim Einsetzen der Wehen von ihrem Mann in die Entbindungsklinik bringen lassen sollte. Zum Abschluß hatte man ihr noch einige Vitaminpillen gegeben sowie Eisentabletten, die die augenfällige Anämie (Blutarmut) beseitigen sollten.

Antonia Batistas Welt – die Freude an dem gesunden Kind, das bald geboren werden sollte, ihre Genugtuung, auch ohne Felisbertos Hilfe Haus und Hof in Ordnung zu halten, war am Vortag unter einer Woge plötzlichen Unwohlseins zusammengebrochen. Das Kind war ihr zur Last geworden, ihr Rücken schmerzte, und eine erstickende Übelkeit würgte ihren Hals. Plötzlich fühlte sie sich, als hätte man sie in eine Eisdecke gehüllt. Obwohl die Tropensonne brannte, klapperten ihre Zähne, und ihr Körper schüttelte sich vor Kälte, daß die Kleider am Körper bebten. Wenig später spürte sie eine von innen kommende Hitze, so als ob ein glühender Backofen in ihr stecken würde. Die Augen brannten, ihr Wahrnehmungsvermögen nahm rapide ab, und sie fühlte, wie eine Ohnmacht nahte. Auf allen vieren kroch Antonia von der Veranda in die Hütte zurück und brach auf dem Fußboden zusammen. Schweiß rann ihr aus allen Poren, doch Antonia war zu schwach, um ein Handtuch zu holen, und blieb bewegungslos auf dem Fußboden liegen.

Am frühen Abend hatte das Fieber nachgelassen, und Antonia war völlig erschöpft in einen traumlosen Schlaf gefallen. In der Nacht wachte sie mehrfach auf, schleppte sich mit letzter Kraft in die Hängematte und schlief dort wieder ein. Als sie wach wurde, stand die Sonne bereits im Zenit. Antonia hatte schrecklichen Durst. Als sie sich erhob, um einen Becher aus dem Regal zu nehmen, fühlte sie die Vorzeichen eines neuen Anfalls. Sie wußte jetzt, daß es Malaria war und daß sie dringend ärztliche Hilfe benötigte. Doch sie war schon zu schwach, um bei der Nachbarin Hilfe zu holen, so sehr packte sie die Malaria von neuem.

Während ihre Zähne wieder wie ein mechanisches Pochwerk klapperten, bemerkte Antonia zu ihrem Entsetzen einen stechenden Schmerz in ihrem Unterleib: kein Zweifel, ihre Gebärmutter begann sich zusammenzuziehen. Zu den fast schon unerträglichen Kopfschmerzen mischten sich jetzt die schneidenden

---

[3] Die staatlichen Sprühtrupps hatten vermutlich DDT zur Insektenbekämpfung eingesetzt. Auch in Brasilien griff man aufgrund der schlechten wirtschaftlichen Lage des Landes immer wieder auf dieses billige Insektizid zurück. Katzen – im Gegensatz zu Menschen – reagieren allerdings sehr empfindlich auf das Insektizid. Da Katzen in den Entwicklungsländern nicht gefüttert werden, sondern sich von Mäusen und Ratten ernähren müssen, vermehren sich die Nager rasch, wenn es keine Katzen mehr gibt.

Schmerzen der ersten Wehen. Antonia geriet in Panik. Bis zur Geburt ihres Kindes waren doch noch mindestens sieben Wochen Zeit. Noch während sie versuchte, darüber nachzudenken, was hier eigentlich vorging, verschwamm ihr alles vor den Augen. Ein schwarzer Nebel umhüllte sie, dann fiel sie bewußtlos auf den Boden. Bald erbebte ihr reglos daliegender Körper in monotoner Regelmäßigkeit von den durch die Malaria ausgelösten vorzeitigen Wehen.

So fand Celia Pedrosa, die Nachbarin, die junge Frau, als sie am Nachmittag auf ein Schwätzchen vorbeikommen wollte. Celia, die die lebensbedrohliche Situation schnell erfaßt hatte, trommelte so rasch wie möglich die übrigen Frauen des Dorfes zusammen sowie die wenigen Männer, die tagsüber anwesend waren. Da es in der ganzen Siedlung kein Auto gab, wurde die bewußtlose Antonia auf einen Pferdekarren geladen und bis zur Hauptstraße kutschiert, wo sie den nächsten vorbeikommenden Lastwagen anhielten. Der Fahrer erklärte sich sofort bereit, Antonia zum kleinen Militärkrankenhaus nach Presidente Medici zu transportieren.

Nach einer kurzen Untersuchung der bewußtlosen Patientin stellte Dr. Queiroz, der leitende Arzt, seine vorläufige Diagnose: drohende Frühgeburt bei cerebraler (Gehirn-) Malaria. Die wenig später aus dem Labor eintreffenden Befunde versetzten Dr. Queiroz und sein kleines Team von Krankenschwestern in höchste Alarmbereitschaft: 15 Prozent aller roten Blutkörperchen waren von Malariaparasiten befallen, und der Hämatokrit (Anteil der Blutkörperchen am Gesamtblut) lag bei 17 Prozent – Antonia Batista war so anämisch, daß ihre roten Blutkörperchen kaum ausreichten, um eine Katze genügend mit Sauerstoff zu versorgen, geschweige denn eine werdende Mutter und ihr Kind.[4]

Also sah sich das Team mit einer dreifachen Notsituation konfrontiert: Die Milliarden, in ständiger Vermehrung befindlichen Parasiten mußten umgehend abgetötet werden. Die lebensbedrohliche Anämie war nur mit einer Bluttransfusion zu beheben, und die vorzeitigen Wehen mußten zum Stillstand gebracht werden, um die Geburt des noch unreifen Kindes zu verhindern.[5] Da das Kran-

[4] Aus allen Malariagebieten ist bekannt, daß Schwangere besonders empfänglich für die Infektion sind und daß bei ihnen die Krankheit ungewöhnlich schwer verläuft. Einerseits wird bei einer Schwangerschaft die körpereigene Abwehr stark unterdrückt (die sogenannte physiologische Immunsuppression), wodurch sich Krankheitserreger wie die Malariaparasiten leichter ausbreiten können. Zum anderen scheint die Plazenta, der Mutterkuchen, ein besonders geeignetes Milieu für *Plasmodium falciparum*, den gefährlichen Erreger der *Malaria tropica*, darzustellen. Parasitierte rote Blutkörperchen sind häufig schon in Massen in den Blutgefäßen des Mutterkuchens zu finden, wenn man im peripheren Blut, also z. B. in einer Hautvene, erst relativ wenige Parasiten zu Gesicht bekommt.

[5] Selbst bei weniger schweren Malariaerkrankungen (ohne Beteiligung des Gehirns) liegt die spontane Abortrate bei bis zu 50%. Kinder, die von malariakranken Müttern

kenhaus aber über keine Blutbank verfügte, mußte erst einmal ein passender Blutspender gefunden werden. Zufällig hatten Celia und eine andere Nachbarin die gleiche Blutgruppe wie Antonia und erklärten spontan ihre Zustimmung, für Antonia Blut zu spenden. Noch während die Transfusion vorbereitet wurde, stellte sich eine weitere Komplikation ein. Die Herztöne des Kindes wurden immer schwächer, schließlich waren sie im Stethoskop von Dr. Queiroz überhaupt nicht mehr vernehmbar. Da der Arzt bereits mehrfach die Erfahrung gemacht hatte, daß sich die Überlebenschancen einer Patientin mit einer so schweren Malaria, wie Antonia Batista sie hatte, erhöhten, wenn der von einer Armada von Parasiten überschwemmte Mutterkuchen nicht mehr vorhanden war, entschloß sich der Arzt, die Geburt künstlich einzuleiten. So kam es, daß die junge Frau, ohne es zu merken, in den Morgenstunden einen Jungen gebar. Das Kind kam tot auf die Welt und war für sein Alter eindeutig zu klein und untergewichtig.[6]

Im Laufe des nächsten Tages schien sich der kritische Zustand der Patientin zu stabilisieren. Dank der Bluttransfusionen war der Hämatokrit auf 25 Prozent angestiegen (normal ist ein Wert zwischen 37 und 45 Prozent), und die Parasitenzahl nahm kontinuierlich ab – das ständig über die Vene eintropfende Malariapräparat hatte angefangen, Wirkung zu zeigen. Einige Male schlug Antonia sogar kurz die Augen auf, versank dann aber wieder in einen Dämmerzustand. Einzig die Nieren machten Dr. Queiroz Sorgen: Laboruntersuchungen des aufgefangenen Urins zeigten, daß die Nierenleistung auf eine kritische Schwelle abgefallen war. »Wenn der morgige Tag überstanden ist«, sagte sich Dr. Queiroz, bevor er sich in sein Dienstzimmer zum Schlafen legte, »dann hat es Antonia geschafft.«

Es kam allerdings anders. Irgendwann in der Nacht verstarb Antonia Batista de Souza. Nach 23 Jahren zuverlässiger Tätigkeit hatte ihr Herz einfach aufgehört zu schlagen.

---

geboren werden, besitzen häufig 200 Gramm weniger als das in der jeweiligen Bevölkerung übliche Normalgewicht. Diese Kinder haben ein schwaches Immunsystem und sterben vielfach bereits in den ersten Lebensmonaten an Infektionen.

[6] Was bei einer schweren Malaria zum Tod des Föten führt, ist nicht mit Sicherheit bekannt. Vermutlich sind die wesentlichen Ursachen das hohe Fieber der Mutter, das die Gebärmutter in einen Hitzekessel verwandelt, und eine starke Verminderung der Sauerstoffzufuhr infolge der Ansammlung von Parasiten und Blutkörperchen in Blutgefäßen, die von der Mutter zum Kind führen. Ein direkter Übertritt der Plasmodien in den kindlichen Kreislauf ist dagegen eher selten.

Malaria – ein weltweites Problem

1994 werden – wie in den Jahren zuvor – etwa 200 Millionen Menschen an Malaria erkranken und ein bis zwei Millionen, darunter mindestens 800000 Kleinkinder, an der Parasitose sterben. 300 Millionen Menschen beherbergen zeitweise oder auf Dauer die einzelligen Erreger in ihren Leberzellen oder den roten Blutkörperchen. 2,4 Milliarden Menschen (45 Prozent der Weltbevölkerung) in insgesamt 103 Ländern leben derzeit in Gebieten mit Malariarisiko. Die Zahl der Gefährdeten wird sich noch dramatisch erhöhen, wenn das Klima auf unserem Planeten tatsächlich wärmer werden sollte.

Da in den meisten Malariagebieten keine Meldepflicht besteht und die zuständigen Ärzte andere Sorgen haben, als der Weltgesundheitsorganisation jeden einzelnen Malariafall zu melden, sind in Wirklichkeit vermutlich noch viel mehr Menschen betroffen. Es gibt keine andere Seuche, die in bezug auf Krankheitshäufigkeit und Sterblichkeitsrate der Malaria vergleichbar wäre und die die volkswirtschaftliche Entwicklung zahlreicher Tropenländer in ähnlicher Weise hemmt. Die Malaria ist aber auch, und darüber sind sich die Experten weitgehend einig, in vielen ländlichen Gebieten südlich und nördlich des Äquators noch immer das Regulativ einer ungebremsten Bevölkerungsexpansion.

80 % aller Malariaerkrankungen treten in Afrika auf, aber auch in Südostasien, im Pazifischen Raum und in Südamerika hat die Seuche nichts von ihrem Schrekken verloren. Fachleute teilen die Malariaregionen der Erde in drei Kategorien auf. Da sind erst einmal jene Gebiete, in denen die Übertragung der Plasmodien von der Mücke zum Menschen und zurück zur Mücke besonders intensiv ist. Dazu zählen die meisten Länder Afrikas südlich der Sahara, aber auch das Amazonas-Tiefland und Südostasien. Hier sind Malariabekämpfungsprogramme bislang überhaupt noch nicht durchgeführt worden oder sie sind in Bausch und Bogen fehlgeschlagen. In diesen sogenannten holoendemischen Malariagebieten sind es besonders die Kinder (bis zur Vollendung des fünften Lebensjahres) und die schwangeren Frauen, die den trickreichen Parasiten den höchsten Tribut zollen.[7]

Zur zweiten Kategorie von Malariarisikogebieten gehören viele asiatische, afrikanische und lateinamerikanische Schwellenländer. Hier funktioniert die Malariakontrolle nur noch mehr schlecht als recht. Armut, politische Instabilität, Bürgerkriege oder schlicht Nachlässigkeit haben dazu geführt, daß die nationalen

[7] Nur *Plasmodium falciparum*, der Erreger der *Malaria tropica*, kann eine tödlich verlaufende Erkrankung herbeiführen. Diese Parasitenart braucht eine Temperatur von mindestens 25 °C, damit ihre Entwicklung in der Mücke innerhalb von 2 Wochen abgeschlossen ist. Wie schon der Name *Malaria tropica* sagt, sind diese Bedingungen typischerweise nur in den feucht-heißen Regionen der Erde, den Tropen, gegeben.

Malariabekämpfungsbehörden ihre Tätigkeit weitgehend eingestellt haben. Ein typisches Beispiel ist Madagaskar. Ende der 60er Jahre war die Malaria auf der Insel beinahe ausgerottet. Doch 1988 wurde Madagaskar wieder von einer Malariaepidemie heimgesucht, die 25000 Opfer forderte.

Die dritte Kategorie umfaßt jene Länder, in denen das Malariaproblem »hausgemacht« ist: Systematische Abholzung von Regenwäldern, großflächige Anlage von Bewässerungssystemen (z. B. für den Reisanbau) und/oder starke Bevölkerungswanderungen haben das ökologische Gleichgewicht so nachhaltig gestört, daß die Seuche nahezu zwangsläufig auf dem Vormarsch ist.

Das beste Beispiel hierfür ist Brasilien. 99 Prozent aller brasilianischen Malariafälle werden aus Amazonien gemeldet (bei den restlichen handelt es sich um Personen, die ihre Malaria bei der Rückkehr aus Amazonien in malariafreie Landesteile »importiert« haben), von denen 95 Prozent in jenen vier Bundesstaaten auftreten, in denen die Zerstörung des Regenwaldes am weitesten fortgeschritten ist. Ursache ist hier im wesentlichen die unkontrollierte Zuwanderung von nichtimmunen Personen, also von solchen Menschen, die keinen natürlichen Schutz gegen die Plasmodien besitzen.

Der erste Schritt dazu ist typischerweise der Bau von Straßen, die Voraussetzung für die Erschließung neuer Siedlungsgebiete sind. Meist wird das Material für den Unterbau der Urwaldpisten seitlich ausgekoffert, so daß in der nächsten Regenzeit wassergefüllte Senken entstehen. Da die Straßenführung selten auf die topographischen Gegebenheiten des Landes Rücksicht nimmt, werden Wasserläufe während der Regenzeit nicht mehr drainiert. Es entstehen so riesige stagnierende Wasserflächen, in denen Myriaden von Anophelesmücken ideale Brutplätze finden.

Wandert in ein solches Gebiet nun eine große Anzahl von Menschen aus anderen malariafreien Landesteilen ein – seien es Siedler oder Goldsucher –, so ist die Grundlage für eine epidemieartige Krankheitsausbreitung gegeben. Da diese Menschen keinerlei Immunität gegen die Malaria besitzen, erkranken sie besonders schwer und besonders häufig. In der Regel vergehen noch nicht einmal zwei Monate, bis die Neusiedler mit einem Malariaanfall darniederliegen. Nach Beobachtungen des Schweizer Tropenforschers Dieter Stürchler erkranken viele der Siedler regelmäßig zwei- bis viermal pro Jahr. Bei den Goldsuchern dürften Malariaattacken noch häufiger sein.

In den letzten Jahren hat das Muster jedoch noch eine neue bedeutsame Facette bekommen: die zunehmende Verbreitung multiresistenter Parasiten. Forschungen haben ergeben, daß in den brasilianischen Kolonisationsgebieten mittlerweile mehr als 70 Prozent aller Malariaparasiten gegen die amtlich zugelassenen Medikamente resistent sind. Dies wiederum könnte durch eine unsachgemäße Medikamenteneinnahme bedingt sein. Dafür sprechen zumindest Untersuchungsergebnisse von Wissenschaftlern des Tropenmedizinischen Instituts in Berlin.

Die Forscher beobachteten nämlich in zwei geographisch dicht beieinanderliegenden Gebieten ein völlig unterschiedliches Resistenzmuster der Malariaparasiten. Parasiten von Bewohnern der Flußbank des Rio Acre, eines seit der Kautschukzeit besiedelten, aber nur schwer zugänglichen Regenwaldgebietes, sprachen gut auf die Behandlung mit dem gängigen Malariamittel Amodiaquin an. Parasiten von Patienten aus einem neuen Kolonisationsgebiet zeigten sich dagegen weitgehend resistent. Bei sonst vergleichbaren Lebensverhältnissen unterschieden sich die Anwohner des Flusses von denen der Straße im wesentlichen darin, daß die Neuankömmlinge aufgrund der besseren Verkehrswege leichter Zugang zu Medikamenten hatten. Da in Brasilien Arzneimittel frei verkäuflich sind, beschafften sich die Neusiedler bei jeder Art fieberhafter Erkrankung im nächstgelegenen Laden ein Malariamittel – um es bei nachlassendem Fieber gleich wieder abzusetzen. Ähnlich wie für Bakterien bekannt, entwickeln die solchermaßen unter Selektionsdruck gesetzten Malariaparasiten innerhalb kurzer Zeit resistente Mutanten.

So wird verständlich, warum mittlerweile im brasilianischen Teil Amazoniens jedes Jahr an die 6000 und 14000 Malariatote zu beklagen sind. Das Städtchen Ariquemes im Bundesstaat Rondonia, einem Zentrum von Siedlungsaktivitäten, hat sogar den zweifelhaften Ruf erworben, so etwas wie die »Malariahauptstadt« der Welt zu sein. Die jährliche Erkrankungsrate lag im Jahre 1991 bei 584 Fällen pro 1000 Einwohner!

Aber auch Touristen und Geschäftsreisende werden immer häufiger zu Opfern der weltweiten Renaissance der Malaria. So stieg beispielsweise in Großbritannien zwischen 1970 und 1985 die Zahl importierter Malariafälle von 101 auf 2112 im Jahr an. 1993 kehrten etwa 8000 Westeuropäer mit einer Malaria als Reisemitbringsel in ihre Heimat zurück. 300 bezahlten ihre Sorglosigkeit mit dem Leben. Schweizer Forscher haben kürzlich ausgerechnet, daß sich mittlerweile jeder Tausendste Fernreisende während eines Aufenthaltes in den Tropen oder Subtropen mit Malariaerregern infiziert.

Lebensformen eines trickreichen Parasiten

Die Infektion mit dem gefährlichsten aller Malariaerreger beginnt, wenn eine weibliche Anophelesmücke während des Blutsaugens nadeldünne, etwa acht Mikrometer lange sogenannte Sporozoiten mit ihrem Speicheldrüsensekret in ein Blutgefäß der Haut hineindrückt. Während der wenigen Augenblicke, die vergehen, bis sich die Mücke vollgesogen hat (ein Mückenmagen kann nur etwa 30 Mikroliter Blut aufnehmen), gelingt einigen Dutzend Sporozoiten der unbemerkte Übertritt aus dem wechselwarmen Insekt in den wohltemperierten menschlichen Körper. Über den Blutstrom erreichen die Sporozoiten alsbald die Leber, in der sie sich an eine bestimmte Art von Leberzellen anheften, mit einem Trick die Zellmembran für kurze Zeit durchlöchern, und dann in das Zellinnere eindringen.[8] Dieser Vorgang dauert nur wenige Minuten, so daß im Normalfall die körpereigenen Abwehrkräfte allein durch die Schnelligkeit des Geschehens überrumpelt werden. Und selbst wenn es dem Immunsystem gelingt, 99 Prozent aller Sporozoiten vor dem Eindringen in die Leber abzufangen und unschädlich zu machen, haben letztendlich doch die Malariaparasiten die Nase vorn. Denn schon einige wenige in Leberzellen eingedrungene Sporozoiten können nach einer Zeitspanne von 3 bis 4 Wochen eine tödlich verlaufende *Malaria tropica* hervorrufen.

Auch das nächste (dritte) Entwicklungsstadium (Schizogonie) verläuft nach dem Motto, so rasch wie möglich aus wenig viel zu machen. Innerhalb von einer Woche entstehen aus einem einzigen Erreger an die tausend »Tochtersporen«, Merozoiten genannt. Die Leberzelle, mittlerweile aufgeblasen wie ein Luftballon und durchlöchert wie ein Schweizer Käse, hält dem Druck der Armada nicht mehr stand. Sie entläßt die Merozoiten dorthin, wo sie noch mehr Unheil anrichten werden: in die Blutbahn, wo sie sich in den roten Blutkörperchen (Erythrocyten) einnisten.

Bis zu diesem Zeitpunkt hat der zukünftige Malariapatient – außer vielleicht einem juckenden Mückenstich – noch nichts bemerkt. Es gibt kein Fieber, keine Leberschmerzen, und selbst eine Routineblutuntersuchung würde nichts Auffälliges entdecken lassen. Erst wenn die ersten Leberzellen wie ein über Gebühr beanspruchter Druckkessel aufplatzen und sich Abertausende von Parasiten in die Blutbahn ergießen, treten die ersten – noch uncharakteristischen – Krankheitszeichen auf. Gleichzeitig beginnt das letzte von insgesamt vier Entwicklungsstadien, in dem die Merozoiten zu wahrhaft astronomischen Parasitenscharen anwachsen, an deren Ende bis zu 30 Prozent aller roten Blutkörperchen (im Normalfall etwa 15 Billionen Zellen) befallen sein können. In dieser Phase ist das

---

[8] Damit ist biologisch gesehen bereits die zweite Phase im komplizierten Lebenszyklus der Malariaparasiten erfolgreich beendet. Während der erste Abschnitt durch eine Verschmelzung von weiblichen und männlichen Parasitenstadien gekennzeichnet ist (Gamogonie), und zur Hälfte im Menschen und zur Hälfte in der Mücke abläuft, dient die hier nicht weiter beschriebene zweite Phase zum Generieren einer maximalen Zahl von Nachkommen (Sporogonie): Im Mückenmagen entstehen aus einer einzigen befruchteten »Eizelle« durch fortlaufende Zellteilung mehrere tausend Sporozoiten, die durch den Körper der Anophelesmücke wandern und sich schließlich in deren Speicheldrüsen ansiedeln.

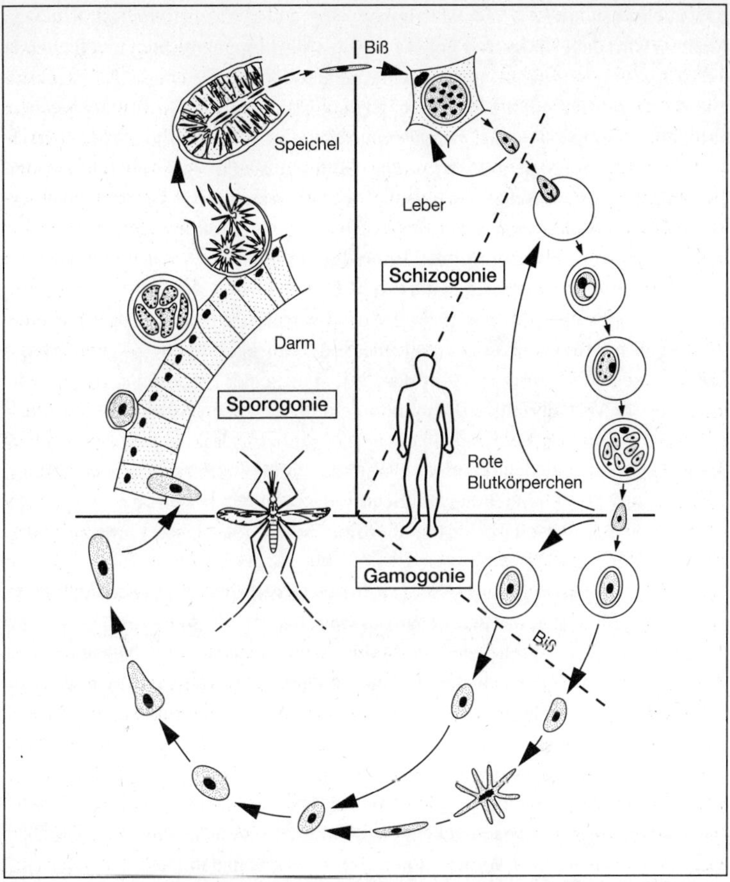

Entwicklungszyklus der Malaria-Erreger (Plasmodium spec.)

Immunsystem häufig nicht in der Lage, die ausufernde biologische Kettenreaktion zu unterbrechen.[9]

Jeder Merozoit heftet sich über einen speziellen Rezeptor an die Oberfläche eines roten Blutkörperchens an und dringt in Sekundenschnelle in diese kernlo-

[9] Nur wenn die Abwehrkräfte über Jahre immer wieder und wieder mit immer neuen Wellen von Malariaerregern konfrontiert werden – was nur gewährleistet ist, wenn man sich ständig in einem Malariagebiet aufhält –, entwickelt sich eine Teilimmunität. Dies ist

sen, hochspezialisierten Sauerstofftransporteure ein. Aus dem längsovalen Merozoiten wird dabei in rascher Folge zuerst ein siegelringähnliches Gebilde, dann ein Trophozoit, der wie sein Name sagt, mit amöbenhafter Behendigkeit die sauerstofftransportierenden Eiweiße (das Hämoglobin) der roten Blutkörperchen auffrißt. Als wäre damit noch nicht genug Schaden angerichtet, so entstehen nach 48 Stunden bis zu 16 neue Merozoiten, die ihre ausgepowerte Gastzelle – einer gut gedrillten Piratenschar auf einem ausgeplünderten Schiff nicht unähnlich – wie auf Kommando wieder verlassen. Auch diese neue Generation von Parasiten hält sich nur für kurze Zeit in der Blutbahn auf, um dann in bislang verschont gebliebene Blutkörperchen einzudringen. Dieser Prozeß wiederholt sich in stereotyper Regelmäßigkeit, bis entweder das Immunsystem dem unkontrollierten Parasitenwachstum Einhalt gebietet, die Malariaerreger durch geeignete Medikamente abgetötet werden – oder der Patient an seiner Infektion stirbt. Da die Parasiten ihr Vermehrungsprogramm mit einer zeitlichen Präzision absolvieren, wie eine Gruppe von Tänzerinnen ein gut einstudiertes Ballett, erklärt sich auch die Periodizität der Malariaanfälle. In einer ständig wiederkehrenden Abfolge reagiert der Körper mit Schmerzen, Schüttelfrost und Fieber bis zu 42 °C, gefolgt von einer »Erholungsphase«, in der allerdings bereits die nächste Generation der Parasiten heranwächst.

Bei dem mit jedem Zyklus größer werdenden Verlust von sauerstofftransportierenden Zellen ist es nur eine Frage der Zeit, bis sich die Anämie folgenschwer bemerkbar macht. So reagiert das besonders sauerstoffempfindliche Gehirn mit Ausfallserscheinungen. Störungen in anderen lebenswichtigen Organen, wie Leber und Nieren, gesellen sich hinzu, wenn ganze Massenkarambolagen lädierter roter Blutkörperchen die Blutzirkulation blockieren. Ist es erst einmal soweit gekommen, sind Bewußtlosigkeit, Schock und der Tod meist die unausweichliche Folge.

Nach einigen Vermehrungszyklen im Blut ändern plötzlich einige wenige Merozoiten ihr stereotypes Verhalten und entwickeln völlig andere Eigenschaften. Sie wandeln sich plötzlich – und man weiß bis heute nicht wie und warum – zu weiblichen und männlichen Geschlechtsformen um, den sogenannten Gametozyten. Diese bananenförmigen Strukturen zirkulieren mit ihren ungeschlechtlichen Verwandten, den Merozoiten, durch die Blutgefäße des Körpers. Sie sterben nach einiger Zeit ab, wenn sie nicht beim Blutsaugen einer Anophelesmücke in den Mückenmagen aufgenommen werden.

---

mehr ein labiler Gleichgewichtszustand als ein wirksamer immunologischer Schutz: ein solchermaßen trainiertes Immunsystem kann nämlich nur der ungehemmten Vermehrung der Merozoiten einen Riegel vorschieben und dadurch den Körper vor einer schweren tödlich verlaufenden Krankheit schützen, immer wieder neue Infektionen mit Plasmodien jedoch nicht verhindern.

Dieses unwahrscheinlich anmutende Ereignis – zwei mikroskopisch kleine Parasiten weiblichen und männlichen Geschlechts müssen sich just in dem Augenblick in einem dicht unter der Haut liegenden Blutgefäß befinden, aus dem eine Mücke ihren Blutdurst stillt – ist jedoch, so zeigen die Millionen Malariakranken, statistisch gesehen eher die Regel als die Ausnahme. Während im Mückenmagen die ebenfalls über den Blutstropfen aufgenommenen Merozoiten zugrunde gehen, finden die Gametozyten hier genau das für ihre Weiterentwicklung notwendige Milieu. Es entstehen »Samenzellen«, von denen nur eine, dem Schicksal der Spermien nicht unähnlich, die weibliche »Eizelle« befruchten kann.

Damit ist die geschlechtliche Entwicklungsphase beendet, und der Entwicklungszyklus ist einmal durchlaufen. *Plasmodium falciparum* ist nach einer schier unglaublichen »Tour de Force«, die gewaltige Anpassung an ganz unterschiedliche Umweltbedingungen verlangt hat, in jenes Versteck im Insekt zurückgekehrt, von der aus eine neue Invasion in einen anderen Menschen vorbereitet werden kann. Der aufgezeigte Zyklus und die dabei aufgetretenen parasitären Lebensformen sind auch bei Plasmodien, die bei Tieren eine Malaria hervorrufen (von Affen über Vögel bis zu Reptilien), sehr ähnlich und für die drei anderen Malariaparasiten des Menschen fast identisch[10]: Auf eine Sequenz von drei Entwicklungsphasen, bei denen »ohne Sex« Myriaden von Nachkommen gezeugt werden (und von denen eine in der Mücke und zwei im Menschen ablaufen), folgt eine Periode sexueller Aktivität. Diese komplexe Abfolge ist im Reich ein- und mehrzelliger Krankheitserreger ohne Präzedenz und macht verständlich, warum es bis zum Jahre 1898 gedauert hat, bis die vier Entwicklungsphasen zumindestens in groben Umrissen bekannt waren.

Das Immunsystem gerät bei dieser Vielzahl von ständig wechselnden Gestalten und Formen natürlich in die Bredouille. Einerseits kann es seine »Gegner« immer nur für relativ kurze Zeit wahrnehmen und bekämpfen (die intrazellulären

---

[10] Bei *Plasmodium vivax* und *Plasmodium ovale*, zwei Malariaerregern, die die gutartige *Malaria tertiana* (das Drei-Tage-Fieber) verursachen, verbleiben allerdings einige Sporozoiten in Leberzellen für Wochen bis Monate in einer Art Schlaf oder Dämmerzustand. Diese sogenannten Hypnozoiten (Schlafformen) können jedoch plötzlich aktiv werden und in das nächste Entwicklungsstadium übergehen und so nach einer auskuriert geglaubten Malaria zu einem Rückfall führen.

Es gibt nur eine Ausnahme von dem hier aufgezeigten Schema: Werden Malariaparasiten durch eine Bluttransfusion oder durch das mehrfache Benutzen von Injektionsnadeln (needle-sharing) übertragen – der erste Fall ist in vielen tropischen Ländern gang und gäbe, der zweite wird vermutlich auch bei uns an Bedeutung gewinnen –, so bleibt der Entwicklungszyklus auf die Blutformen, die Merozoiten, beschränkt. Es gibt bei dieser Art von Malaria natürlich auch keine Rückfälle, da keine Sporozoiten in Leberzellen vorhanden sind.

Parasitenformen sind vor dem Angriff der Abwehrkräfte weitgehend geschützt), zum anderen besitzt jedes Parasitenstadium ein unterschiedliches Erkennungsmuster, verlangt also jeweils den Einsatz anderer, weil hochspezialisierter Abwehrkräfte. Schließlich können die Parasiten auch noch die Feinstruktur ihres »immunologischen Gesichts« in geschickter Weise verändern.[11] Verständlich also, daß bei der Malaria die »Waffenverhältnisse« zwischen Immunsystem und Krankheitserregern deutlich zugunsten der Parasiten verschoben sind und daß sich die Abwehrkräfte mit einem solchen trickreichen Gegner unglaublich schwerer tun als beispielsweise mit Bakterien oder den meisten Viren.

Der Anfang vom Ende eines Traums

Wohl mit keiner anderen chemischen Substanz haben sich einmal so viele Hoffnungen verbunden – und dann später so viele negative Erfahrungen eingestellt – wie mit Dichloro-diphenyl-trichloroethan, kurz DDT genannt. Für die Entwicklungsländer Afrikas, Asiens und Südamerikas – dem Druck einer ständig wachsenden Bevölkerung und einer sich ständig vergrößernden Nachfrage nach preiswert produzierten Nahrungsmitteln ausgesetzt – war die Entdeckung des deutschen Chemikers Paul Müller wie ein Geschenk des Himmels. Denn DDT hatte alle Eigenschaften, die man für eine effiziente Bekämpfung der Malariamücken und anderer krankheitsübertragender Insekten benötigte. Es war billig, es war leicht anzuwenden, und es wirkte, einmal auf Haus- oder Hüttenwände aufgesprüht, relativ lange (bis zu sechs Monate).

Die ersten Pilotprojekte mit dem neuen Wundermittel (auf Zypern, in Griechenland, Venezuela und Puerto Rico) waren so erfolgreich, daß bereits 1955 die Generalversammlung der WHO die weltweite Ausrottung der Malaria mit Hilfe von DDT auf ihr Banner schrieb. Die in Genf am grünen Tisch beschlossene Strategie fußte auf einigen, wie man damals meinte, unumstößlichen Postulaten:

1. Zu den Überträgern der menschlichen Malaria gehören ausschließlich solche Anophelinen, die nach Anbruch der Dunkelheit aktiv in Wohnungen und Häuser eindringen und sich nach einer Blutmahlzeit – genetisch vorprogrammiert – für eine gewisse Zeit auf einer der Innenwände niederlassen.

2. Diese sogenannten endophilen Anophelesarten werden mit Sicherheit abgetötet, wenn das Innere eines Hauses mit DDT besprüht worden ist.

3. Wiederholt man die DDT-Behandlung im Abstand von drei bis sechs Monaten, so kann es keine Übertragung der Krankheitserreger mehr geben, da a) die

[11] Diese sogenannte Antigenvariation wenden auch andere einzellige Parasiten an, um die Abwehrkräfte ins Leere laufen zu lassen (siehe Kapitel Schlafkrankheit, Seite 239ff).

Mückenpopulation dermaßen reduziert ist, daß schon rein mathematisch eine Übertragung der Parasiten vom Mensch auf die Mücke unwahrscheinlich wird und b) die Überlebenszeit der Anophelinen zu kurz wird, als daß die Plasmodien noch eine Chance hätten, ihren Entwicklungszyklus im Insekt abzuschließen.

4. Setzt man dieses Verfahren konsequent über fünf Jahre fort, so gibt es keine Übertragung der Plasmodien von der Mücke auf den Menschen mehr (also auch keine neuen Malariafälle), und auch in den wenigen noch infizierten Patienten wären die letzten Hypnozoiten längst abgestorben.[12]

Auch wenn nicht alle Malariologen an diese etwas zu simplen Modellvorstellungen glaubten, so wurden die Kritiker mit dem Hinweis umgestimmt, daß man die Malariabekämpfung äußerst effizient organisieren könne, da sich die Vereinigten Staaten bereit erklärt hatten, das weltweite Ausrottungsprogramm mit einer kräftigen Finanzspritze zu unterstützen. In der Tat stellte die US Agency for International Development von 1956 bis 1969 insgesamt 790 Millionen US-Dollar für diesen Zweck zur Verfügung. Doch Mitte der 60er Jahre war auch dem letzten Verfechter der Ausrottungstheorie klargeworden, daß das ehrgeizige Projekt zu einem beispiellosen Flop geworden war, und daß das gesamte Geld (plus der Mittel, die die 63 in das Ausrottungsprogramm einbezogenen Entwicklungsländer aus eigener Tasche eingesetzt hatten[13]) den Bach runtergegangen war. Fast überall waren innerhalb kürzester Zeit die Anophelesmücken resistent gegen das Wundermittel DDT geworden – sowohl physiologisch wie auch ethologisch. Physiologisch, indem Mutanten ein Enzym entwickelt hatten, das das hochgiftige Insektizid im Inneren der Mücke in eine harmlose Substanz umwandelte, und ethologisch, indem sich viele der Anophelinen nach einer Blutmahlzeit nicht mehr auf einer Wand niederließen, sondern gleich im Dunkel der tropischen Nacht verschwanden und ihre Verdauungspause auf Bäumen oder in Büschen abhielten.

Es ist viel darüber gestritten worden, ob die ambitionierten Malariabekämpfer durch das langjährige Aufbringen von DDT selbst die biologische Resistenzentwicklung gefördert haben. Heute sind Fachleute allerdings der Ansicht, daß nicht die Malariabekämpfung, sondern die undiskriminierte und sorglose Anwendung

[12] Wie bereits erwähnt, bilden nur zwei Plasmodienarten Hypnozoiten aus, eben jene Schlafformen, die in der Leber eines Patienten »überwintern«. Zudem war bekannt, daß nur sehr wenige Hypnozoiten ihren »Winterschlaf« erst nach fünf Jahren beenden, um die Vermehrungsphase im Blut zu beginnen. Diese Einzelfälle, so die euphemistische Einschätzung, konnte man aber getrost den körpereigenen Abwehrkräften überlassen oder aber die Parasiten medikamentös beseitigen.

[13] Von dem damals typischen Budget des Gesundheitsministers eines betroffenen Landes von durchschnittlich 1 US-Dollar pro Einwohner pro Jahr mußten 35 Cents für die Malariabekämpfung bereitgestellt werden!

von DDT in der Landwirtschaft, besonders im Reis- und Baumwollanbau, die unselige Entwicklung verursacht hat. In der Tat benutzten Kleinbauern und Großgrundbesitzer das äußerst billige und von der Industrie in Massen produzierte Insektizid häufig in Konzentrationen, die die Entwicklung von DDT-resistenten Mutanten zwangsläufig werden ließ.

So kauften beispielsweise Mitte der 60er Jahre indische Landbesitzer zunehmend Gebiete auf, die im Rahmen der Malariabekämpfung (durch Applikation von DDT) erstmalig landwirtschaftlich nutzbar geworden waren, um sie für den Anbau ertragreicher Reissorten zu nutzen. Dies führte einerseits zur Anlage von neuen Bewässerungssystemen und andererseits zur Zuwanderung von Arbeitskräften aus Gebieten, in denen die Malaria immer noch endemisch war. Beides verhalf den Großgrundbesitzern zu einer raschen Erhöhung der Reisproduktion, die aber wegen der Anfälligkeit der hochgezüchteten Reissorten mit immer neuen Sprühnebeln von DDT erkauft werden mußte. Innerhalb kürzester Zeit führte dies zu einer Selektion DDT-resistenter Anophelesmücken (oft waren nach einer einzigen Sprühaktion 80% der Mücken für DDT unempfindlich). Diese fanden überdies in den neuen Bewässerungssystemen ideale Brutmöglichkeiten.

Da von den zugewanderten Arbeitern einige Malariaträger waren, konnte sich die Krankheit über die in Massen vorhandenen Vektoren oft innerhalb weniger Monate auf die gesamte Bevölkerung ausdehnen. So wurde Indien aus einem Musterknaben des Ausrottungs-Programms innerhalb von 10 Jahren zum paradigmatischen Beispiel für das Versagen der WHO-Strategie. Von 10000 Malariafällen im Jahre 1966 schnellte die Zahl der Erkrankungen auf mehr als sechs Millionen im Jahre 1976 wieder hoch. Wissenschaftler der Columbia-Universität in New York haben das indische Desaster mit mathematischer Genauigkeit auf den Punkt gebracht: Jedes zusätzliche Kilogramm DDT erhöhte zwar beträchtlich die Reisproduktion, führte aber gleichzeitig zu 105 neuen Malariaerkrankungen.

Doch nicht nur bei den Insekten, auch bei den Menschen regte sich zunehmend Widerstand. Vielfach hatten die Gesundheitsstrategen versäumt, darüber nachzudenken, daß in vielen Ländern die Menschen ganz unterschiedliche Vorstellungen darüber haben, was Malaria ist und wie die Krankheit zustande kommt. So weigerten sich auf den Philippinen ganze Dörfer, ihre Hauswände weiter regelmäßig mit DDT besprühen zu lassen. Die Bewohner waren der festen Überzeugung, daß man Malaria nur dann bekam, wenn man unreines Wasser trank. Und sie wußten aus Erfahrung, daß ihnen wenige Monate nach einer Sprühaktion das Dach über dem Kopf zusammenbrechen würde.[14] Sie forderten deshalb

[14] Diese Befürchtung war verständlich: Die aus Palmblättern gefertigten Dächer waren nämlich die Lieblingsspeise einer Schmetterlingsraupe, die versteckt zwischen den dürren

ganz logisch den Bau von Brunnen und Wasserleitungen anstelle der unverständlichen Sprühaktionen, aber dafür hielten sich die Malariabekämpfer wiederum nicht zuständig.

Auch heute wird noch hier und dort DDT zur Malariabekämpfung eingesetzt. Großflächige Sprühkampagnen sind jedoch schon aus ökologischen Gründen heute nicht mehr durchführbar. Der Traum, mit Hilfe von DDT eine der ältesten Seuchen der Menschheit ein für allemal auszurotten, ist ausgeträumt. Mit der ihr eigenen bürokratischen Schwerfälligkeit hat die WHO diesen Tatbestand mit einiger Verzögerung anerkannt und 1972 ihr Malaria-Ausrottungs-Programm offiziell für gescheitert geklärt.

Alte Besen kehren gut

Die Entwicklung eines neuen Medikamentes von den ersten Laborversuchen bis zum Verkauf in der Apotheke kostet in der Regel zwischen 400 und 600 Millionen Mark. Dies gilt für Arzneien gegen Bluthochdruck in ähnlicher Weise wie für Malariamittel. Es ist verständlich, daß Pharmaunternehmen einen solchen Betrag nur investieren, wenn sie sicher sind, daß zumindest die Entwicklungskosten durch den späteren Verkauf des Medikamentes gedeckt werden. Andererseits gibt es Situationen, wo ein übergeordnetes Interesse an bestimmten Arzneimitteln vorliegt und neue Medikamente bereitgestellt werden, koste was es wolle. Krieg, vor allem wenn mächtige Nationen beteiligt sind, ist so ein Fall.

In der Tat waren kriegerische Auseinandersetzungen die Haupttriebfeder für die Entwicklung von Malariamedikamenten. Und mit Ausnahme des Chinins wurden auch alle erst in diesem Jahrhundert entdeckt, ausgetestet und auf den Markt gebracht. Im großen und ganzen waren die Anstrengungen eines ganzen Bataillons von Chemikern und Pharmakologen jedoch alles andere als erfolgreich. Während des Zweiten Weltkriegs und danach wurden etwa 250000 (!) ver-

---

Palmwedeln lebte. Unter normalen Bedingungen wurde die Raupenzahl allerdings durch eine parasitäre Wespe so klein gehalten, daß sich der Schaden durch Raupenfraß im Verhältnis zur Lebensdauer eines Palmdachs in Grenzen hielt. Nun war allerdings die schmarotzende Wespe äußerst empfindlich für DDT, die stoisch an Palmwedeln nagende Raupe dagegen resistent. Wenn also die Malariakammerjäger kamen, um das Haus einzusprühen, starben kurze Zeit später die Wespen. Daraufhin vermehrten sich – nun bar jeder Feinde – die Raupen zu gefräßigen Schwadronen. Schließlich brach – mit einiger Zeitverzögerung – der Palmendachstuhl in sich zusammen. Verständlich, daß die Bewohner den Gesundheitsbeamten kein Wort über winzig kleine Parasiten glaubten, die von Mücken auf Menschen übertragen würden, wenn sie noch nicht einmal erklären konnten, wie ein flüchtiger Sprühnebel ein kunstvoll gefertigtes Palmendach zusammenbrechen lassen konnte.

schiedene chemische Substanzen im Reagenzglas hergestellt und auf ihre Wirksamkeit gegenüber Malariaparasiten überprüft. Eine ähnlich große Zahl von Molekülen wurde während des Vietnamkrieges von dem eigens dafür geschaffenen Walter Reed Research Institute in den USA untersucht, von denen die meisten wieder verworfen wurden. Nur eine Handvoll Medikamente kam in die engere Auswahl, d. h. wurde für Prüfungen am Krankenbett zugelassen, und von diesen ist wiederum nur ein halbes Dutzend zur Prophylaxe und/oder Therapie der Malaria übriggeblieben. Diese wenigen Medikamente unterscheiden sich zudem erheblich in ihren pharmakologischen Eigenschaften, in ihrer Wirksamkeit gegenüber den verschiedenen Parasitenarten und Entwicklungsstadien (Leberspozoiten, Blutmerozoiten, Geschlechtsformen) sowie in bezug auf ihre Nebenwirkungen.[15]

Zu Beginn der 60er Jahre berichteten südamerikanische Ärzte erstmals, daß Chloroquin, *das* Malariamittel schlechthin, bei der Behandlung von *Malaria tropica*-Patienten versage.[16] Kurz darauf wurde durch gezielte Untersuchungen bestätigt, daß Mutanten von *Plasmodium falciparum* entstanden waren, gegen die Chloroquin selbst in höchster Dosierung nichts mehr ausrichten konnte – vermutlich das Resultat einer zu generösen Verschreibungspraxis, einer unkontrollierten Einnahme und/oder einer häufigen Unterdosierung (das Medikament wurde von den Patienten abgesetzt, sobald das Fieber nachgelassen hatte).[17]

Langsam, aber mit tödlicher Sicherheit verbreitete sich die Chloroquinresi-

---

[15] Chinin z. B., das älteste aller Malariamittel, wirkt nur relativ langsam, während die neuen Medikamente Mefloquin und Halofantrin die Parasiten relativ schnell abtöten; einige der neueren Medikamente dürfen nicht von schwangeren Frauen eingenommen werden, da sonst die Gefahr einer Schädigung des Embryos besteht – dieser Tatbestand verbietet ihren Einsatz in zahlreichen tropischen Ländern, in denen nicht oder nur unzuverlässig Empfängnisverhütung betrieben wird.

[16] Chloroquin, 1935 durch Chemiker der IG Farben in Wuppertal synthetisiert, war über 20 Jahre ein dermaßen zuverlässiges Medikament, daß es das aus der Rinde des Cinchona-Baumes gewonnene Chinin in allen Malariaregionen völlig verdrängt hatte. Folglich wurden die Cinchona-Plantagen auf Java unrentabel, die Cinchona-Bäume wurden abgeholzt und durch Kautschukplantagen ersetzt. Als dann aufgrund zunehmender Resistenz gegen Chloroquin plötzlich wieder die Nachfrage nach Chinin stieg, erzielten Restbestände, die in verstaubten Apothekenlagern in Vietnam und Brasilien gefunden wurden, unglaubliche Preise. – Mittlerweile wird auch Chinin synthetisch hergestellt.

[17] Es ist von zahlreichen Krankheitserregern bekannt, daß sie, setzt man sie mehrfach einer geringen Konzentration eines Antibiotikums aus, rasch gegen diese Substanz resistent werden. Bei den Malariaparasiten läßt sich ein solcher Vorgang ebenfalls in Laborversuchen nachweisen. Deshalb warnen auch einige Malariologen vor einer weiteren Verbreitung chininhaltiger »Tonic Water« (das Chinin sorgt hier für den charakteristischen bitteren Geschmack). Die Konzentration des Chinins im Tonic Water liegt deutlich unter der, die für die Abtötung der Parasiten notwendig ist. Dies könnte, so die Befürchtungen, der Ausbreitung chininresistenter Parasiten Vorschub leisten. Immerhin wird die Hälfte der weltweiten Produktion von Chinin benutzt, um es Tonic Water zuzusetzen.

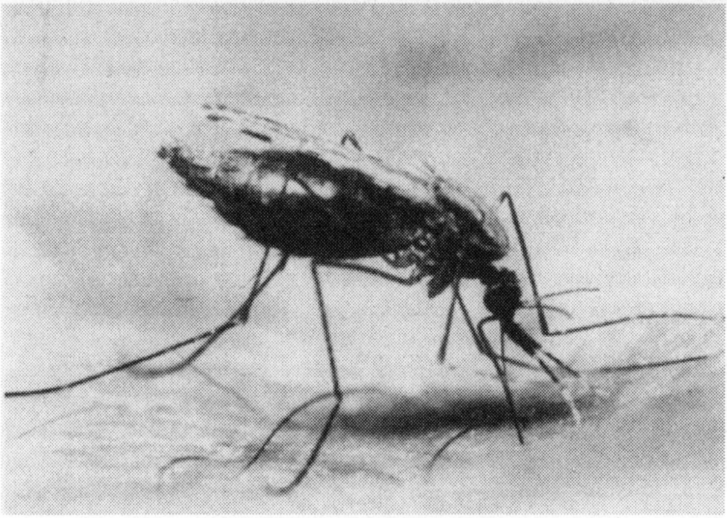

Weibliche Anophelesmücke beim Stich (Anopheles spec.)

stenz in den nächsten beiden Jahrzehnten über alle Kontinente bis in den hintersten Winkel Melanesiens. Heutzutage sind in einigen Malariagebieten 90% aller von Patienten isolierten Parasitenstämme gegen Chloroquin resistent. Noch schlimmer, auch gegen die anderen neuen Medikamente tauchten in noch kürzerer Zeit Resistenzen auf. So versagt das Medikament Mefloquin, ein synthetisches Chininanalog, das erst einige wenige Jahre auf dem Markt ist, in Thailand und Kambodscha bereits bei 20% aller Patienten mit einer *Malaria tropica*.

Die größte Hoffnung setzen die Malariologen derzeit auf ein »neues« Medikament, extrahiert aus einer seit 2000 Jahren in China bekannten Heilpflanze: Qinghaosu, eine Substanz aus dem einjährigen Beifuß *(Artemisia annua)*. Schon im Jahre 340 n.Chr. hatte der chinesische Gelehrte Ge Hang in seinem »Handbuch für die Behandlung von Notfällen« auf die fiebersenkende Wirkung des einjährigen Beifußes hingewiesen. Seit dieser Zeit wurde die Pflanze in der traditionellen chinesischen Medizin als fiebersenkendes Mittel eingesetzt. Während der Kulturrevolution, als man sich in China nicht nur in politischer Hinsicht vom Westen abwandte, begann eine systematische Überprüfung alter Schriften über Pflanzenheilkunde. Dabei entdeckte man, daß ein Extrakt aus *Artemisia annua* nicht nur schnell Fieber senken konnte, sondern auch Malariaparasiten der Maus äußerst effizient abtötete. Mittlerweile ist der Pflanzenextrakt aufgereinigt und in seiner chemischen Struktur charakterisiert. Artemisinin, so die pharmakologische Bezeichnung, erwies sich bei der *Malaria tropica* sogar besser wirksam als

Chloroquin oder Chinin bei gleichzeitig geringeren Nebenwirkungen. Von chinesischen Wissenschaftlern sind in der Zwischenzeit dem Artemisinin verwandte Substanzen synthetisiert worden, die auch in Form von Spritzen oder Infusionen gegeben werden können. Zur Zeit versucht eine niederländische Arzneimittelfirma das Artemisinin und seine Abkömmlinge in großem Maßstab herzustellen.

Die Schwierigkeiten bei der Entwicklung eines Malariaimpfstoffs lassen sich am besten verdeutlichen, wenn man sie mit denen, die bei der Herstellung einer Vakzine gegen bakterielle Krankheitserreger auftreten, vergleicht. Bakterien können in der Regel auf einfachen Nährböden gezüchtet und in Massen »geerntet« werden. Im Normalfall werden die Bakterien gewaschen und dann durch Zusatz von Phenol oder Formalin inaktiviert, d. h. abgetötet. Damit steht bereits ein Impfstoffprototyp für weitere Experimente in Versuchstieren zur Verfügung. Die Wirksamkeit einer solchen Rohvakzine läßt sich relativ einfach bestimmen, indem man z. B. die Konzentration von Antikörpern mißt, die das Versuchstier nach der Impfung gebildet hat. Und schließlich läßt sich auch verhältnismäßig leicht die immunologische »Nagelprobe« machen, will heißen, die Zuverlässigkeit der künstlich stimulierten Abwehrkräfte zu überprüfen, indem man das geimpfte Tier erneut mit virulenten Bakterien infiziert. Alle diese Voraussetzungen sind bei der Malaria nicht gegeben. Weder lassen sich die Plasmodien auf einfache Weise im Labor anzüchten[18], noch lassen sich komplette Parasiten sinnvoll als Impfstoff verwenden. Schlimmer noch, die äußerst komplex aufgebauten Malariaerreger induzieren im Körper eine verwirrende Vielfalt von Abwehrmechanismen: Sehr unterschiedliche Arten von Antikörpern und immunologischen Botenstoffen werden gebildet und verschiedene Klassen hochspezialisierter Immunzellen aktiviert, ohne daß man bis heute sagen kann, welche Mechanismen bei welchem Entwicklungsstadium des Parasiten genau welche Funktion haben.[19] Auch gibt es keine allgemein verfügbaren Tiermodelle oder Labormethoden, mit deren Hilfe man einen Impfstoff sinnvoll überprüfen und dann Schlußfolgerun-

[18] Erst seit 1977 gibt es – labortechnisch sehr aufwendige – Methoden, um *Plasmodium falciparum in vitro* zu kultivieren. Für die anderen Plasmodienarten ist das Problem noch immer nicht gelöst.

[19] Dies hängt u. a. auch damit zusammen, daß Plasmodien in der Lage sind, das Immunsystem »bewußt« in die Irre zu führen und seine Funktionsfähigkeit zu untergraben. So legen verschiedene parasitäre Antigene wichtige Abwehrmechanismen weitgehend lahm, während andere Antigene die körpereigenen Abwehrkräfte gewissermaßen überstrapazieren, was wiederum die Ursache typischer Krankheitszeichen der Malaria ist. So wird z. B. eine überschießende Produktion des wichtigen immunologischen Boten- und Wachstumsstoffes Tumor-Nekrose-Faktor für das Krankheitsbild der Gehirnmalaria verantwortlich gemacht.

gen über die Verhältnisse im Menschen ziehen könnte.[20] Überdies verändert sich das immunologische »Gesicht« einer Plasmodienart erheblich von Entwicklungsstadium zu Entwicklungsstadium – ganz im Gegensatz zu Bakterien, deren immunologische Oberflächenmerkmale während der ganzen Lebenszeit konstant sind. Dies bedeutet praktisch, daß ein – noch so guter – Impfstoff gegen die Merozoiten (Parasiten, die in die roten Blutkörperchen eindringen) nichts gegen Sporozoiten (Parasiten, die die Leberzellen befallen) ausrichten kann.

Schließlich sind Malariaerreger aus Region A noch lange nicht gleich Plasmodien aus Region B. Malariologen kennen genügend Beispiele dafür, daß Personen, die, sagen wir, im Süden Kenias leben und deren Immunsystem im Verlaufe langjähriger Auseinandersetzung mit Erregern dieser Region »gelernt« hat, den Menschen vor schweren Malariaformen zu schützen, plötzlich wieder lebensgefährlich erkranken, wenn der Betreffende in andere Landesteile (mit einer anderen Parasiten-Variante) auswandert.

Theoretisch lassen sich drei unterschiedliche Typen von Malariaschutzimpfungen unterscheiden. Da wäre einmal ein Impfstoff gegen die Formen der Parasiten, die von der Mücke auf den Menschen übertragen werden, die Sporozoiten. Könnte das Immunsystem alle in den Körper eingedrungenen Sporozoiten erkennen und beseitigen, dann wäre dies wohl die beste Art des Schutzes (sogenannte sterilisierende Immunität). Allerdings müßte ein solcher Impfstoff auch 100prozentig sicher sein: entkommt auch nur ein einziger Sporozoit unerkannt in eine Leberzelle, so kann daraus später immer noch eine lebensgefährliche Malaria entstehen.[21]

Eine zweite Gruppe von Impfstoffen zielt auf die Blutformen der Plasmodien ab, wobei sich hierbei wiederum zwei Ansätze unterscheiden lassen, die Anti-Parasiten-Vakzine und die Anti-Krankheits-Vakzine. Im ersten Fall soll das Immunsystem so aktiviert werden, daß die aus den roten Blutkörperchen austreten-

---

[20] In der Tat hat die WHO in ihrem jüngsten Forschungsbericht über Fortschritte bei der Bekämpfung der sieben wichtigsten Tropenseuchen (Malaria, Leishmaniose, Schlafkrankheit, Chagas-Krankheit, Bilharziose, Filariose und Lepra) expressis verbis darauf hingewiesen, daß das größte Problem bei der Malaria-Impfstoffentwicklung darin besteht, daß es derzeit so gut wie unmöglich ist, die Wirksamkeit sogenannter Subunit-Malaria-Vakzine mittels labormedizinischer Methoden exakt zu überprüfen.

[21] Die bisherigen Studien mit sogenannten Zirkumsporozoit-Eiweißen, von denen man sich zu Beginn der 80er Jahre *den* Durchbruch für die Entwicklung eines Malariaimpfstoffs erwartet hatte, zeigten bislang allerdings nur enttäuschende Ergebnisse: zu einer sterilisierenden Immunität kam es nur bei 20 bis 30 Prozent der Geimpften. Dies hängt wohl damit zusammen, daß noch zahlreiche andere Eiweiße auf die Oberfläche der Sporozoiten immunogen, d. h. abwehrfördernd sind, und daß humorale (Antikörper) und zelluläre Abwehrmechanismen fein abgestimmt zusammenarbeiten müssen, damit Sporozoiten wirksam neutralisiert werden können.

den Parasiten möglichst rasch abgetötet werden. Dabei ist unerheblich, ob die künstlich trainierten Abwehrkräfte wirklich alle Merozoiten neutralisieren. Es muß nur gewährleistet sein, daß die übrigbleibenden nicht zu unkontrollierbaren Parasitenheeren anwachsen. Hier geben Kritiker zu bedenken, daß mit einem solchen Impfstoff auf die Malariaerreger ein erheblicher Selektionsdruck ausgeübt wird, der zwangsläufig dazu führen müßte, daß sich einige Plasmodien »Verfahren ausdenken«, um aus der für sie »lebensbedrohlichen« Situation herauszukommen.

Bei der Anti-Krankheits-Vakzine wird der Spieß genau umgedreht. Hier soll nicht die Vermehrung der Plasmodien eingeschränkt werden, sondern die durch die biologische Kettenreaktion ausgelöste Entgleisung körpereigener Regulationsmechanismen verhindert werden. Dieser Denkansatz basiert auf der Beobachtung, daß in holoendemischen Malariaregionen ältere Kinder weniger schwer an Malaria erkranken, auch wenn die Beladung des Körpers mit Parasiten extrem hoch ist, als jüngere Kinder mit der gleichen Parasitenzahl. Dies deutet darauf hin, daß im Laufe einer jahrelangen Auseinandersetzung mit Malariaparasiten der Körper Adaptionsmechanismen entwickelt, um sich vor den Folgen einer Parasitenvermehrung zu schützen.[22] Eine solche Anti-Krankheits-Vakzine würde im wesentlichen die Sterblichkeitskrate von Kindern in Malariagebieten senken und dem Immunsystem ausreichend Zeit lassen, im Laufe der Jahre wirksame Abwehrkräfte zu entwickeln.

Denkbar ist aber auch ein Impfstoff, der die geschlechtliche Entwicklungsphase der Plasmodien in der Mücke verhindert. So weiß man aus Fütterungsversuchen an experimentell infizierten Anophelesmücken, daß im Blut eines Menschen zirkulierende Antikörper gegen die Geschlechtsformen der Plasmodien, die Gametozyten, im Mückenmagen die Verschmelzung von »Spermie« und »Eizelle« verhindern können. Somit können im Insekt natürlich auch keine neuen infektionsfähigen Sporozoiten entstehen, mithin die Infektion nicht auf andere Menschen übertragen werden. Wendet man einen solchen Impfstoff systematisch an, so würde die Häufigkeit der Malaria langsam, aber sicher abnehmen. Es leuchtet ein, daß eine solche Vakzine eine sehr altruistische Einstellung beim Impfling voraussetzt: denn er selbst bleibt ja nach der Impfung unverändert empfänglich für eine Malaria, und kann u. U. genauso lebensbedrohlich erkranken wie früher.

[22] Hier wird der in der Umgangssprache nicht immer gemachte Unterschied zwischen »Infektion« und »Krankheit« deutlich. Ein Organismus kann mit bestimmten Erregern infiziert sein, ohne daß es zur Entwicklung einer Krankheit kommt. Parasiten, Bakterien und ganz besonders Viren unterscheiden sich erheblich in ihrer Virulenz, d. h. in ihrer Fähigkeit, Krankheit hervorzurufen. Die Virulenz variiert sogar zwischen verschiedenen Varianten der gleichen Erregerart.

In Anbetracht der immensen Schwierigkeiten, vor der die Malariaforscher stehen, ist es im höchsten Maße bewundernswert, welche Fortschritte bei der Impfstoffentwicklung in den letzten 15 Jahren gemacht worden sind. Die immunologischen Merkmale der Parasiten (ihre Antigene) sind vielfach bis auf die molekulare Struktur aufgeklärt, ganze Genabschnitte der Parasiten kartiert und kloniert und die Andockmechanismen, die den Plasmodien das Eindringen in Leber- und Blutzellen ermöglichen, weitgehend aufgeklärt. Häufig mußten dabei erst einmal grundlegende biologische und immunologische Fragen geklärt werden, bevor man sich den speziellen Problemen der Malariaplasmodien zuwenden konnte. Malariologen, Immunologen und Molekularbiologen sind aber mittlerweile so weit vorangekommen, daß einige Vakzine zur Verfügung stehen, die in Feldversuchen ausgetestet werden können. Am aussichtsreichsten scheint dabei ein Vakzin-Cocktail zu sein, der von dem kolumbianischen Malariologen Manuel E. Patarroyo entwickelt wurde. In einem ersten Großversuch im Amazonas-Tiefland konnten immerhin 40 bis 60 Prozent der geimpften Personen vor einer Malaria geschützt werden. In einer Folgestudie im brasilianischen Teil Amazoniens konnten die Ergebnisse allerdings nicht reproduziert werden.

Es ist klar, daß ein Malaria-Impfstoff nur dann wirksam die Erkrankungsrate in einer Bevölkerung senken kann, wenn er zwei Voraussetzungen erfüllt: Er muß billig sein (sonst können ihn die Betroffenen nicht bezahlen), und er muß über lange Zeit – mindestens 5 bis 10 Jahre – einen Schutz gegen Malaria gewahren (Impfkampagnen, die in halbjährlichem oder jährlichem Abstand wiederholt werden müssen, funktionieren in Entwicklungsländern aus verständlichen Gründen höchstens auf dem Papier). Außerdem müssen möglichst viele Bewohner eines Endemiegebietes geimpft werden, damit es wirklich zu einer Unterbrechung des Zyklus kommt.[23]

So warnt die WHO dieses Mal selbst davor, übertriebene Hoffnungen auf die zukünftigen Impfstoffe zu setzen. »Ein wirksamer Malaria-Impfstoff«, so heißt es im letzten Rechenschaftsbericht des Tropenmedizinischen Forschungsprogramms TDR, »könnte langfristig auch sehr unerwünschte Folgen haben: eine geringe Abnahme der Immunität in einer geimpften Bevölkerung im Laufe der Jahre, geringe Beteiligung an den Impfkampagnen oder die massenhafte Ein-

[23] Derzeit erreicht das beste Kinderimpfschutzprogramm der WHO, das Extended Program of Immunization, in tropischen Ländern gerade einmal 30 Prozent der Zielgruppe. Dies stimmt hinsichtlich zukünftiger Malariaimpfkampagnen bedenklich. Epidemiologen haben errechnet, daß ein Malariakranker beim Vorhandensein eines so effizienten Vektors wie *Anopheles gambiae* 100 Gesunde anstecken kann. Bei den Pocken, einer Krankheit, die durch Impfung nahezu ausgerottet wurde und bei der die Erreger nur von Mensch zu Mensch übertragen werden konnten, lag das Verhältnis bei 1:4.

wanderung nicht-geimpfter Personen könnten eine instabile Situation hervorrufen, in deren Folge mit besonders schweren Erkrankungen und hohen Todesfallraten zu rechnen ist.«

Malaria in Berlin?

Das Kriegsgefangenenlager befand sich direkt am Ufer des Tegeler Sees im Norden Berlins. Die Glasfenster der Baracken waren zerbrochen, und die feuchtwarme Luft ließ die Kleidung am Körper kleben. Der Gesundheitszustand der etwa 1000 deutschen Kriegsgefangenen hatte sich im Juli 1946 rapide verschlechtert. Tag für Tag meldete sich ein Dutzend der ehemaligen Landser mit bleichen und hohläugigen Gesichtern im Lazarett. Da erkrankten in der Nachbarschaft des Lagers plötzlich auch Kinder und Frauen mit Symptomen, die die Tegeler Ärzte bislang nur aus dem infektionsmedizinischen Lehrbuch kannten. Die Art des Fiebers und die bei fast allen Patienten vergrößerte Milz ließen keinen Zweifel aufkommen: In Tegel, wenige Kilometer vom Zentrum Berlins entfernt, war eine Malaria-Epidemie ausgebrochen.

Rückblickend fiel den Medizinern die Erklärung für das gänzlich unerwartete Ereignis leicht. Einige der Soldaten hatten in bekannten Malariagebieten in Südosteuropa und Afrika gekämpft und sich dort mit *Plasmodium viviax* infiziert, dem Erreger der *Malaria tertiana*. Da eine ordnungsgemäße ärztliche Versorgung in den Kriegswirren nicht möglich gewesen war, besaßen einige Männer nach wie vor infektionsfähige Malariaparasiten in ihrem Körper. Andererseits hatten sich im ungewöhnlich heißen Juni und Juli in den Niederungen von Havel und Spree Mücken, Schnaken und andere blutsaugende Plagegeister zu Myriaden vermehrt. Darunter auch heimische Arten der Gattung Anopheles, eben jener Moskitoart, die in den Tropen die Malaria überträgt.

Zuerst hatten die Anophelinen beim nächtlichen Blutsaugen Malariaparasiten von einem der infizierten Soldaten aufgenommen, die dann – nach Durchlaufen des Vermehrungszyklus im Insektenvektor – auf andere Kriegsgefangene übertragen worden waren.

Da die fliegenden Quälgeister naturgemäß weder von Vorschriften nach vom Stacheldraht des Lagerzaunes zurückgehalten wurden, war es nur eine Frage der Zeit gewesen, bis die Malaria auf die Anwohner der Nachbarschaft übergegriffen hatten. An die 300 Menschen erkrankten am »Berliner Sumpffieber«, bis man den Mücken mit chemischen Bekämpfungsmaßnahmen zu Leibe rückte.

Die vergleichsweise glimpflich verlaufene Episode aus dem Nachkriegsdeutschland (es kam nicht zu Todesfällen), bietet einen Vorgeschmack auf das, was uns in Europa erwartet, wenn die Prophezeiungen der Klimaforscher über die Veränderung des Weltklimas wahr werden. Eine relativ geringe Zunahme der mittleren Jahrestemperatur, so das Resümee einer kürzlich veröffentlichten Studie des Public Health Laboratory Services (öffentlicher Gesundheitsdienst) der britischen Regierung, beinhaltet das Risiko, daß bislang auf die Tropen und Subtropen begrenzte Massenseuchen – darunter auch die Malaria – wieder oder erstmalig heimisch werden.

Ein solches Schreckensszenario läßt sich wissenschaftlich leicht nachvollziehen. Je wärmer und feuchter das Klima ist, um so besser sind die wechselseitigen Lebensbedingungen für Malariaparasiten und ihre Insektenvektoren. Die Insekten können sich dann während des ganzen Jahres vermehren, und die Plasmodien können permanent übertragen werden. So kann es als sicher angesehen werden, daß eine Erwärmung subtropischer Klimazonen auf eine mittlere Jahrestemperatur von 27,5 °C zur Folge hätte, daß die bislang auf die reinen Tropen beschränkten Anophelesarten, die die besten Vektoren für die Malariaparasiten darstellen, sich weiter nach Norden und Süden ausbreiten.[24]

Parallel dazu könnte auch *Plasmodium falciparum* seine angestammten Gebiete beiderseits des Äquators verlassen – allein die mit einem Klimaumschwung vermutlich einhergehende Massenwanderung malariainfizierter Habenichtse würde schon dafür sorgen, daß ständig ein ausreichendes Reservoir von Parasitenträgern vorhanden wäre, um den Zyklus in Gang zu setzen.

Daß bereits relativ kleine Veränderungen der Jahresdurchschnittstemperatur erhebliche Auswirkungen auf die Vermehrungsraten von Parasitenvektoren haben, läßt sich am Beispiel von *Plasmodium vivax* zeigen, jenem Malariaparasiten, der in Mitteleuropa bis in die 60er Jahre heimisch war. Diese Parasitenspezies vermehrt sich bei einer Temperatur von 15 °C überhaupt nicht. Beträgt die Temperatur dagegen 20 °C, so dauert die Entwicklung im Inneren der Mücke noch 16 Tage (ein Zeitraum, der etwa mit der durchschnittlichen Lebensdauer von Anophelinen in unseren Breiten zusammenfällt). Steigt die Temperatur jedoch auf 30 °C, so brauchen die Parasiten nur noch etwa eine Woche, um zu einer infektionsfähigen neuen Generation heranzuwachsen.[25] Doch auch die Entwicklung

[24] Die Fähigkeit einer Anophelesmücke, Malariaparasiten zu übertragen, hängt – technisch betrachtet – von zahlreichen Faktoren ab: wichtig sind z. B. angeborene Verhaltensmuster, wie zur Aufnahme einer Blutmahlzeit in das Innere von Wohnungen zu fliegen oder bevorzugt Menschen (und nicht Tiere) zu stechen. Aber auch genetische Faktoren, die die Entwicklung der Malariaparasiten im Mückenmagen fördern oder hemmen, spielen eine Rolle. Der effizienteste aller bekannten Vektoren ist *Anopheles gambiae*.

[25] Theoretisch reicht eine Durchschnittstemperatur von 16 °C für die Dauer von etwa sechs Wochen, damit es zur Übertragung von Malariaparasiten kommt. So wird von kleinen *Plasmodium vivax*-Epidemien sowohl aus Archangelsk in Sibirien (64 ° nördlicher Breite) als auch aus Córdoba in Argentinien (31 ° südlicher Länge) berichtet.

der Insekten hängt von der Außentemperatur ab (Insekten sind wechselwarme Lebewesen, deren Körpertemperatur von der Außentemperatur abhängig ist). Während Anophelinen bei einer Temperatur von 20 °C fast drei Wochen für die Entwicklung vom Ei bis zur blutsaugenden Mücke benötigen, sind es bei 31 °C nur gerade sieben Tage.

Wie kürzlich Dr. David Warhurst von der Londoner Hochschule für Tropenmedizin und Hygiene der Zeitschrift »New Scientist« sagte, sollten sich die Engländer schon jetzt einmal mit dem Gedanken »anfreunden«, daß die durch *Plasmodium vivax* verursachte *Malaria tertiana* wieder in die englischen Marschen, in denen sie bis Mitte der 50er Jahre vorkam, zurückkehrt. Da in England im Sommer die Durchschnittstemperatur derzeit 17 °C beträgt, einige Klimatologen jedoch bis zum Jahre 2050 eine Erwärmung auf 19 – 21 °C voraussagen, steigt nach Dr. Warhurst die Wahrscheinlichkeit eines Malariaausbruches mit jedem Grad.[26]

Doch ob sich das Klima erwärmt oder nicht, die Chancen für eine weitere Ausbreitung der Malaria sind ohnehin ausreichend gut. Seit dem gescheiterten Malariabekämpfungsprogramm der WHO und seitdem die Gesundheitsstrategen verschämt nur noch von Kontrolle und nicht mehr von Ausrottung sprechen, hat sich für die meisten der betroffenen Länder die Situation erheblich verschlechtert. Neben dem Verlust an Glaubwürdigkeit gegenüber ihren Bürgern sehen sich die Gesundheitsminister mit einem unlösbaren finanziellen Problem konfrontiert. Kontrolle – im Gegensatz zur Ausrottung – bedeutet ja, daß die Häufigkeit der Malaria auf einem mehr oder minder unbestimmten Niveau gehalten werden soll und daß die Ausgaben für Spraytrupps, Insektizide, Fahrzeuge, Ärzte und Medikamente nun Jahr für Jahr und praktisch auf unbegrenzte Zeit anfallen. Doch wie soll der Gesundheitsminister eines typischen Entwicklungslandes von seinem jährlichen Etat von derzeit etwa 20,00 Mark pro Einwohner regelmäßig 10 Prozent oder mehr für die Malariabekämpfung abzweigen? Tatsächlich machen es die ökonomische Krise, von der die Dritte Welt besonders betroffen ist, instabile politische Verhältnisse und stetig anwachsende Bevölkerungszahlen nachgerade unwahrscheinlich, daß in naher Zukunft Malariabekämpfung wieder auf einem Niveau durchgeführt werden könnte, wie es in den »guten« 60er Jahren üblich war.

Und selbst wenn guter Wille, Kompetenz und Geld vorhanden wären, wissen

[26] Weibliche Anophelinen leben im Durchschnitt vier bis sechs Wochen. In dieser Zeit (Begattung durch eine männliche Mücke vorausgesetzt) produzieren sie im Abstand von zwei bis drei Tagen je etwa 100 Eier, generieren also zwischen 900 und 2200 Nachkommen. In Wirklichkeit ist die Lebenserwartung jedoch häufig viel kürzer und begrenzt, zusammen mit der Temperatur, die Chance für die Malariaparasiten, die zwei notwendigen Entwicklungsstadien im Insekt zu Ende führen zu können.

die Behörden, daß sich mittlerweile die biologischen und medizinischen Voraussetzungen für eine effiziente Malariakontrolle dramatisch verschlechtert haben: Die Anophelinen sind mittlerweile nicht nur gegen DDT, sondern auch gegen eine Vielzahl neuerer Insektizide resistent[27], die Medizin steht in puncto Prophylaxe und Therapie mit weitgehend leeren Händen da, und ein Impfstoff ist zwar langfristig in Sicht, ob er aber wirklich einen Durchbruch bringt, ist nach wie vor ungewiß.

Durch die Zerstörung ursprünglicher Ökosysteme haben sich zudem die Beziehungen zwischen Insektenvektor und Mensch unumkehrbar verändert. *Anopheles gambiae*, der effizienteste aller bislang bekannten Malariaüberträger, war früher ausschließlich im afrikanischen Hinterland beheimatet (diese Anopheline benötigt tagsüber schattige, feuchte Ruheplätze). Da es in Afrika immer weniger Wald gibt, haben sich *Anopheles gambiae*-Varianten herausgebildet, die sich bestens an die völlig anderen Lebensbedingungen in den Slums der großen Städte angepaßt haben.

Die Folgen solcher sich ständig vergrößernder neue Lebensräume für *Anopheles gambiae* und das außergewöhnliche Adaptionsvermögen dieser Mückenspezies lassen sich exemplarisch am Fall jener zwei Touristen verdeutlichen, die kürzlich auf dem Rückflug von Kapstadt (einer seit Jahrzehnten malariafreien Stadt) nach Paris (einer derzeit noch malariafreien Stadt) in den Abendstunden auf dem Flughafen von Abidjan an der Elfenbeinküste zwischenlandeten. Weil man sie vor Malariamücken im Flughafengebäude gewarnt hatte, blieben die beiden vorsichtshalber im Flugzeug sitzen. 18 Tage später erkrankten die Touristen in Paris mit einer schweren *Malaria tropica*. Nachforschungen ergaben, daß die Maschine während des Zwischenaufenthaltes auf der Rollbahn verblieben war und daß zur besseren Belüftung die Kabinentüren offen gestanden hatten. In unmittelbarer Nähe gab es allerdings ein Slumgebiet, in das seit einiger Zeit auch *Anopheles gambiae*-Mücken eingewandert waren. Da Anopheline in der Dunkelheit einige Kilometer fliegen können, war das nur einen Steinwurf entfernte Flugzeug ein leicht erreichbares Ziel. Die beiden Touristen kamen nach einer Woche Krankenhausaufenthalt mit dem Schrecken davon. Für die Bewohner von Abidjan bleibt die »Mutter aller Fieber« wohl auf Dauer eine Bedrohung ihrer Gesundheit.

---

[27] von 50 Anopheles-Arten, die Malariaparasiten übertragen können, sind derzeit:
49 resistent gegen DDT
24 resistent gegen organische Phosphorverbindungen
14 resistent gegen Carbamate
10 resistent gegen Pyrethroide
14 resistent gegen drei oder mehr Klassen von Insektiziden

Hermann Feldmeier

Bilharziose

Bezeichnung: Schistosomiasis, Bilharziose; durch Befall mit Saugwürmern (Trematoden) der Gattung *Schistosoma* (Pärchenegel) hervorgerufene Infektionskrankheit; Blasenbilharziose, Darm- und Leberbilharziose, asiatische Bilharziose.
Erreger: *Schistosoma haematobium, Schistosoma mansoni, Schistosoma japonicum* u. a. Arten; ca. 10 mm lange Saugwürmer, deren Entwicklung an spezifische Süßwasserschnecken als Zwischenwirte gebunden ist; jedes Wurmpaar produziert mehrere hundert bis tausend Eier pro Tag, die sich durch die Blasen- oder Darmwand bohren und über Urin oder Stuhl ausgeschieden werden.
Verbreitung: *Sch. haematobium* (Blasenbilharziose) in Nordafrika und nahezu in allen afrikanischen Ländern südlich der Sahara; *Sch. mansoni* (Darm- und Leberbilharziose) in 51 Ländern Afrikas, Südamerikas und der Karibik; *Sch. japonicum* (asiat. Darm- und Leberbilharziose) in einigen asiatischen Ländern; weltweit ca. 200 Millionen Menschen erkrankt.
Infektion und Krankheitsverlauf: Infektion durch Wasserkontakt; Eindringen der Gabelschwanzlarven (Zerkarien) über die Haut; Entwicklung der geschlechtsreifen Würmer während Wanderung durch den Organismus; Eier werden über den Urin oder Stuhl ausgeschieden, entwickeln sich im Wasser zu Wimpernlarven (Mirazidien), die in eine Schnecke eindringen und sich dort zu Gabelschwanzlarven umwandeln; verursachen chronische Entzündungen in den ableitenden Harnwegen, in Darm und Leber, seltener in Rückenmark, Lunge und Geschlechtsorganen.
Krankheitsbild: Blutharn (Hämaturie), fibrotische Umwandlung des Bindegewebes, Verkalkung in den Organen, Harnleiter- und Nierenbeckenentzündung, Darmentzündung und -verengung, Polypenbildung, Entzündungen der Geschlechtsorgane; Blasen- und Darmkrebs als seltene Spätfolge.
Diagnose: mikroskopischer und immunologischer Nachweis von Eiern, in Stuhl, Harn und von Gewebeproben; mittels Ultraschall Nachweis von Antikörpern im Blut in der Spätphase von Organschäden.
Therapie und Prophylaxe: verschiedene Präparate je nach Parasitenart; Schneckenbekämpfung; Vorbeugung durch Vermeidung von infizierten Gewässern, Aufklärung.

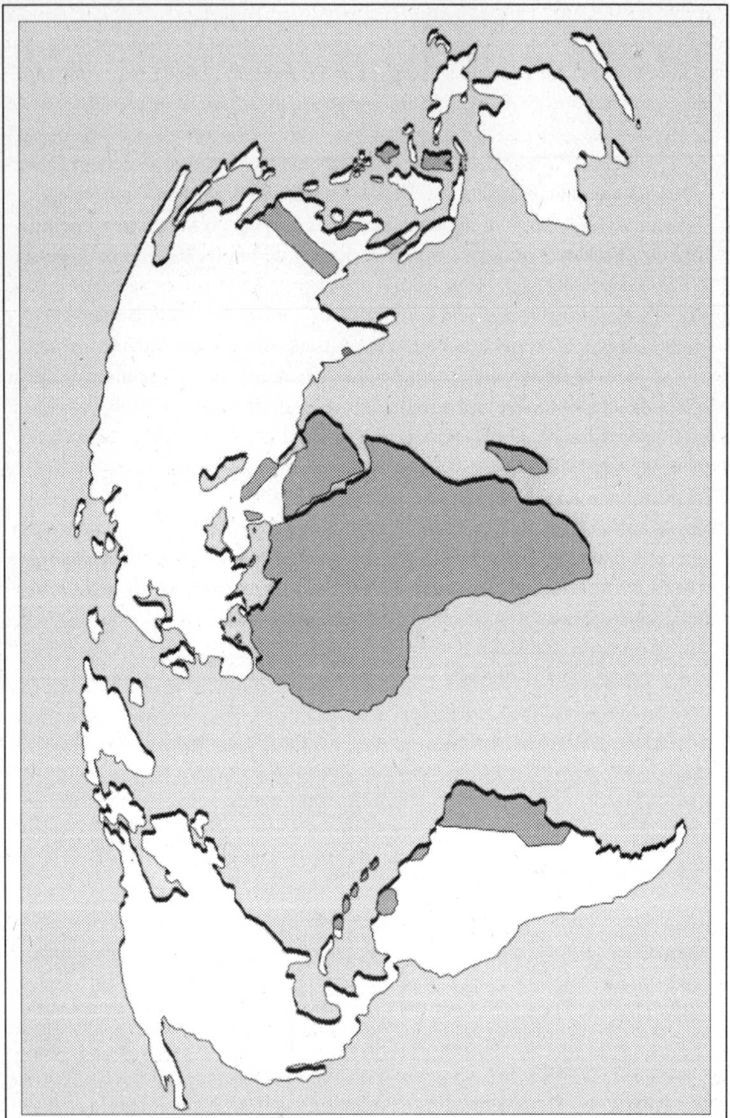

Regionen, in denen ein Infektionsrisiko besteht

An einem lauen Maienabend im Jahre 1850 bat ein ehrgeiziger junger Arzt seinen akademischen Lehrer, einen in Würde ergrauten Professor, um seinen Rat. Auf welchem Gebiet, das wollte der junge Pathologe wissen, könne man wohl möglichst rasch bahnbrechende Forschungsergebnisse erzielen? »Beschäftigen Sie sich mit den parasitischen Würmern des Menschen«, riet Professor Carl von Siebold, Hochschullehrer an der Universität Freiburg, seinem Adepten, dem Sigmaringer Theodor Bilharz, »das ist wissenschaftliche ›terra incognita‹.«

Selten hat wohl der Ratschlag eines Lehrers an seinen Schüler so rasch und erfolgreich Früchte getragen. Bereits im April 1851 entdeckte Bilharz – mittlerweile am Universitätsspital Kasr-el-Ain in Kairo tätig – bei einer Sektion bis dato völlig unbekannte Würmer und erschloß damit einen neuen Forschungszweig, der das Wissen um Tropenkrankheiten völlig verändern sollte, die Helminthologie.[1] Die Parasiten in der Leiche eines Soldaten zeichneten sich dadurch aus, daß Männchen und Weibchen unterschiedlich groß waren und zwei »Mundöffnungen« besaßen. Da sie offensichtlich von und im Blute des Menschen lebten, bezeichnete Bilharz die Erreger als *Distomum haematobium* (latein. *distomum*, zwei Münder; *haematobium*, im Blut lebend).[2]

Auch wenn Theodor Bilharz das Verdienst zukommt, die Krankheit für die Wissenschaft entdeckt zu haben, bekannt – und beschrieben – war die Bilharziose seit langem. So wird in zahlreichen ägyptischen Papyri die »ããã-Krankheit« erwähnt. Eine »unheilbare, tödliche, vom Todesgott selber gesandte Seuche, wel-

ããã-Krankheit in Hieroglyphenschrift

[1] Bilharz war im Juni 1850 in Begleitung des deutschen Professors Wilhelm Griesinger nach Ägypten gegangen. Griesinger war kurz zuvor von Pascha Abbas I. zum Leibarzt, Lehrer und Chef des Medizinalwesens (!) in Kairo ernannt worden. An Untersuchungsmaterial für den ambitionierten Wissenschaftler war kein Mangel: »Ich schwelge in Menschendärmen«, schrieb am 24. April 1851 Bilharz an seinen Lehrer von Siebold, »und ich habe schon vier neue menschliche Eingeweidewürmer gefunden.«

[2] Erst später stellte sich heraus, daß es sich bei den »Mundöffnungen« um Saugnäpfe handelte, mit denen sich die Distomen (heutige Bezeichnung »Schistosomen« oder »Pärchenegel«) an der Innenwand der Blutgefäße festsaugen. Die eigentliche Mundöffnung mündet etwas verdeckt im oberen der beiden Saugnäpfe.

che Männer und Weiber mit heftigen Bauch-, Herz- und Flankenschmerzen martert«. Das Leitsymptom der Blasenbilharziose, der mit Blut vermischte Urin, war im alten Ägypten anscheinend ein so typisches Symptom, daß es mehr als 50mal in verschiedenen Papyri erwähnt wird. Es dauerte jedoch noch bis zum Ende des 19. Jahrhunderts, um die wahren Dimensionen der Seuche zu erkennen. Und erst als die politischen Entscheidungsträger imperialistischer Großmächte realisierten, wie konkret die Bilharziose die Gesundheit ihrer Soldaten, Verwaltungsbeamten und Handelsbeauftragten gefährdete, wurden Geldmittel für die Erforschung und Bekämpfung zur Verfügung gestellt.[3]

Heute sind mehr als 200 Millionen Menschen in 76 Ländern von einer der verschiedenen Bilharzioseformen betroffen und weitere 600 Millionen einem Infektionsrisiko ausgesetzt. Allein in 55 afrikanischen Ländern ist die Bilharziose dermaßen verbreitet, daß sie ein Risiko für die öffentliche Gesundheit darstellt. Nicht selten ist ein Drittel der Landbevölkerung sogar gleichzeitig mit zwei verschiedenen Schistosomenarten infiziert. Obwohl die Bilharziose meist schleichend verläuft und nur bei einer Minderheit der Patienten schwere Krankheitsfolgen auftreten, gehen in Afrika, Asien und Lateinamerika etwa 200000 Todesfälle pro Jahr auf das Konto dieser Tropenseuche.

Die Bilharziose ist aber auch ein Musterbeispiel dafür, wie am grünen Tisch geplante Entwicklungshilfe und Strukturveränderungen im Agrarbereich letztendlich mehr Schaden als Nutzen anrichten können. Obwohl seit langem effiziente diagnostische Methoden und wirksame Medikamente zur Verfügung stehen, sind überzeugende Fortschritte in der Bekämpfung der Seuche bislang nur an wenigen Orten erzielt worden.

Die kleine Suad aus Gadel Ain

Gerade rief der Muezzin zum zweiten Mal mit singender Stimme zum Gebet, als Suad zusammen mit ihrer Mutter das kleine Haus in Gadel Ain verließ, einem der ältesten Dörfer in der Gesira, jener fruchtbaren Ebene zwischen dem Weißen und dem Blauen Nil. Tausende von Bewässerungsgräben durchzogen das südlich

[3] So holten sich 1799 die Truppen Napoleons bei ihrem Feldzug in Ägypten nicht nur blutige Köpfe, sondern auch blutigen Urin: »Die Krankheit führt zu brennenden Schmerzen im Unterleib. Der Urin wird dickflüssig und blutig. Und wenn die Männer pissen, ist es als wenn glühende Nadeln in der Blase steckten«, schrieb der zuständige Militärarzt, André Renoult, an Napoleon. Später erkrankten britische Truppen während des Burenkrieges und australische Kavallerie während des Ersten Weltkrieges mit der gleichen Symptomatik. – Daß die Kampfmoral bei diesen Soldaten nicht besonders groß war, kann man sich leicht vorstellen.

der Hauptstadt Khartoum gelegene, pfannkuchenflache Gebiet, so daß die Gesira aus der Vogelperspektive wie ein Riesen-Puzzle brauner Salmiakpastillen aussah.

Suad war froh, daß sie in der Gasse zwischen den würfelförmigen Häusern keinen Menschen begegnete. Es hatte sich sicherlich herumgesprochen, daß mit ihrer Gesundheit etwas nicht stimmte und daß sie mit ihrer Mutter zum Krankenhaus nach Wad Medani fahren mußte. Suads Blick fiel auf den mit schwarz-weißen Karos bemalten Wasserturm, der wie ein unnützes Denkmal auf eisernen Stelzen am Dorfrand stand. So lange sie sich erinnern konnte, war aus dem kubischen Eisenbehälter noch nie ein Tropfen Wasser geflossen. Statt dessen hatte Suad – genau wie die anderen Mädchen in ihrem Alter – jeden Morgen mit irdenen Töpfen und Plastikkanistern Wasser aus dem nächsten »abu eshreen« (Bewässerungskanal) holen müssen, einem kleinen Kanal, der etwa 300 Meter vom Dorfrand entfernt lag. Das war eine mühselige Plackerei gewesen, denn ihre Familie war groß und verbrauchte viel Wasser. Andererseits fand man auch immer Zeit für ein erfrischendes Bad, und es ergab sich die Gelegenheit, mit den anderen Mädchen zu plaudern.

Suad war vor einigen Tagen 16 Jahre alt geworden. Eigentlich ein Anlaß zum Feiern, denn damit war sie nun offiziell erwachsen und heiratsfähig. Doch obwohl ihr Vater ihr ein buntbedrucktes, fast zwei Meter langes Kopftuch und ein Paar rote Plastiksandalen geschenkt und die Mutter für sie kleine, süße Kuchen gebacken hatte, war in Suad keine richtige Freude aufgekommen. Es war offensichtlich, daß sie in ihrer körperlichen Entwicklung zurückgeblieben war, und das bereitete ihr Sorgen. Sie war gut 20 cm kleiner als ihre Altersgenossinnen, und während die anderen Mädchen schon seit drei oder vier Jahren ihre Monatsblutungen hatten – und zum Teil bereits Heiratspläne schmiedeten –, war bei ihr die Regel bislang ausgeblieben. Vielleicht war das auch der Grund, warum man über sie tuschelte, wenn sie am »abu eshreen« Wasser holen ging oder für ihre Mutter die Wäsche dort hinbrachte. Sie hatte zwar des öfteren einen blutigen Ausfluß aus der Scheide, doch der trat nicht regelmäßig auf und war stets mit einem unangenehmen fischigen Geruch verbunden. Auch hatten sich ihre Brüste so gut wie nicht entwickelt, und ohne die charakteristischen Rundungen an Taille und Hüfte, wie die anderen Mädchen sie aufwiesen, wirkte ihr Körper eher knabenhaft eckig.

Es war April, und die Hirse- und Erdnußfelder waren bereits abgeerntet. Dort, wo der Weg auf den »abu eshreen« von Gadel Ain stieß, hockte eine Gruppe von Mädchen an der Uferböschung. Sie hatten die irdenen »safias«, die Wasserkrüge, neben sich gestellt, und plapperten laut und lustig. Große Wäschestapel lagen auf flachen Metallschüsseln, jeweils mit einem Stück Kernseife obenauf. Ein Mädchen kniete gerade im Wasser und wusch ein Bettlaken aus. Bunt schillernde

Seifenblasen trieben langsam den »abu eshreen« hinunter. Als Suad und ihre Mutter an der Gruppe vorbeigingen, erstarb plötzlich das lustige Geschnatter. Suad vermutete, daß sie der Grund für die plötzliche Stille war und blickte starr geradeaus. Sie hoffte sehr, daß der Weg ins Krankenhaus nicht vergeblich wäre und daß man sie dort behandeln könnte, so daß sie bald eine Monatsregel hätte wie alle anderen Mädchen auch.

Dort wo der »abu eshreen« seinen Ausgang in einen »toba«, den nächstgrößeren Kanal, nahm, diente ein altes vom Rost zerfressenes Eisenrohr als Fußgängerbrücke. Mehrere Jungen plantschten dort laut juchzend im Wasser. Einer von ihnen stand auf dem Eisenrohr und entleerte seine Blase unter dem Gejohle der Kameraden gerade in einem hohen Bogen in den »toba«. Suad bemerkte, wie der zuerst bernsteinfarbene Urin immer dunkler wurde und sich schnell tiefrot färbte.[4] Als der Junge die beiden Frauen bemerkte, wurde er sichtlich verlegen und verschwand mit einem Satz kopfüber in den trüben Fluten.

Auch Suads vier Brüder hatten diesen auffällig rot gefärbten Urin. Doch weder sie selbst noch ihre Eltern hatten davon je viel Aufhebens gemacht. Das war die Bilharzia, wie man dieses Symptom hier allgemein nannte, und davon war in diesem Alter fast jeder der Jungen betroffen. Als Suad jedoch ihrer Mutter vor einigen Monaten berichtet hatte, daß auch ihr Urin des öfteren blutig sei und daß in der letzten Zeit so ein unangenehm riechender blutiger Ausfluß aufträte, war diese plötzlich sehr besorgt gewesen. Suad hatte wissen wollen, ob das wohl auch die Bilharzia sei, aber die Mutter hatte nur mit den Achseln gezuckt. Suad hatte der Mutter dann noch von den anderen Beschwerden erzählt: dem ständigen Ziehen in ihrem Unterleib, den stechenden Schmerzen, die in den Damm ausstrahlten und dem erbsengroßen Knoten, den sie vor kurzem am Eingang ihrer Scheide bemerkt hatte. Die Mutter hatte darauf die Stirn in Falten gelegt und zu Suad gesagt, sie solle vorläufig mit niemandem über diese Krankheit reden. Sie hatte selbst den Vater nicht informiert und nur vage von »Frauenproblemen« gesprochen, als sie diesen um Geld für die Fahrt zum Krankenhaus nach Wad Medani bat.[5]

---

[4] Der mit Blut vermischte Urin, die Hämaturie, ist das typische Krankheitszeichen der Blasenbilharziose. Auf ihrer Wanderung in die Höhlung der Blase durchbohren die Wurmeier – bis zu hunderttausend an einem Tag – mit ihrem spitzen Stachel die Blasenwand. Dabei verursacht jedes Ei eine mikroskopisch kleine Verletzung, aus der Blut in den Urin übertritt. Gleichzeitig scheiden die Eier aber auch Substanzen aus, die die Blutgerinnung hemmen. Dadurch kommen die winzigen Blutungen erst verhältnismäßig spät zum Stehen, so daß sich der Urin zunehmend blutig färbt.

[5] Die Beurteilung von Krankheitssymptomen hängt in traditionellen Gesellschaften Afrikas häufig mit dem Geschlecht des Betroffenen zusammen. Während in Bilharziose-Gebieten bei Jungen die Hämaturie als völlig normales Zeichen der körperlichen Reifung

Auf dem Weg zur Hauptstraße kamen Suad und ihre Mutter an der Schule vorbei, in die sie auch sechs Jahre gegangen war. Die grün gestrichenen Fensterläden waren geöffnet, und aus einigen Klassen schallte das vielstimmige monotone Rezitieren von Suren des Korans herüber. Suad war gerne in die Schule gegangen. Lernen hatte ihr Spaß gemacht, und sie war in den ersten Jahren eine sehr gute Schülerin gewesen. Aber in den höheren Klassen hatte sie mehr und mehr Schwierigkeiten, sich zu konzentrieren, und ihr Kopf kam ihr manchmal vor wie ein alter Wasserkessel, der nichts mehr behalten konnte.[6] Als sie 13 Jahre alt war, hatte der Vater sie von der Schule genommen. Wie viele andere Mädchen auch, half sie seit dieser Zeit im Haushalt. Die Mutter brachte ihr jedoch ab und an alte Schulhefte aus Abu Usher mit, in denen Suad abends und an Freitagen eifrig büffelte. Und wenn sie von einem der Händler auf dem Markt einmal eine alte Tageszeitung aus Khartoum ergattern konnte, so las sie diese von Anfang bis Ende.

Die Fahrt von Abu Usher nach Wad Medani war ohne Zwischenfälle verlaufen. Etwa alle zehn Kilometer wurde die eintönige Szenerie durch eine Gruppe von Häusern unterbrochen. Hier wohnten die Schleusenwärter, die das Wasser des Hauptkanals auf die nachgeordneten Kanäle verteilten. An einigen Stellen arbeiteten Gruppen von Männern mit Hacken und Rechen in den kleineren Kanälen. Das waren die sogenannten Kanalreiniger, die die dichte Ufervegetation beseitigen und verlandete Stellen von Schlamm befreien mußten. Ein Onkel von Suad hatte viele Jahre als Kanalreiniger gearbeitet, war aber vor einigen Jahren schwer an Bilharzia erkrankt und vor kurzem gestorben.[7]

---

betrachtet wird, hat das gleiche Symptom bei Mädchen und Frauen eine ganz andere Bedeutung: Entweder hält man die Hämaturie für ein Zeichen von Unfruchtbarkeit – was die Heiratschancen eines Mädchens auf Null sinken läßt – oder noch schlimmer für den äußeren Ausdruck einer Geschlechtskrankheit. Wegen der daraus resultierenden Stigmatisierung sprechen Mädchen und Frauen nur äußerst ungern über die Symptome der Bilharziose und verzichten auf ärztliche Hilfe, selbst dort, wo sie kostenlos angeboten wird, weil sie Angst haben, daß ihre Befürchtungen dann offiziell bestätigt werden könnten.

[6] Die Gründe für Konzentrationsschwäche bei Kindern mit einer schweren Bilharziose sind noch nicht genau geklärt. Einmal führt der chronische Blutverlust über Darm oder Blase zu einer rasch fortschreitenden Blutarmut und mangelhafter Sauerstoffversorgung des Gehirns (ägyptische Wissenschaftler haben ausgerechnet, daß Erkrankte – je nach Anzahl der ausgeschiedenen Eier – pro Tag zwischen drei und 130 Milliliter Blut alleine über die Blase verlieren). Andererseits gibt es Hinweise dafür, daß das permanent überstrapazierte Immunsystem Faktoren freisetzt, die im Gehirn die Leistungsfähigkeit bestimmter Nervenzellen herabsetzen. Werden die Kinder medikamentös behandelt, so daß die Würmer absterben, erreicht die geistige Leistungsfähigkeit rasch ein Niveau, wie es für gesunde Kinder der gleichen Altersgruppe üblich ist.

[7] Die Kanalreiniger sind die Bevölkerungsgruppe mit dem höchsten Risiko, an schweren Verlaufsformen der Bilharziose zu erkranken. Da sie sich viele Stunden des Tages im Wasser aufhalten, sind sie den infektiösen Larvenstadien der Parasiten gegenüber besonders

Im Krankenhaus von Wad Medani hatten sich dann allerdings die Ereignisse überstürzt. Zuerst hatte eine junge Krankenschwester Suad um eine Urin- und Stuhlprobe gebeten. Dann war ihr aus der Armbeuge Blut entnommen worden, und schließlich hatte man sie zu einem älteren Arzt mit einem graumelierten Krauskopf geführt.

Dr. Mohammed, dessen runder Bauch und dessen freundliche Augen Gemütlichkeit und Vertrauen ausstrahlten, hatte sie eingehend nach ihren Beschwerden befragt, immer wieder verständnisvoll mit dem Kopf genickt und ihr schließlich gesagt, daß sie aller Wahrscheinlichkeit nach an einer besonderen – aber bei Frauen gar nicht so seltenen – Form der Bilharzia leide, die man genitale Bilharziose nenne.[8] Die Bilharzia könne man gut mit einem neuen Medikament behandeln, hatte Dr. Mohammed ihr erklärt, aber ob sich die Störung in den Geschlechtsorganen zurückbilden würde, sei nicht sicher.[9] Er wolle erst einmal das Ergebnis einer Hormonuntersuchung abwarten, aber das würde gut eine Woche Zeit benötigen, da man das Blut nach Khartoum schicken müsse.

Da die Mutter nicht so lange von zu Hause fernbleiben konnte, mußte Suad alleine im Krankenhaus zurückbleiben. Sie kam auf die Frauenstation, die so stark belegt war, daß sich viele Patientinnen zu zweit ein Bett teilen mußten. Noch am Nachmittag war Suad in einen abgedunkelten Raum geführt worden, wo Dr. Mohammed sie erwartete und ihr sagte, daß man eine Untersuchung der Genitalorgane mit Hilfe eines Ultraschallgerätes durchführen wolle. Als der Arzt

---

ders häufig und langanhaltend exponiert. Je mehr Würmer aber im Körper schmarotzen, desto größer ist die Wahrscheinlichkeit, daß sich lebensbedrohliche Komplikationen entwickeln. – Sieht man einmal von der Berufsgruppe der Kanalreiniger ab, so haben Frauen und Mädchen aufgrund geschlechtsspezifischer Tätigkeiten wie Wasserholen, Geschirrspülen, Wäschewaschen, Tiere tränken usw. meist viel häufiger und länger Wasserkontakt als Männer. Die Wahrscheinlichkeit, daß sich bei ihnen bereits in jungen Jahren besonders schwere oder ungewöhnliche Krankheitsformen herausbilden, ist dementsprechend größer.

[8] Warum es nur bei einigen Frauen, die an Blasenbilharziose leiden, auch zu einem schweren Befall der Genitalorgane kommt, ist völlig unklar. Vermutlich ist das Risiko um so größer, je früher ein Mädchen erstmalig mit Bilharzioseparasiten infiziert wird und je stärker es infiziert ist. So kann man sich vorstellen, wenn sich die Würmer in den Blutgefäßen der Blase dicht an dicht drängen, daß einige von ihnen über sogenannte Anastomosen (kleine Vernetzungen von Adern) in die benachbarten Venen der äußeren und inneren Genitalorgane auswandern.

[9] Hier ist das Medikament Biltricid® gemeint, das vierte Anti-Bilharziose-Mittel nach Fuadin®, Miracil®-D und Metrifonat®, das in den Labors eines deutschen Pharmaunternehmens entwickelt worden ist. Es wirkt, im Gegensatz zu früheren Präparaten, gegen alle Formen der Bilharziose und wird deshalb weltweit eingesetzt. Das Medikament tötet aber nur die erwachsenen Würmer ab. Chronische Entzündungen der Gebärmutter, Eileiter oder Eierstöcke infolge der Ansiedlung von Eiern kann es dagegen direkt nicht beeinflussen.

den Schrecken in Suads Gesicht bemerkte, hatte er ihr erst einmal erklärt, was es mit der Untersuchung auf sich habe, und daß danach die Diagnostik abgeschlossen sei. Suad war heilfroh, als sie den Untersuchungsraum wieder verlassen konnte, denn, wenn Dr. Mohammed auch sehr freundlich und fast väterlich schien: er war schließlich ein Mann, und es behagte ihr überhaupt nicht, daß er mit einer Art Stiel über ihren entblößten Bauch bis hinunter zur Scham hin und her fuhr.

Auf der Station hatte sich Suad mit einer bleichen jungen Frau angefreundet, die aus dem Nachbardorf stammte. Haua war vor einer Woche wegen einer Bauchhöhlenschwangerschaft operiert worden. Dabei hatte sie so viel Blut verloren, daß ihr unsprünglich dunkelbraunes Gesicht die Farbe von Milchkaffee angenommen hatte.[10] Doch jetzt war Haua auf dem Wege der Besserung, und es war für Suad eine Wohltat, daß sie das Bett mit jemandem teilen konnte, der nicht viel älter war als sie und auch an einer ungewöhnlichen Form der Bilharzia litt.

Am nächsten Tage mußte sie drei weiße Tabletten schlucken, die so groß wie kleine Kreidestückchen waren und auch so ähnlich schmeckten. Danach hatte es für einige Stunden kräftig in ihrem Bauch rumort, und es war ihr speiübel geworden. Sie hatte sich zu Haua ins Bett gekuschelt und die Augen fest geschlossen. Schließlich war die Übelkeit vorübergegangen.

Genau eine Woche nach ihrer Ankunft im Spital kam Dr. Mohammed am Abend allein in den Krankensaal. Suad sah seiner besorgten Miene an, daß er eine schlechte Nachricht überbringen mußte. Der Arzt schickte Haua nach draußen, setzte sich zu Suad ans Bett, und nach einigem Räuspern berichtete er von den Ergebnissen der Blutuntersuchungen. Auch wenn Suad nur die Hälfte verstand, so wurde ihr doch klar, daß irgend etwas mit ihren Eierstöcken nicht stimmte, so daß diese keine Hormone produzierten. Zwar könne man eine Hormonbehandlung probieren, hatte Dr. Mohammed abschließend gesagt, doch die sei langwierig und kostspielig, und ob Suad wirklich irgendwann einmal Kinder bekommen könne, sei ganz unsicher – Insch Allah.

Spät in der Nacht, als Suad ihr verweintes Gesicht tief in das Kopfkissen preßte, damit Haua ihr Schluchzen nicht hören könnte, wurde dem Mädchen klar, daß die Bilharzia nicht nur ihren Unterleib zerfressen, sondern auch ihr Leben zerstört hatte.

---

[10] Die Eileiterschwangerschaft ist eine sehr seltene, aber lebensbedrohliche Komplikation der genitalen Bilharziose. Wenn sich die Eileiter infolge steckengebliebener Wurmeier entzünden, kommt es leicht zu Verklebungen, so daß das befruchtete Ei nicht zur Gebärmutter wandern kann und im Eileiter steckenbleibt. Unter dem Druck des wachsenden Embryos zerreißen irgendwann die Blutgefäße des Eileiters und die Frau stirbt an einer inneren Blutung, wenn diese nicht schnell durch eine Operation gestillt werden kann.

Einmal Schnecke und zurück

In den Tropen spielen Aktivitäten, die zu intensivem Kontakt mit Wasser führen, eine ganz andere Rolle als bei uns. Wasser aus Tümpeln, Teichen, Seen, Flüssen oder Kanälen wird als Trinkwasser für Mensch und Tier benötigt, dient zur Körperreinigung, zum Waschen der Wäsche. Wasser ermöglicht den Anbau so unterschiedlicher Nutzpflanzen wie Reis, Hirse oder Baumwolle und ist in Gegenden ohne Straßen ein idealer Transportweg. Stehende oder fließende Gewässer bieten Menschen ohne öffentliches Schwimmbad die einzige Möglichkeit der Erfrischung und sind vielfach eine zuverlässige Einkommensquelle, z.B. durch Fischfang. Darüber hinaus ist Wasserkontakt häufig auch aus religiösen oder rituellen Gründen unerläßlich.[11] Parasiten, die sich für Übertragung und Vermehrung auf Wasser spezialisiert haben, besitzen deshalb in den Tropen ausgesprochen gute Karten.

Schistosomen haben diese »Erkenntnis« sozusagen »verinnerlicht« und sind im wahrsten Sinne des Wortes mit vielen Wassern gewaschen: Drei der insgesamt fünf Entwicklungsstadien laufen direkt oder indirekt im Wasser ab. Sowohl für die ungeschlechtliche Erzeugung von Nachkommen – in der Schnecke – als auch für die geschlechtliche Fortpflanzung – im Menschen – ist Kontakt mit Wasser das ausschlaggebende Moment.

Die aquatische Lebensphase der Parasiten beginnt, wenn Eier infizierter Personen über deren Ausscheidungen ins Wasser gelangen. Dort entfleucht aus dem längsovalen, etwa 150 Mikrometer großen Ei – einem eingesperrten Flaschengeist nicht unähnlich – ein deutlich größeres, äußerst aktives und bewegliches Gebilde, die Wimpernlarve, das Mirazidium. Eine solche Wimpernlarve ist mit Fähigkeiten ausgestattet, die es ihr ermöglichen, das genetisch einprogrammierte Ziel – wie ein Miniatur-Unterseeboot ein versunkenes Schiff – mit großer Genauigkeit zu orten. Dieses Ziel der Mirazidien sind kleine Süßwasserschnecken, wie sie häufig zu Tausenden am Boden und an der Uferböschung tropischer Gewässer zu finden sind.[12]

Da der Energievorrat der Mirazidien für maximal 48 Stunden reicht, ihre Kräfte aber schon nach acht Stunden deutlich nachlassen, müssen sie innerhalb dieser Frist ihre neue »Herberge« aufgesucht haben, oder sie sterben ab. Behilf-

[11] So ist es für Mohammedaner vorgeschrieben, sich nach dem Stuhlgang den After mit Wasser zu reinigen. Ein Vorgang, der als Ablution bezeichnet wird. Wenn, wie in vielen Ländern, Wasserleitungen und Wasserhahn ein unerschwinglicher Luxus sind, sucht man sich für sein »Geschäft« praktischerweise ein »stilles Örtchen« in der Nähe einer natürlichen Wasserstelle aus, um die Ablution zu praktizieren.

[12] In typischen Bilharziosegebieten findet man am Ufer eines Wassergrabens leicht bis zu 1000 Schnecken pro Quadratmeter! Und selbst, wenn nur eine einzige Schnecke auf einer Länge von fünf Metern vorhanden ist, liegt die Trefferquote der Mirazidien immer noch bei ca. 45 Prozent.

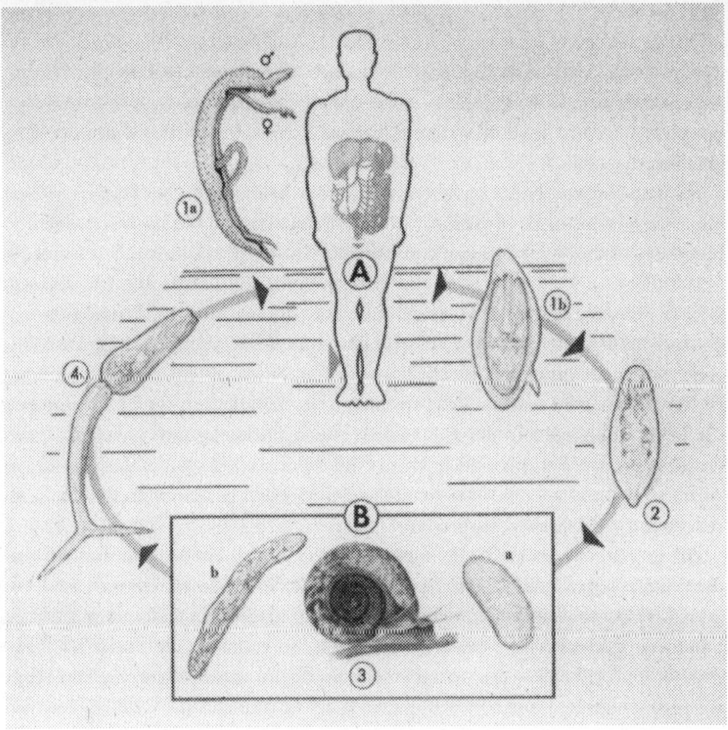

Entwicklungszyklus der Bilharziose-Erreger (Schistosoma spec.)
A: Endwirt: Mensch; 1 a geschlechtsreifes Egelpaar, 1 b reifes Ei; 2 Mirazidium;
B: Zwischenwirt: Wasserschnecke; 3 a + b Sporocysten, 4 freie Zerkarie

lich sind ihnen dabei die über den ganzen Körper verteilten Wimpern (Cilien), die den U-Boot-artigen Körper durch synchronisiertes Schlagen auf eine erstaunliche Geschwindigkeit bringen.

Ist mit Hilfe des angeborenen Navigationssystems erst einmal eine Schnecke geortet, so erfolgt die Feinsteuerung durch chemische Substanzen, die von den Weichtieren ins Wasser abgegeben werden. Mit Hilfe bestimmter Enzyme können sich die Mirazidien durch den recht derben Schneckenfuß hindurch bohren und im Inneren des Zwischenwirtes im Laufe einiger Monate zu einer 1000köpfigen Armada ganz anders aussehender Nachkommen heranwachsen. Diese wegen ihres charakteristischen Hinterteils Gabelschwanzlarven oder Zerkarien genannten Parasitenstadien verlassen die nun nicht mehr benötigte Herberge Schnecke über deren Atemhöhle. Da jede der verhältnismäßig kleinen Schnekken (die posthornförmigen *Biomphalaria*-Schnecken, die die Erreger der Darmbilharziose beherbergen, werden maximal 20 Millimeter groß; andere Schneckenarten sind kleiner als 10 Millimeter) zahlreichen Mirazidien als »Proviantierungsschiff« und »Zuchtstation« für Nachwuchs dient, werden über eine Dauer von sechs bis acht Monaten in jeder Schnecke mehrere hunderttausend Zerkarien produziert.

So ähnlich für einen Menschen auch die verschiedenen Schneckenarten tropischer Gewässer mit ihren Füllhorn- oder spiralförmigen Gehäusen aussehen, so fein sind jedoch die Unterschiede, die die Schistosomen erkennen. Nur wenn die Verhältnisse »unter Deck« absolut den Bedingungen der kritischen Untermieter gerecht werden, kommt die Umwandlung und die massenhafte Produktion von Nachwuchs in Gang. Da die verschiedenen Schnecken ihrerseits sehr präzise Anforderungen an ihren aquatischen Lebensraum stellen, sprich ein engbegrenztes Biotop haben, wird verständlich, warum auf den Landkarten der Epidemiologen die Verbreitungsgebiete der Bilharziose einem Flickenteppich gleichen. Denn nur dort, wo die Parasiten auch auf die mit ihnen exakt kompatiblen Zwischenwirte treffen *und* wo just diese den für sie passenden Lebensraum finden, kann sich auch die Bilharziose ausbreiten.[13]

Die aus der Schnecke flüchtenden Zerkarien haben ähnlich wie ihre Ahnen, die Mirazidien, keine Zeit zu verlieren. Auch ihre Energiereserven sind begrenzt.[14] Wer solchermaßen mit seinen Kräften haushalten muß, tut gut daran, seine Energie möglichst effizient einzusetzen. So verlassen die Zerkarien ihren Produktionsort keineswegs wie an einem Fließband, das rund um die Uhr läuft, sondern emigrieren aus dem schützenden Schneckenhaus in Abhängigkeit von Sonnenstand und Außentemperatur. Während vor 9 Uhr morgens und nach 19 Uhr abends nur sehr wenige Zerkarien im Wasser zu finden sind, erreicht die Zerkariendichte in den Mittagsstunden ein Maximum.[15] Überdies paddeln sie mit

[13] Ein gutes Beispiel für die ausgeprägte Spezifität der Wechselbeziehungen zwischen Parasiten und dem Zwischenwirt ist Madagaskar. Während auf der Ostseite und im zentralen Bergmassiv der Insel nur die Darmbilharziose vorkommt, ist die Verbreitung der Blasenbilharziose auf die Westseite beschränkt. Bei sonst gleichen ökonomischen und soziokulturellen Verhältnissen unterscheiden sich die beiden Inselteile nur durch ihre geophysikalischen Eigenschaften. Da diese aber ihrerseits die Wasserqualität und damit den Lebensraum der verschiedenen Schneckenarten eingrenzen, die entweder die Erreger der Darmbilharziose oder die Erreger der Blasenbilharziose übertragen, können sich auch die Parasiten nur auf der einen oder auf der anderen Inselseite vermehren.

[14] Der Energievorrat, den jede Gabelschwanzlarve mit auf den Weg bekommt, reicht für maximal 48 Stunden. Bei einer in den Tropen üblichen Wassertemperatur von 24 °C ist der »Brennstoff« aber schon nach acht Stunden aufgezehrt. Zerkarien, die in dieser Zeit keine menschliche Haut als »Rettungsinsel« entdeckt haben, sterben ab.

[15] Es leuchtet ein, daß Zerkarien, die ihre Schnecke nach Sonnenuntergang verlassen, nur geringe Chancen haben, in den nächsten 12 Stunden auf einen wasserholenden, baden-

Hilfe ihres Gabelschwanzes, mit dem sie wie mit zwei kräftigen Ruderblättern kräftig schlagen, nicht wahllos durch das – in den Tropen meist recht trübe – Naß, sondern durchkreuzen das Wasser ähnlich systematisch, wie ein Marineflieger nach einer Havarie nach im Meer treibenden Schiffbrüchigen Ausschau halten würde. Orientierungshilfe zum Lokalisieren der menschlichen Haut bilden dabei Fettstoffe und Gewebshormone wie Prostaglandine, die beim Baden in geringer Konzentration ins Wasser gelangen.

Entdeckt eine Zerkarie ein Stück Haut, wobei es dem nur einen halben Millimeter großen Parasiten gleichgültig ist, ob es sich um Fußsohle oder Kopfschwarte handelt, so heftet er sich mit Hilfe einer speziellen Saugvorrichtung an, scheidet Substanzen aus, die die dachziegelartig aufgebaute äußerste Hautschicht auflockern, und dringt in Sekundenschnelle in die schützende Hülle des Körpers ein. Der Gabelschwanz, der bei einer solchen Prozedur nur hinderlich wäre, wird dabei wie eine überflüssige Prothese abgeworfen. Dies ist gleichzeitig der erste Schritt einer körperlichen Umgestaltung, in deren Verlauf aus einem jungen unbedarften Würmchen, Schistosomulum genannt, ein geschlechtsreifer Wurm entsteht, der »gelernt« hat, die Abwehrkräfte mit einer Vielzahl von Tricks erfolgreich in die Irre zu führen. Der Verlust des Gabelschwanzes ist für das Schistosomulum zugleich Startschuß zu einer Reise durch den menschlichen Körper, die so unglaublich erscheint, daß sie der Phantasie eines Jules Verne entsprungen sein könnte:

Spätestens nach 48 Stunden hat der junge Wurm alle Lagen der Haut durchwandert und ist in eines der vielen kleinen unter der Haut liegenden Blutgefäße eingedrungen. Nach vier Tagen findet man ihn in der Lunge, in der er sich eine erste Ruhepause gönnt und einen kräftigen Wachstumsschub durchmacht. Nach weiteren vier Tagen hat er Zwerchfell und Leber durchquert und legt in den feinen Verästelungen der Pfortader eine weitere Verschnaufpause ein. Nach ungefähr drei Wochen ist aus dem Würmchen ein geschlechtsreifer Wurm geworden, der – wie ein Teenager bei seinem ersten Rendezvous – ungeduldig auf seinen Partner wartet.

Da Zerkarien immer eingeschlechtlich sind und aus einer weiblichen Zerkarie immer nur ein weiblicher Wurm entstehen kann (und aus einer männlichen natürlich nur ein männlicher), müssen mindestens zwei Zerkarien unterschiedlichen Geschlechts durch die Haut eingedrungen sein, damit sich in der Pfortader ein

---

den oder im Wasser arbeitenden Menschen zu treffen. Diese Tätigkeiten sind tagsüber und typischerweise in den Nachmittagsstunden viel wahrscheinlicher. Gabelschwanzlarven von Schistosomenarten hingegen, die wildlebende Tiere der afrikanischen Savanne befallen, zeigen einen ganz anderen Rhythmus. Sie verlassen ihre Schnecken vorwiegend in den Nachtstunden, wenn nämlich viele Wildtiere Wasserstellen zum Trinken aufsuchen.

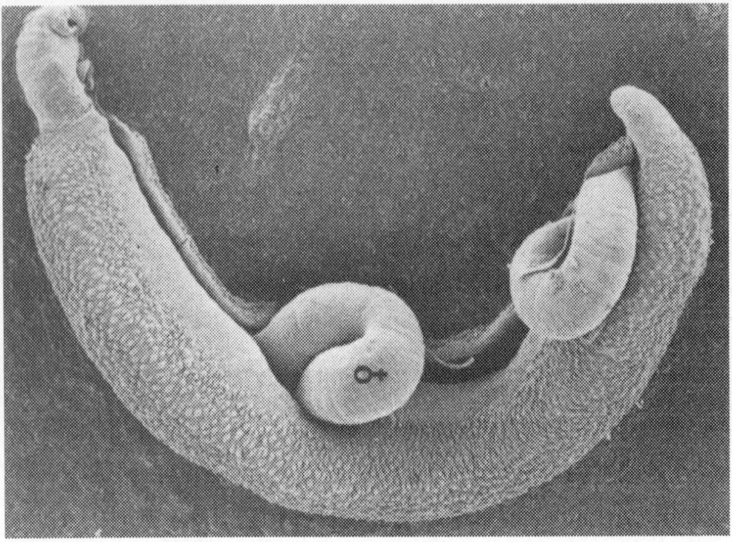

Geschlechtsreife Schistosomen in »Hochzeitsstellung«

Wurmpaar bilden kann.[16] Der männliche Wurm nimmt nun den etwas dünneren weiblichen Partner in eine eigens dafür vorgesehene Bauchfalte auf, und so für ihr Leben lang vereint beginnen die beiden als unzertrennliches Tandem den letzten Teil ihrer Reise in das Innere des menschlichen Körpers. Fast wie ein Geisterfahrer bewegen sie sich auf der dicht an dicht mit Blutzellen befrachteten »Autobahn« Pfortader gegen den Strom »abwärts« und nehmen von den unzähligen »Abfahrten«, den Blutzuflüssen, die die Pfortader aus den inneren Organen erhält, genau die richtige: *Schistosoma mansoni* und *Schistosoma japonicum*, die Verursacher der Darmbilharziose, zweigen dort ab, wo die Blutgefäße aus dem Dickdarm münden. *Schistosoma haematobium*, der Erreger der Blasenbilharziose, biegt an jenem »Autobahndreieck« ab, das zu den Blutgefäßen der Blase führt. In den feinen Venenverästelungen von Darm und Blase angekommen, beginnen die Würmer eine monotone Fortpflanzungsorgie, bei der über Jahre bis Jahrzehnte (Schistosomen können bis zu 30 Jahre alt werden) täglich zwischen 300 und 3000 Eier produziert werden.[17]

[16] Tatsächlich dringen mehrere Dutzend Zerkarien gleichzeitig durch die Haut ein. Nur so ist zu gewährleisten, daß sich mindestens ein weiblicher und ein männlicher Wurm in der Pfortader treffen, denn »unterwegs« gehen 60 bis 80% der *Zerkarien* »verloren« und sterben ab.

[17] Das schier grenzenlose Vermehrungspotential der Schistosomen kann mit folgender Beispielrechnung verdeutlicht werden:

Jetzt haben die Eier nur noch wenige Millimeter bis zum eigentlichen Ziel der langen und in absolutem Dunkel verlaufenden Reise, dem Hohlraum des Darms oder der Blase. Von hier aus können sie zurück in jenes Medium gelangen, aus dem sie als Zerkarien gekommen sind, das Wasser. Es ist dabei weitgehend gleichgültig, ob Stuhl oder Urin direkt in einen See oder Bewässerungsgraben gelangen – der nächste tropische Regenguß wird schon dafür sorgen, daß die Eier letzten Endes den Lebensraum ihrer Zwischenwirte erreichen.

Bis in die 70er Jahre war unbekannt, wie die Schistosomen es schaffen, während ihrer Wanderung durch den Körper und während ihres mehrjährigen Aufenthaltes in den Blutgefäßen den Abwehrkräften zu entkommen. Schließlich sind sie doch auf »Schritt und Tritt« mit Immunzellen, Antikörpern und anderen schlagkräftigen Truppen des Immunsystems hauteng konfrontiert. Doch so wie die Protagonisten in Jules Vernes Roman sich mit List und Tücke immer neuen Gefahren entziehen, so besitzen auch die Schistosomen eine ganze Trickkiste, mit deren Hilfe sie die Abwehrkräfte ins Leere laufen lassen können. Die erfolgreichste Survival-Technik ist so ungewöhnlich, daß sie bislang bei keiner anderen Parasitenart beobachtet wurde: Auf ihrer Außenhaut bauen die Würmer – fein säuberlich und systematisch – Moleküle ein, die sie ihrem Wirt »stehlen«. Und wie ein wählerischer Ladendieb selektieren sie dabei solche Substanzen, die ihnen den allergrößten Nutzen versprechen: im Blut kreisende Immunglobuline und Bestandteile von roten Blutkörperchen. Die auf ihrer Oberfläche fest eingebauten menschlichen Eiweiße suggerieren nun dem Immunsystem, daß sich unter der Decke aus körpereigenen Molekülen auch etwas Körpereigenes verbirgt. Doch damit nicht genug.

Vor einigen Jahren fand man heraus, daß die Schistosomen sogar noch eine Stufe gewiefter sind. Sie stecken nämlich auch sogenannte MHC-Moleküle in die Poren ihrer Außenhaut, just jene extrem spezifischen »Paßwörter«, mit denen das Immunsystem eines Menschen eigene von fremden Strukturen unterscheiden kann. Solchermaßen unter einer absolut zuverlässigen Tarnkappe steckend sind

---

1 Wurmpaar produziert pro Tag 300 Eier –
macht in 20 Jahren 2200000 Mirazidien
1 Mirazidium produziert pro Tag 1000 Zerkarien
macht in 100 Tagen 220000000000 Zerkarien
aus einer »Ehe« können so theoretisch entstehen:
110000000000 geschlechtsreife neue Wurmpaare

Tatsächlich wird die Vermehrung durch verschiedene natürliche Faktoren begrenzt: Das Immunsystem vernichtet eindringende *Zerkarien*; nicht alle erwachsenen Würmer finden einen Partner; zahlreiche Eier erreichen nicht ihren Bestimmungsort; es gibt keine Schnecken an der Stelle, wo die Ausscheidungen ins Wasser gelangen; Schnecken sterben oder werden gefressen, bevor die *Zerkarien* in ihnen heranreifen können; geschlüpfte *Zerkarien* finden keine »Rettungsinsel« Haut; usw.

die erwachsenen Würmer für die Abwehrkräfte quasi unangreifbar. Man hat dieses für einen Parasiten ungewöhnliche Gebaren in der Wissenschaft folgerichtig als *antigenic disguise* oder *antigenic camouflage* (Antigenverkleidung) bezeichnet. Und um ganz auf Nummer Sicher zu gehen, tauschen die Würmer ungeschützt gebliebene Partien ihres Mantels in regelmäßigen Abständen aus und verwirren die Abwehrkräfte zusätzlich durch die Freisetzung verschiedener Substanzen. Aus einem gut organisierten schlagkräftigen Immunsystem wird so eine müde Truppe, die sich mehr schlecht als recht gegen die Eindringlinge zur Wehr setzen kann.

Den unterschiedlichen Wegen, die die Schistosomen im Laufe ihres Lebens im menschlichen Organismus durchlaufen, entsprechen auch sehr unterschiedliche Krankheitszeichen. Wenn sich Zerkarien eine Eintrittspforte durch die Haut bohren, bilden sich nach kurzer Zeit reiskorngroße, heftig juckende Hauterhebungen, die mit einem prickelnden Gefühl verbunden sind. Menschen, die in den Tropen leben und die täglich von einer Vielzahl der unterschiedlichsten Plagegeister gestochen oder gebissen werden, bemerken diese akuten Entzündungszeichen in der Regel nicht.[18]

Wirklich schwerwiegende Krankheitszeichen treten erst dann auf, wenn die Schistosomula auf ihrer Reise durch den Körper so empfindliche Organe wie Lunge und Leber durchwandern. Es kommt zu lokalen Wasseransammlungen, Schwellungen von Milz und Leber, Fieber, Gelenkschmerzen und manchmal auch zu Verwirrtheitszuständen. Ganz charakteristisch ist in diesem Krankheitsstadium die massive Zunahme einer bestimmten Art weißer Blutkörperchen, der sogenannten eosinophilen Granulozyten. Ist das Krankheitsbild besonders stark ausgeprägt, wird es als Katayama-Fieber bezeichnet.[19]

Doch während die beiden akuten Krankheitsstadien nur eine vorübergehende Beeinträchtigung der Gesundheit bewirken, sind die Symptome der dritten Krankheitsphase gravierender und chronischer Natur. Ursache sind die Abertausende von Eiern, die von den weiblichen Schistosomen Tag für Tag freigesetzt werden. Nur die Hälfte von ihnen gelangt nämlich nach »draußen«, die anderen bleiben »unterwegs« stecken oder werden mit dem Blutstrom fortgeschwemmt

---

[18] Auch nach Baden in hiesigen Seen, vor allem in Norddeutschland, werden manchmal die Symptome der sogenannten Zerkariendermatitis beobachtet. Hierbei handelt es sich allerdings um Schistosomen von Wasservögeln, die im falschen Endwirt Mensch sich nicht weiter entwickeln können und in der Sackgasse Haut steckenbleiben. Die Vogelschistosomen sterben nach kurzer Zeit ab, und ihre Überreste werden von »Aufräumkommandos« des Immunsystems beseitigt.

[19] Katayama war zu Anfang dieses Jahrhunderts ein kleines Dorf in der Nähe von Hiroshima in Japan. Als die japanische Form der Bilharziose durch den Wissenschaftler Akira Fujinami erforscht wurde, waren die Reisfelder um Katayama mit Bilharzioseparasiten regelrecht durchseucht.

und richten dann in Leber oder Lunge katastrophale Schäden an. Eier, die in der Blasenwand, der Darmwand oder in einem der inneren Organe festsitzen, rufen in einer komplexen Kaskade von Ereignissen sehr unterschiedliche Hilfstruppen der Abwehrkräfte auf den Plan. Diese umgeben das Ei mit der darin steckenden Wimpernlarve – wie feine Eisenspäne einen kugelförmigen Magneten – mit konzentrischen Zellschichten und bilden medizinisch betrachtet ein Fremdkörpergranulom. Ein solches Granulom erreicht leicht das Zehnfache des Durchmessers des Eies und verdrängt entsprechend viel gesundes Gewebe. Und da über Jahre immer neue Granulome hinzukommen, wird mehr und mehr des betreffenden Organs zerstört – ähnlich wie wenn in ein Nadelkissen ständig neue Stecknadeln hineingestochen werden.[20] Aufgrund der anatomischen Verhältnisse ist bei der Darmbilharziose die Leber am stärksten betroffen, bei der Blasenbilharziose sind es dagegen die ableitenden Harnwege und die inneren Genitalorgane der Frau wie Gebärmutter, Eileiter und Eierstöcke.

Wenn das Mirazidium abgestorben ist, wird zwar auch das Granulom wieder kleiner, aber die in der Zwischenzeit zugrunde gegangenen Leber-, Nieren- oder Blasenwandzellen können vom Körper nur durch Bindegewebe ersetzt werden. Solche Bindegewebsansammlungen durchziehen bald zu Hunderttausenden die betroffenen Organe, fließen zu großen Narben zusammen und führen zu einer sogenannten Organfibrose.[21] Sind die Harnleiter von der Fibrose betroffen, so kann der Urin nicht mehr abfließen, der Druck im Harnleiter erhöht sich und langsam, aber sicher wird die Niere zerstört. Bildet sich die Fibrose dagegen vorwiegend in der Leber, so kann das Blut der Pfortader nicht mehr ungehindert hindurch. Das Blut sucht sich, ähnlich wie ein Fluß, dessen Bett durch einen Erdrutsch verschüttet wurde, neue Wege, um zum Herzen zu gelangen. Dabei entstehen innere Krampfadern, die plötzlich reißen können und dann zu unstillbaren inneren Blutungen führen. Auch wenn auf dem Totenschein Nierenversagen oder akute Magenblutung steht, so ist die eigentliche Ursache eine durch Schistosomeneier verursachte ausufernde Narbenbildung in lebenswichtigen Organen.

Das Immunsystem steht all diesen Ereignissen weitgehend hilflos gegenüber. Die unter der Tarnkappe steckenden Würmer sind unangreifbar, und die Eier, die eigentlich für den Körper keine Gefahr darstellen, weil sie ihn ja auf dem

[20] Forscher haben kürzlich ausgerechnet, daß bei einem Patienten, der über 10 Jahre mit *Schistosoma japonicum* infiziert ist, etwa 500 Millionen Eier im Kapillarnetz der Leber hängenbleiben.

[21] Selbst bösartige Tumoren können auf dem Boden der chronischen Gewebsreizung entstehen. So ist bei Ägyptern mit Blasenbilharziose eine besondere Art von Blasenkrebs, die sonst extrem selten ist, eine häufige Todesursache. Und in Ländern, in denen die von *Schistosoma japonicum* verursachte Darmbilharziose verbreitet ist, entwickelt sich in der chronischen Krankheitsphase nicht selten ein gefährlicher Darmkrebs.

»schnellsten Wege« verlassen möchten, werden erst durch den massiven Einsatz der Abwehrkräfte zu einem ausgesprochenen Gesundheitsrisiko: Denn so ähnlich wie eine Schar Schaulustiger an einem Unfallort durch »Haufenbildung« mehr Schaden als Nutzen anrichtet, machen die immer neuen Lagen von Immunzellen um das eingekeilte Ei die Sache nur schlimmer. Es ist die weit über das Ziel hinausschießende Immunreaktion, die die Bilharziose schließlich zu einer lebensbedrohlichen Krankheit werden läßt.

Auch fehlen die in den Granulomen zusammengezogenen Kräfte des Abwehrsystems möglicherweise auf einem anderen »Gefechtsplatz«, wo die taktische Lage ungleich günstiger für das Immunsystem wäre: nämlich dort, wo sich die »Marinetaucher« Zerkarien in »Einzelkämpfer« Schistosomula umwandeln. Die jungen Würmer sind nämlich während der ersten Tage ihres Aufenthaltes in »Feindesland« äußerst verwundbar. Selbst so ungemein anpassungsfähige Parasiten wie die Schistosomen benötigen einige Tage, um sich vom Lebensraum Wasser an die Verhältnisse im Biotop Mensch optimal anzupassen. So zielt denn auch ein Impfstoff, an dem in Forschungslabors in Europa und den USA derzeit gearbeitet wird, darauf ab, die Abwehrkräfte so zu trimmen, daß die Schistosomen über ihre eigene Achillesferse stolpern. Die eindringenden Zerkarien, spätestens jedoch die Schistosomula, sollen durch Immunzellen abgefangen werden, bevor sie sich eine Tarnkappe aus körpereigenen Molekülen überstreifen können.

Baumwolle für Lancashire

Als zu Beginn dieses Jahrhunderts die englische Baumwollindustrie in Gefahr war, im Wettbewerb mit den USA und Deutschland ins wirtschaftliche Hintertreffen zu geraten, faßten die Manager in Lancashire einen Entschluß, dessen Tragweite sie nicht ermessen konnten. Die englischen Webereien, so die Vorgabe, sollten zukünftig statt auf Quantität auf Qualität setzen, d. h. es sollten vorwiegend feinere und damit teurere Stoffe hergestellt werden. Dazu benötigte man jedoch jene »long-staple«-Variante der Baumwolle, die bislang nur in Ägypten produziert wurde. Da die Ägypter die steigende Nachfrage nach dieser Baumwollart schon seit langem nicht mehr befriedigen konnten,[22] schlug der Verband der Baumwollproduzenten der britischen Regierung vor, sie solle die

[22] Wie neue Forschungen von Wirtschaftshistorikern belegen, war Ägypten bereits um die Jahrhundertwende in jenen »circulus vitiosus schistosomialis« geraten, der später, wie noch berichtet wird, auch dem Sudan zum Verhängnis wurde. 1912 stellten die Erlöse von »long-staple«-Baumwolle bereits 80 Prozent der gesamten Exporteinnahmen dar – gleichzeitig hatte die Bilharziose ungeahnte Ausmaße angenommen.

Anlage von »long-staple«-Baumwollfeldern im Sudan vorantreiben. Die Wahl fiel auf das Flußdreieck zwischen dem Weißen und dem Blauen Nil, die Gesira. Diese Ebene schien aus mehreren Gründen für diesen Zweck ideal: Die lehmigen Böden waren fruchtbar und weitgehend wasserundurchlässig. Vorversuche hatten ergeben, daß Baumwolle hier hervorragend wächst. Und da das Land vom Blauen Nil aus leicht nach Nordwesten hin abfällt, ließ sich alleine mit Hilfe der Schwerkraft ein Areal von etwa 15000 Quadratkilometer bewässern.

Wie auch in der heutigen Zeit nicht unüblich, setzten sich die einflußreichen Lobbyisten und nicht rationales Kalkül politischer Entscheidungsträger durch. Obwohl kritische Stimmen davor warnten, den Sudan auf lange Zeit von einem einzigen Exportgut abhängig zu machen, dessen Preis zudem von einem mächtigen ausländischen Kartell bestimmt wurde, was wiederum die Gefahr einer instabilen Situation im größten Land Afrikas heraufbeschwor, gab die britische Regierung klein bei. Sie stellte 1913 der sudanesischen Regierung ein Darlehen über drei Millionen Pfund zur Verfügung mit der Maßgabe, in der Gesira eine Baumwollplantage bisher unbekannten Ausmaßes aufzubauen. Euphemistisch wurde das Entwicklungshilfedarlehen für das notleidendste Mitglied des britischen Weltreiches als »Geschenk des paternalistischen Königshauses an die Völker des Sudans zur Erreichung von wirtschaftlicher Unabhängigkeit und volkswirtschaftlicher Prosperität« bezeichnet. Welcher Interpretation man auch immer zustimmen mag,[23] sicher ist nur eines, die neue Baumwollplantage Gesira mit ihren gigantischen Dimensionen kreierte gleichzeitig auch eine Plage biblischen Ausmaßes: die Bilharziose.

Der Blaue Nil wurde bei Sennar, etwa 200 Kilometer südlich von Khartoum, aufgestaut und ab 1925 über ein ausgeklügeltes System von Kanälen und Bewässerungsgräben auf 100000 Hektar Baumwollfelder geleitet. »Das dringendste Gesundheitsproblem der sudanesischen Regierung«, so schrieb eine Expertengruppe des *Sudan Medical Service* im selben Jahr, »ist, unter allen Umständen zu vermeiden, daß die Kanäle der Gesira mit Bilharzia infiziert werden. Das Ergebnis wäre katastrophal und vermutlich irreversibel.« Das waren kluge Worte. Doch die Warnung kam bereits zu spät.

Nur wenige Monate nach dem Öffnen der Schleusen des Sennar-Damms fand man die Bilharziose-Schnecken bereits in einem der Hauptkanäle. Nach 18 Monaten waren alle sechs Großkanäle kontaminiert, und nach zweieinhalb Jahren waren die Schnecken selbst in den letzten Verzweigungen des Bewässerungssystems zu finden. Menschen, die über ihre Ausscheidungen die sich anbahnende

[23] Wer die politische Entwicklung des Sudans in den letzten Jahrzehnten verfolgt hat, wird zweifelsohne der skeptischen Betrachtungsweise zustimmen. Das Land ist politisch instabil, in mörderische Bürgerkriege verwickelt, und die Volkswirtschaft ist seit Jahren bankrott.

Katastrophe in Gang setzen konnten, gab es bereits reichlich.[24] Das Unglück nahm seinen Lauf. Die Infektionsrate stieg erst langsam, dann immer schneller. 1942 fand man bereits 21 Prozent aller Erwachsenen und 45 Prozent der Kinder infiziert. 1950 waren es 30 Prozent und 1970 50 Prozent der gesamten Bevölkerung. Heute gehen »optimistische« Schätzungen davon aus, daß 80 Prozent aller Einwohner der Gesira an Bilharziose erkrankt sind. Pessimisten meinen hingegen, daß wohl mehr oder minder alle Menschen der Gesira (etwa 1,5 Millionen) betroffen sind. Entweder leiden sie an Blasen- oder Darmbilharziose oder sie sind sogar mit beiden Erregerarten infiziert.

In der Zwischenzeit haben sich Experten aus aller Welt beim Gesira Board die Klinke in die Hand gegeben. Hunderte von medizinischen, schneckenkundlichen und landwirtschaftlichen Untersuchungen wurden durchgeführt, ganze Aktenschränke von Daten gesammelt und Regale mit Gutachten gefüllt. Die Quintessenz aller Erkenntnisse läuft in dem Satz zusammen, den einmal der legendäre englische Tropenmediziner David Bradley formulierte: »Bewässerungsingenieure und Bilharzioseschnecken haben ähnliche Vorstellungen von dem, was für sie optimal ist«. Geändert hat sich in bezug auf die Bilharziose allerdings bis heute nichts. Die Gründe dafür sind – wie immer bei schwierigen Problemen – vielfältig und auf komplexe Weise miteinander vernetzt.

So hatten beispielsweise die Planer am grünen Tisch vorgegeben, daß alle neuen Siedlungen mindestens 300 Meter vom nächsten Bewässerungsgraben entfernt sein müssen. Aber die Entwicklung zeigte, daß solche Vorgaben in der Realität nicht durchzuhalten sind. Für die riesigen Anbauflächen wurden – zumindest zur Erntezeit – zusätzliche Arbeitskräfte benötigt. Diese kamen bald aus allen Teilen des Sudans (und natürlich auch aus Gebieten, in denen die Bilharziose heimisch war) und ließen sich dort nieder, wo sie am einfachsten ihren täglichen Wasserbedarf befriedigen konnten: an den Kanälen und Bewässerungsgräben. Bar jedweder sanitärer Einrichtungen mußten sie ihre Ausscheidungen zwangsläufig in der freien Natur absetzen und trieben so das

---

[24] Da es in der Region keine Arbeitskräfte gab – das steppenhafte Gebiet wurde nur gelegentlich von Nomaden durchzogen –, holte man Bauarbeiter aus Ägypten. Auf Anraten der Gesundheitsbehörden wurde zwar an der ägyptisch-sudanesischen Grenze eine Quarantänestation eingerichtet, in der alle einreisenden Arbeiter auf Bilharziose untersucht und, falls infiziert, auch behandelt wurden. Doch die wohlgemeinte Maßnahme entpuppte sich später als ausgesprochener Flop: Zum einen waren die diagnostischen Methoden, die man in den 20er Jahren zur Hand hatte, nur wenig zuverlässig. Dies bedeutete, daß nur ein Teil der Erkrankten auch wirklich identifiziert wurde. Die anderen konnten als unerkannte Parasitenträger in die Gesira weiterreisen. Außerdem war das einzige damals vorhandene Medikament, ein Brechweinsteinpräparat, nur sehr unzuverlässig wirksam. Nach einer Behandlung schränkten die Schistosomen zwar vorübergehend ihre Eiproduktion ein (der Patient wurde als geheilt entlassen), um sie dann einige Wochen später (der Arbeiter war in der Gesira angelangt) wieder aufzunehmen.

Warnung vor der Ansteckung mit Bilharziose (Ägypten ca. 1930)

parasitäre Schwungrad Mensch-Schnecke-Mensch zu immer schnellerer Umdrehung an.[25]

Auch in den auf dem Reißbrett geplanten Siedlungen blieb der Bau von Toiletten ein frommer Wunsch. So bemängelte noch vor einigen Jahren der Gesundheitsminister der Provinz, daß es typischerweise in einem Dorf mit 500 Einwohnern nur sechs öffentliche Latrinen gäbe. Würden diese regelmäßig benutzt, so seien sie bereits nach wenigen Monaten voll und neue müßten gebaut werden – dafür fehle es dem Ministerium aber an Geld.[26] Zwar wurden in den neugegründeten Dörfern Brunnen gebohrt und Wassertürme gebaut, doch nach einigen Jahren ohne Wartung waren die Rohre und Pumpen in einem derart desolaten Zustand, daß aus den meisten Hähnen Wasser nicht einmal in Tropfen floß. Und

[25] Es ist gleichermaßen eine Binsenweisheit und für Ministerialbeamte in klimatisierten Büros eine aufregende Erkenntnis, daß in einem semiariden Land wie dem Sudan Wasser ein solcher Luxus ist, daß es Menschen anzieht wie ein Igel die Flöhe. Dabei sind Kriterien wie Wasserreinheit und -qualität (nach unseren Maßstäben gemessen) von untergeordneter Bedeutung. – Derzeit wandern in die Gesira alleine für die Baumwollernte jedes Jahr mindestens 200 000 Wanderarbeiter mit ihren Familien ein.

[26] Wer einmal in den Tropen eine Latrine, also ein Plumpsklo und zumal ein öffentliches, benutzt hat, versteht, warum die Menschen ihr »Geschäft« lieber woanders verrich-

wenn die Pumpen einmal funktionierten, fehlte mit Sicherheit das Geld, um den notwendigen Kraftstoff kaufen zu können.

Mit der Inbetriebnahme der Bewässerungskanäle konnten sich aber auch andere, hier bislang unbekannte Geißeln, wie Durchfallserkrankungen und die Malaria, in der Gesira festsetzen. Ob nun jede Krankheit für sich oder alle drei zusammen, die Folgen für die Gesundheit der Bewohner waren fatal. So zeigten interne Erhebungen des Gesira Board, daß jeder der Pächter im Jahr durchschnittlich 33 Tage aufgrund einer der drei genannten Erkrankungen an seinem Arbeitsplatz fehlte.[27] Alleine der durch die Malaria verursachte Ernteverlust an Baumwolle wurde im Jahre 1982 auf 10 Millionen US-Dollar geschätzt. Verständlich, daß Produktivität und Erträge im Laufe der Jahre nicht nur stagnierten, sondern langsam, aber sicher eine rückläufige Tendenz zeigten.

Doch statt das Übel bei der Wurzel zu packen, versuchten die Manager des Gesira Board die Symptome zu kurieren; um die Verluste auszugleichen, wurden die Anbauflächen vergrößert – was seinerseits den Bau neuer Bewässerungskanäle erforderte und mehr Wanderarbeiter anzog. Und um individuelle Anreize für eine Erhöhung der Produktivität zu schaffen, wurde der Anbau diversifiziert. Hirse, Erdnüsse, Bohnen und Weizen – allesamt Nutzpflanzen, die im Sudan eine mehrmonatige Bewässerung benötigen – sollten nunmehr neben der Baumwolle angepflanzt werden. Dies hatte zwangsweise zur Folge, daß die in die Felder führenden Wassergräben nicht mehr für einige Monate im Jahr trockengelegt und von Wasserpflanzen und Schlick gesäubert werden konnten. Dies mußten nun die Kanalreiniger übernehmen, die diese Tätigkeit häufig mit Siechtum und Tod bezahlten. So wurde der Lebensraum der Schnecken nicht eingeschränkt, sondern im Gegenteil stetig vergrößert. Damit nahm aber auch die Bilharziose weiter zu und die Produktivität – um einige Jahre zeitverzögert – weiter ab. Die Gesira war und ist noch heute im »circulus vitiosus schistosomialis« gefangen.

Klare Sieger nach Punkten

Doch was tun, wenn die Situation ähnlich desolat ist wie im Sudan? Theoretisch gibt es einige Möglichkeiten – und de facto sind auch die technischen Hilfsmittel vorhanden –, um die Geißel Bilharziose in den Griff zu bekommen:

---

ten: Ein Odeur, das Atembeklemmungen hervorruft, laut brummende Fliegen und allerhand Ungeziefer machen den Aufenthalt auf dem überhaupt nicht mehr »stillen Örtchen« zu einer unangenehmen Erfahrung.

[27] Erst vor kurzem haben wissenschaftliche Untersuchungen belegt, was die betriebswirtschaftlichen Statistiken des Gesira Boards seit langem vermuten lassen. Die körperliche Leistungsfähigkeit von Menschen, die an Bilharziose erkrankt sind, ist deutlich vermindert. Sie ermüden schneller als Gesunde und brauchen längere Erholungszeiten.

- Alle infizierten Personen behandeln – dann würden über die Ausscheidungen keine Schnecken mehr infiziert.
- Die Überträgerschnecken vernichten oder zumindest soweit dezimieren, daß die Chancen der Parasiten, den aquatischen Teil ihres Lebenszyklus zu vollenden, gegen Null sinken.
- Den Kontakt von Menschen mit verseuchtem Wasser miminieren, was z. B. durch geeignete Schutzkleidung oder Versorgung aller Haushalte mit adäquatem Trink- und Waschwasser möglich wäre – dann würden sich Kinder nicht erstmalig und Erwachsene nicht ständig neu infizieren.
- Vermeiden, daß menschliche Ausscheidungen ins Wasser gelangen und den circulus vitiosus immer wieder von neuem in Gang setzen – Toiletten und/oder eine funktionierende Kanalisation würden so etwas leisten.[28]
- Und denkbar ist schließlich, daß man mit einem Impfstoff die Schistosomen ein für alle Mal auspunkten könnte. Ein solcher Impfstoff müßte allerdings weitaus mehr leisten als das, was die Natur, sprich unser Immunsystem, fertigbringt – ein Umstand, der von vornherein skeptisch stimmt.

Die vielfältigen theoretischen Möglichkeiten reduzieren sich in der Praxis allerdings auf wenige gangbare Wege, von denen sich die medikamentöse Behandlung bislang als der erfolgreichste erwiesen hat. Doch auch wenn die notwendige Massenbehandlung gut organisiert ist, so erreichen die Bekämpfungsprogramme nur zwischen 50 und 80 Prozent der Bevölkerung (die anderen Patienten sind gerade auf Reisen oder aus irgendwelchen Gründen nicht dort, wo der Arzt mit Mikroskop und dem Medikament auf sie wartet). Auch setzt die medikamentöse Therapie eine Diagnose voraus, die wiederum nur durch aufwendige Untersuchungen von Urin und Stuhl gestellt werden kann. Überdies wirkt das Medikament Biltricid® nicht hundertprozentig zuverlässig.[29] Es müssen also mehrere Behandlungen hintereinander geschaltet werden, was Aufwand und Kosten erheblich vergrößert. Und weil – wenn sonst alles unverändert bleibt – sich die Menschen im endemischen Gebiet sehr schnell wieder neu infizieren, muß die ganze Prozedur spätestens alle zwei Jahre wiederholt werden.

Was liegt – im Zeitalter der Chemie – also näher, als zu versuchen, den Bilhar-

[28] In der Tat, schon Jahre, bevor der Zyklus von *Schistosoma japonicum* aufgedeckt wurde, beschrieb der japanische Bilharziose-Forscher Akira Fujinami in seinem Buch »Endemische Krankheiten in Japan« detailliert die notwendigen Maßnahmen gegen die Bilharzioseinfektion (Schutzkleidung, Hygiene).

[29] Üblicherweise werden bei einer einmaligen Dosierung 90 Prozent aller Würmer abgetötet. Dies ist für den Patienten bereits ein großer Gewinn, da weniger Würmer natürlich auch weniger Eier produzieren und weniger Gewebe von lebenswichtigen Organen zerstört wird. Allerdings können die verbleibenden Eier, wenn sie ins Wasser gelangen, jederzeit den verhängnisvollen Zyklus wieder in Gang setzen.

zioseschnecken mit einer chemischen Keule zu Leibe zu rücken. Schneckengifte, die sich im Labor als sehr wirksam erwiesen, werden immerhin seit 30 Jahren hergestellt. Doch wie die Praxis zeigte, entwickeln die Schnecken – ähnlich wie Insekten – relativ rasch Resistenzen gegen solche Gifte. Neue Substanzen aus den Forschungslabors, die dann den Bilharziose-Bekämpfungsbehörden als doppelt so wirksam wie die alten angepriesen werden, sind in der Regel dann auch gleich dreimal so teuer. Zudem läßt es sich in Zeiten steigenden Umweltbewußtseins nur schwer vertreten, regelmäßig tonnenweise Schneckengifte in Kanäle und Wassergräben zu schütten, in denen sich Menschen waschen und aus denen sie ihr Trinkwasser entnehmen.

Sanfte Methoden der Schneckenbekämpfung entsprechen daher dem Zeitgeist. So ging man in China zur Zeit der Kulturrevolution dazu über, die zu den Reisfeldern führenden Wassergräben doppelt anzulegen. Dahinter stand die Überlegung, jeweils einen der beiden Gräben für mehrere Monate im Jahr austrocknen zu lassen, um ihn dann von Schnecken säubern zu können. Da es keine Maschine gibt, die Schnecken automatisch aufspürt und einsammelt, mußte diese Arbeit mit der Hand erledigt werden. Mao Tse Tung hatte – wohl wissend der Mühe, die damit verbunden ist – vorsorglich den »Gemeinschaftsgeist der Seuchenbekämpfung« heraufbeschworen.[30]

Tatsächlich gelang es den Chinesen, durch die Dezimierung der Überträgerschnecken im Verein mit Massenbehandlungen die Häufigkeit der Bilharziose vorübergehend in beeindruckender Weise zu senken. Allerdings hatte der große Vorsitzende die Kraft seiner anspornenden Worte über- und die Anpassungsfähigkeit der Bilharzioseschnecken unterschätzt: Die kollektiven Seuchenkontrollmaßnahmen wurden in der Freizeit durchgeführt und nach Beendigung der Kulturrevolution – sicher mit einem Seufzer der Erleichterung – aufgegeben. Mit fallendem Wasserspiegel wanderten die Schnecken tief in den Schlamm der Gräben ein, verschlossen ihr Gehäuse vorübergehend mit einem Schleimpfropf und erwachten zu neuer Vitalität, wenn sich einige Monate später die Lebensbedingungen wieder normalisierten.

Neue umweltverträgliche Konzepte zur Schneckenbekämpfung sind zwar vorhanden, aber derzeit noch ähnlich utopisch wie ein gegen alle Bilharzioseformen wirkender Impfstoff. So haben zwei äthiopische Schneckenforscher herausgefunden, daß die afrikanischen Bilharzioseschnecken sehr empfindlich auf Substanzen reagieren, die aus den Früchten der Kermesbeere (*Phytolacca dodecandra*) freigesetzt werden, wenn diese ins Wasser fallen. Der im südlichen Afrika weit

---

[30] Diese Sisyphusarbeit kann man nur ermessen, wenn man weiß, daß die Schnecken, die in China den Schistosomen als Zwischenwirte dienen, im ausgewachsenen Zustand nicht größer als drei Millimeter sind.

verbreitete Baum, so schlagen die Forscher vor, könnte auf Uferböschungen und an Wassergräben angepflanzt werden und würde über seine saponinhaltigen Früchte den Bilharzioseschnecken das Leben »sauer« machen. Die Idee ist faszinierend, doch die Größenordnung des Problems gibt zu denken: Alleine für die Oase El Fayoum – sie besitzt ein Wassernetz von 39500 Kilometern – müßten etwa acht Millionen Kermesbeeren angepflanzt werden, wenn nur alle zehn Meter und auf beiden Seiten ein Baum stehen sollte.

Welche Methoden auch immer in einem Land zur Bilharziosebekämpfung eingesetzt werden, die Kosten sind immens und können von den betroffenen Ländern selbst nicht aufgebracht werden. So soll beispielsweise das sogenannte Blue Nile Health Project, mit dem man in der Gesira die Bilharziose unter Kontrolle bringen will, schon in der Anfangsphase 160 Millionen US-Dollar kosten.

So setzt die WHO denn auch zunehmend auf gesundheitliche Aufklärung der Bevölkerung – einem im Vergleich zu sanitären Infrastrukturmaßnahmen und chemischer Schneckenbekämpfung verhältnismäßig preiswerten Ansatz –, der die Menschen der Bilharziose-Regionen motivieren soll, an Diagnose- und Behandlungsmaßnahmen teilzunehmen und ihre Fäkalien nicht mehr unkontrolliert in der Nähe von Wasser abzusetzen. Von Ausrottung ist dabei schon lange nicht mehr die Rede, sondern eine Verminderung der Zahl schwerer Erkrankungen ist die neue, sehr bescheidene Zielsetzung.

Unterdessen sucht sich die Bilharziose immer neue Lebensräume. Massive Landflucht und miserabelste hygienische Verhältnisse haben es möglich gemacht, daß mittlerweile zahlreiche afrikanische Städte zu Bilharziose-Risikogebieten deklariert werden mußten. Die Schaffung von künstlichen Seen – sei es für die Bewässerung oder für die Elektrizitätsgewinnung – vergrößert Jahr für Jahr den Lebensraum der Schnecken und die Ausbreitungschance der Parasiten (es gibt laut WHO keinen Stausee in Afrika, der nicht von der Bilharziose befallen wäre). Und selbst in Indien, einem bislang so gut wie bilharziosefreien Land, ist die Seuche auf dem Sprung: Unkontrollierte Bevölkerungswanderungen und künstliche Bewässerungen haben dafür die Voraussetzungen geschaffen.

Ja auch Europa scheint nicht mehr vor der Bilharziose gefeit. Spanien und Portugal litten 1993 unter der größten Dürre seit 60 Jahren. Ist diese Dürre ein Indikator für einen langfristigen Klimaumschwung, so ist es nicht schwer, sich vorzustellen, daß die Regierungen der beiden Länder bald erheblichem Druck der Agrar-Lobby ausgesetzt sein werden. Um die Existenz der Bauern zu retten, würden dann vermutlich künstliche Bewässerungsanlagen gefordert – und mit Mitteln aus Brüssel auch sicherlich bald gebaut. Aus Afrika zurückkehrende Zugvögel könnten Eier von Überträgerschnecken mitschleppen, und diese könnten sich in den neuen Bewässerungsanlagen ausbreiten. Bilharzioseinfizierte Flüchtlinge aus Angola und Mozambique – die sich schon heute als Hilfsarbeiter auf Feldern im Süden der Iberischen Halbinsel verdingen – würden dann den verhängnisvollen Kreislauf in Gang setzen.

Fazit: Die Bilharziose ist eine Erkrankung, die den Menschen in den Tropen seit Tausenden von Jahren begleitet. Explodieren zu einer Massenseuche konnte sie allerdings erst durch Eingriffe in die Natur, durch landwirtschaftliche Großprojekte oder Stauseen, die der Elektrizitätsgewinnung dienen. Solange in Entwicklungsländern künstliche Seen und Bewässerungssysteme geschaffen werden, um eine expandierende Bevölkerung mit Nahrung zu versorgen oder eine defizitäre Staatskasse durch den Verkauf lukrativer landwirtschaftlicher Produkte auszugleichen, solange wird auch die moderne Medizin machtlos sein. Im Wettlauf zwischen Bewässerung und Bekämpfung sind Schnecken und Schistosomen bislang noch immer Sieger nach Punkten geblieben.

Hermann Feldmeier

Schlafkrankheit

Bezeichnung: afrikanische Trypanosomiasis; Infektionskrankheit durch Befall mit einzelligen beweglichen Blutparasiten (Trypanosomen); Überträger sind Tsetsefliegen (z. B. *Glossina palpalis*, *Glossina morsitans*).

Erreger: *Trypanosoma brucei gambiense* (westafrikanische Form) und *Trypanosoma brucei rhodiense* (ostafrikanische Form); Geißeltierchen (Flagellaten), ca. 2–3 × 15–30 µm groß; zahlreiche Arten und Unterarten verursachen verschiedene Tierkrankheiten (Nagana bei Rindern).

Verbreitung: ausschließlich Afrika, südlich der Sahara; westafrikanische Form in West- und Zentralafrika, ostafrikanische Form etwa östlich des 35. Längengrades, südlich des 10. Breitengrades; jährlich ca. 25000 Neuerkrankungen.

Infektion und Krankheitsverlauf: Übertragung durch Fliegenstich und Verteilung der Trypanosomen über Blut und Lymphe im gesamten Körper; starke Vermehrung durch Längsteilung der Parasiten; im 1. Stadium Parasiten nur in Blut und Lymphdrüsen; im 2. Stadium auch im Zentralnervensystem (ZNS) nach Überwinden der Blut-Hirn-Schranke; unbehandelt tödlich.

Krankheitsbild: Fieberschübe, Schwellung der Lymphknoten, Hautjucken, Leber- und Milzschwellung; später Hirn- und Rückenmarksentzündung mit neurologischen und psychischen Störungen (Kopfschmerzen, Schlafstörungen, Apathie), Herzentzündung, Gewichtsabnahme; Tod meist durch Herzversagen oder Abwehr-Schwäche.

Diagnose: mikroskopischer Nachweis der Parasiten in Blut, Lymphe und Rückenmarksflüssigkeit; Antikörpernachweis.

Therapie und Prophylaxe: Behandlung nur durch Spezialisten; Auswahl der Medikamente nach Krankheitsform und -stadium; Vorbeugung durch Fliegenschutz; medikamentöse Vorbeugung nicht empfehlenswert; chemische und biologische Insektenbekämpfung.

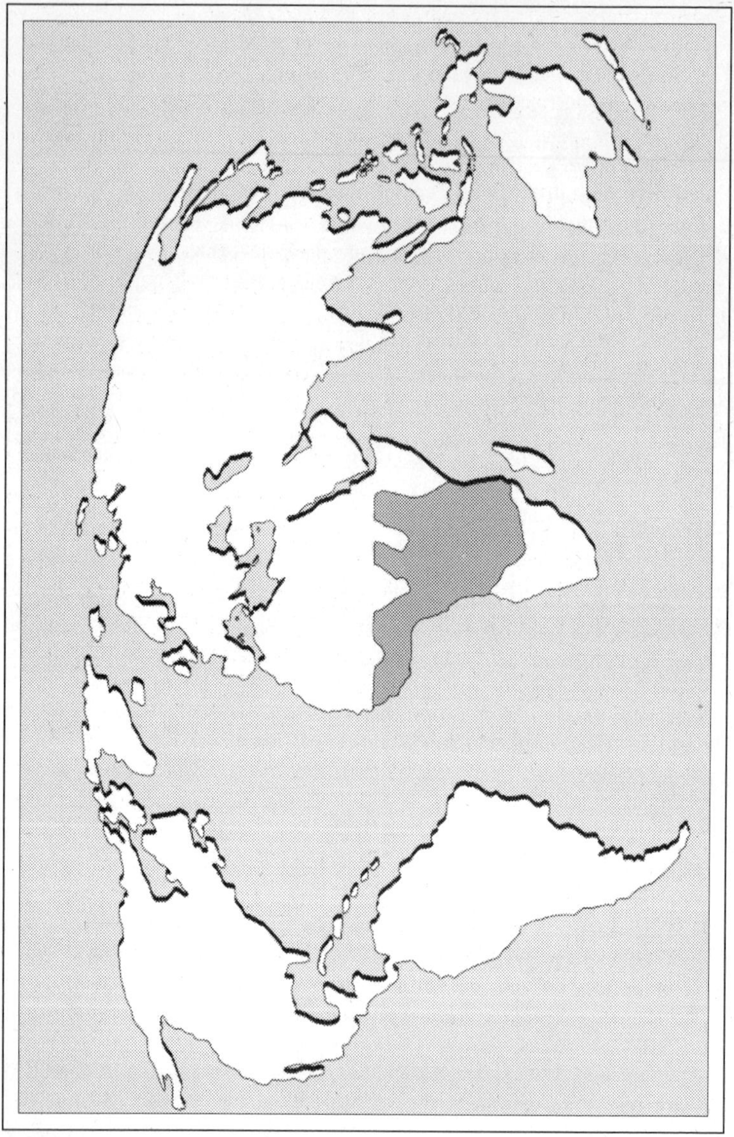

Regionen, in denen ein Infektionsrisiko besteht

Wie keine andere tropische Seuche ist die Schlafkrankheit mit dem Schicksal des »schwarzen« Kontinents verknüpft. Sie bremste im ausgehenden Mittelalter die von Norden und Osten vorangetriebene Eroberung Afrikas durch die Araber. Sie war der Hemmschuh für die von Westen ausgehende Kolonisierung des afrikanischen Kontinents im Zeitalter des Imperialismus. Und sie behinderte wie kaum eine andere Krankheit in den jungen, unabhängigen Staaten Afrikas die landwirtschaftliche Entwicklung ganzer Regionen. Für jemanden, der Afrika nur aus der Reise- und Abenteuerliteratur kennt, ist und bleibt die Schlafkrankheit der Inbegriff einer beängstigenden Seuche, gegen die kein Kraut gewachsen ist, und die ihre Opfer in einem mysteriösen Dämmerschlaf dahinrafft. So heißt es noch 1938 in einem populärwissenschaftlichen Buch von den Erregern der Schlafkrankheit: »Ja, durch List und Heimtücke und ihr Gift besiegen sie ihn (den Menschen). Sie nehmen von ihm Besitz, ohne daß er es ahnt; vermehren sich in seinem Blut, in der Flüssigkeit des Rückenmarks und Hirns, vervielfältigen sich unschätzbar und enden ihr Dasein erst, wenn sie ihr wehrloses Opfer grausam zur Strecke brachten, um mit ihm zugleich vernichtet zu sein.«

Die Schlafkrankheit ist heute noch in 36 afrikanischen Ländern – von Sierra Leone im Westen bis nach Tansania im Osten und vom Sudan im Norden bis nach Simbabwe im Süden – beheimatet. Jahr für Jahr werden etwa 25000 neue Krankheitsfälle registriert. 50 Millionen Menschen leben derzeit in einem Gebiet von der Größe der USA, in dem die Schlafkrankheit jederzeit zu einer tödlichen Bedrohung werden kann. Überdies sind in der gleichen Region etwa 40 Millionen Haustiere, vorwiegend Rinder, Pferde und Ziegen, von einer Tierseuche bedroht, die mit der Schlafkrankheit eng verwandt ist, der Nagana.[1] Diese Tierseuche macht in weiten Landesteilen Viehzucht unmöglich und nimmt so den Menschen die Chance, durch Rinderhaltung zu bescheidenem Wohlstand zu kommen und sich eine ausgewogene, proteinreiche Ernährung leisten zu können.

Ganz im Gegensatz zu anderen tropischen Parasiten, bei denen einige wenige – exakt definierte – Arten eine Erregerfamilie bilden, gehören die Verursacher der Schlafkrankheit zu mehreren Komplexen eng miteinander verwandter Arten, Unterarten und Varianten. Zwar sehen die einzelligen Parasiten selbst für einen geübten Beobachter unter dem Mikroskop alle ähnlich aus, sie unterscheiden sich aber ganz wesentlich in ihren krankheitsauslösenden Eigenschaften und

[1] Das Wort »Nagana« stammt aus der Zulu-Sprache und bedeutet soviel wie »in schlechter Stimmung, ohne Kraft«. Ähnlich wie das früher ebenfalls gebräuchliche Wort »Munca« (»ausgesaugt«) beschreibt es die Hauptsymptome der Schlafkrankheit der Rinder: Die Tiere sind reizbar, magern ab, verlieren jede Kraft und sind schließlich nur noch ausgezehrte Gerippe.

Die Erreger der Schlafkrankheit

Erreger-Komplex	verursacht Krankheit bei	Krankheits-bezeichnung	Reservoir der Erreger sind	Infektion erfolgt durch
T. brucei gambiense	Menschen	Schlafkrankheit (westafrikanische Form)	- Mensch - Haustiere (z.B. Hund) - Wildtiere (Antilopen)	Übertragung der Trypanosomen von Mensch zu Mensch und vom Tier auf den Menschen
T. brucei rhodiense	Menschen	Schlafkrankheit (ostafrikanische Form)	- Haustiere - Wildtiere - Mensch	Übertragung der Trypanosomen vom Tier auf den Menschen* und von Mensch zu Mensch
T. brucei brucei	Haustieren (Hund)* Nutztieren (Rind)**	Nagana	alle Arten von Wildtieren	Übertragung der Trypanosomen von Tier zu Tier

* Neueste Untersuchungen zeigen, daß das Risiko für eine Infektion des Menschen mit der ostafrikanischen Form 500mal größer ist, wenn eine Tsetsefliege zuvor Blut eines infizierten Rindes gesogen hat, als wenn die Fliege vorher Blut bei einem infizierten Menschen aufgenommen hat.

** Nicht alle Rinderrassen sind gleichermaßen empfänglich für die Nagana-Krankheit: Die kleinwüchsigen Ndama-Rinder z. B. sind weitgehend resistent, während vom Zebu-Rind abstammende Rassen leicht erkranken.

ihren epidemiologischen Merkmalen (siehe Tabelle). Während die Erreger der Nagana-Seuche sich in Wildtieren vermehren können, ohne daß diese erkranken, sind Rinder für die Infektion äußerst empfänglich. Andererseits können die Erreger der menschlichen Schlafkrankheit auch Haustiere und Wildtiere befallen, ohne daß diese Symptome entwickeln. Noch komplizierter wird das Mosaik aus verschiedenen Erregern, Erregerreservoiren und Krankheiten durch die Tatsache, daß es zwei Typen der menschlichen Schlafkrankheit gibt, die wiederum durch unterschiedliche Parasiten-Komplexe verursacht werden: die westafrikanische, relativ langsam verlaufende Form und die ostafrikanische, die unbehandelt innerhalb weniger Monate zum Tode des Patienten führt.

Das gemeinsame Zahnrad im komplizierten Triebwerk von Nagana und den beiden Schlafkrankheitsformen ist die Tsetsefliege, die in allen Fällen für die Übertragung der Erreger verantwortlich ist. Da es an die 30 Arten von Tsetsefliegen gibt, die sehr unterschiedliche Ansprüche an ihren Lebensraum stellen (dichte Wälder oder Savanne und Galeriewälder der Flußufer) und sich in ihrem biologischen Wirkungsgrad als »Spediteure hochbrisanter Ladung« unterscheiden, wird verständlich, warum das Verbreitungsgebiet der Schlafkrankheit sich kaum durch großflächige Schraffuren auf einer Karte darstellen läßt, sondern eher einer mit Fliegendreck übersäten Leinwand ähnelt, bei der jeder Punkt einen sogenannten Endemie-Focus darstellt.

Obwohl die Schlafkrankheit heutzutage nur noch verhältnismäßig wenige Menschenleben fordert, besteht nach wie vor das Risiko großer nicht mehr kontrollierbarer Epidemien. Da es in absehbarer Zeit keine Aussicht auf eine schützende Impfung gibt und die Krankheit insbesondere in ihrem zweiten Stadium nur sehr schwer zu behandeln ist, bleiben für die Gesundheitsbehörden als Möglichkeiten nur die Aufspürung von Patienten im Rahmen von Massenuntersuchungen und die Bekämpfung der Tsetsefliege übrig. Beide Ansätze sind sehr kostenaufwendig und von den betroffenen Ländern selbst kaum finanzierbar.

Problem der Medizin oder Politikum?

Als die skrupellosesten aller Geschäftemacher, die Sklavenhändler, vor etwa 300 Jahren an der afrikanischen Goldküste immer erfolgreicher ihr profitträchtiges Gewerbe betrieben, hatten einige besonders gewiefte Menschenverkäufer ein Geschäftsgeheimnis, das die Verschiffung der Sklaven nach und den Verkauf in den Kolonien der Neuen Welt noch lukrativer machte: »Kaufe niemals einen Sklaven, der Schwellungen am Hals oder im Nacken aufweist«, lautete der Geheimtip der portugiesischen, holländischen und englischen Sklavenschiffer, »selbst wenn er noch so stark ist und gesund aussieht, er stirbt mit großer Wahrscheinlichkeit schon während der Überfahrt und ist deshalb hinausgeworfenes Geld«.

Anfang des 19. Jahrhunderts kannten die Schiffsärzte der französischen Marine die »lethargische Krankheit« bei den Eingeborenen am Golf von Benin und an den Küsten Guineas. Es dauerte allerdings bis zum Anfang dieses Jahrhunderts, bis Wissenschaftler einen Zusammenhang zwischen den beiden Phänomenen herstellten und sie als unterschiedliche Phasen ein und derselben Krankheit erkannten. Vorausgegangen war eine sensationelle Entdeckung des Militärarztes und Infektionsmediziners David Bruce: Er hatte 1896 im Zulu-Land, im damals englischen Südafrika, Trypanosomen als Verursacher und die Tsetsefliege als Überträger der Nagana-Seuche identifiziert.

Im Blut eines Menschen haben zwei englische Militärärzte erstmals 1901 Schlafkrankheitserreger beobachtet. Arabische Wissenschaftler kannten die

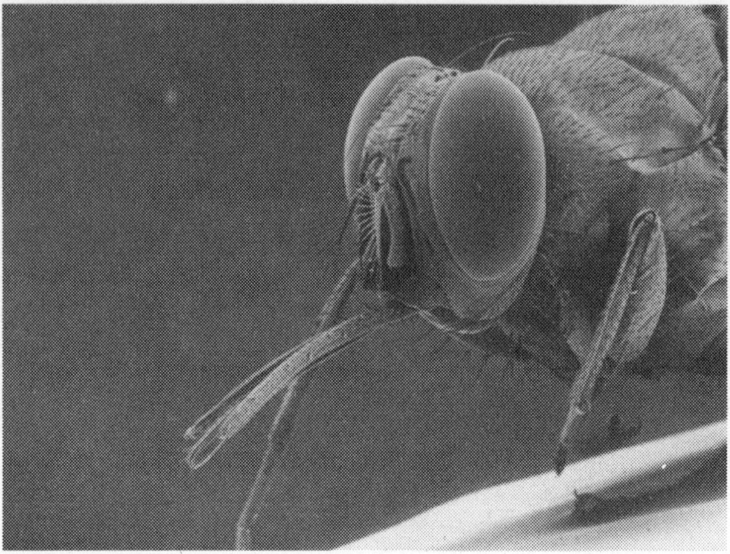

Kopf der Tsetsefliege (Glossina spec.)

Symptome der mysteriösen Erkrankung allerdings bereits im 14. Jahrhundert. Die Schlafkrankheit schien damals schon in Form von Epidemien aufzutreten, vor denen sich auch hochgestellte Persönlichkeiten nicht schützen konnten. So starb Mansa Djata, der König von Mali, 1374 an der Schlafkrankheit.

Erst mit der Kolonisierung Afrikas durch die imperialistischen Großmächte wurde die Schlafkrankheit zu einer Massenseuche. Neue Transportwege erschlossen das Hinterland und verbanden so einzelne Endemie-Foci, die bislang von der Außenwelt abgeschlossen waren. Im Gefolge von militärischen Expeditionen, Warentransporten und Bevölkerungsbewegungen dehnte sich auch die Schlafkrankheit über immer neue Landstriche aus. Ende des vergangenen Jahrhunderts erreichte ihre westafrikanische Variante erstmalig das Kongo-Becken und überquerte im Jahre 1896 die Kongo-Nil-Wasserscheide. Allerorts traten katastrophale Epidemien auf, die ganze Landstriche entvölkerten. So starben an den Ufern des Viktoria-Sees im Herzen der englischen Ostafrikabesitzungen um die Jahrhundertwende innerhalb einer Dekade etwa 250000 Menschen. Auf den im Viktoria-See liegenden Sese-Inseln fielen innerhalb weniger Jahre zwei Drittel der schätzungsweise 30000 Einwohner der Schlafkrankheit zum Opfer. Im – damals – belgischen Kongo gingen zwischen 1906 und 1920 etwa eine Million Todesfälle auf das Konto der Schlafkrankheit. Und auch im französischen Westafrika grassierte die Seuche in einem nie gekannten Ausmaß: In einigen Teilen Kameruns bspw. gingen 45 Prozent aller Todesfälle zu Lasten der Schlafkrankheit. Besonders betroffen war der Stamm der Njems: Die Schlafkrankheit grassierte in einem solchen Ausmaß, daß der Stamm innerhalb von wenigen Jahren von 12000 auf 600 Personen schrumpfte.

Da die ohnehin schon dünn besiedelten Landstriche des afrikanischen Kontinents ohne ausreichende billige Arbeitskräfte weitgehend wertlos waren, gerieten die politischen Entscheidungsträger der Kolonialmächte zunehmend in Zugzwang. Zum einen hatte sich parallel zur Schlafkrankheit auch die Nagana-Seuche über riesige Gebiete ausgedehnt, so daß die nachdrängenden Siedler auf den ungenutzten Ländereien wegen der »Fliegenkrankheit« keine Viehzucht betreiben konnten und statt dessen von der Hand in den Mund lebten. Zum anderen gerieten auch immer mehr Personen in Gefahr, für die die Kolonialverwaltungen eine direkte Fürsorgepflicht hatten, nämlich Militärs, Beamte und die Kaufleute der großen Handelsgesellschaften. Da man medikamentös nichts gegen die Krankheit ausrichten konnte, blieb nur der nahezu aussichtslose Kampf gegen die Tsetsefliege, der Unsummen von Geld verschlang und auch ökologisch mehr als fragwürdig war.[2] Die Bekämpfung der Schlafkrankheit wurde so zu einem Faß ohne Boden, das die militärisch-politischen Erfolge bei der vorausgegangenen Aufteilung Afrikas in Interessenzonen zunichte zu machen drohte.

Dies war das Szenario, als Chemiker der Farbenfabriken Bayer zum Ende des Ersten Weltkrieges eine Substanz synthetisierten, die Trypanosomen erfolgreich abtötete, ohne für den Säugetierorganismus selbst übermäßig toxisch zu sein. Die Aminobenzoyl-aminotuloyl-naphtylamin-trisulfonsäure, ursprünglich als Bayer 205 bezeichnet, zeigte in Tierversuchen eine solch durchschlagende Wirksamkeit, daß man die Chemikalien nach kurzer Zeit an das Hamburger Tropeninsti-

[2] Bar jeder chemischen Bekämpfungsmöglichkeiten – Insektizide wurden in Afrika erstmals nach dem Zweiten Weltkrieg gegen die Tsetsefliege eingesetzt – blieb nur die Chance, den Lebensraum der Tsetsefliege so weit wie möglich einzuschränken. So wurden Hunderte von Quadratkilometern Buschwerk gerodet und ganze Waldgebiete abgeholzt. Besonders radikale Verfechter der Anti-Tsetse-Kampagne wollten sogar die Wildtiere der afrikanischen Savannen rigoros abschießen lassen, damit die Tsetse keine Möglichkeiten zum Blutsaugen mehr fand und so ihr Vermehrungspotential eingeschränkt würde. Selbst Robert Koch war lange Zeit der Ansicht, daß man die Schlafkrankheit nur dann wirkungsvoll bekämpfen könne, wenn man die »Tsetsefliege restlos vernichte«. – Heute hat sich das Bild ganz wesentlich gewandelt: Einige Wildschützer sind sogar der Meinung, daß nur eine ausreichend große Dichte von Tsetsefliegen das Überleben der großen Savannen- und Steppentiere sichern könne. Denn nur dort, wo die Nagana-Seuche das Vordringen des Menschen als Besitzer immer größerer Rinderherden verhindert, ist der Lebensraum der ursprünglichen afrikanischen Fauna noch gewährleistet.

tut für die klinische Überprüfung weiterleitete. Dort wurde Ende 1920 erstmalig ein Patient mit dem neuen Medikament behandelt. Der 36jährige englische Ingenieur Christopher Gordon James war im September 1920 in der Serengeti an Schlafkrankheit erkrankt. Vergebens hatten die Ärzte der Liverpool School of Tropical Medicine ihn zu heilen versucht. Bis auf die Knochen abgemagert wurde der Patient als hoffnungsloser Fall in das Hamburger Tropeninstitut eingeliefert. Doch das schier Unglaubliche trat ein: Bereits nach der ersten Injektion verschwand das Fieber und nach weiteren Behandlungen besserte sich der Zustand des Patienten zusehends. Als der Ingenieur nach vier Monaten in Liverpool nachuntersucht wurde, mußten die englischen Tropenärzte neidlos anerkennen, daß »der Patient sich ausgezeichneter Gesundheit erfreue und von der Schlafkrankheit völlig genesen sei«.[3]

Das neue Medikament schien dermaßen vielversprechend, daß sich die Bayer-Werke entschlossen, es in einer großangelegten Feldstudie in Ostafrika auszutesten. Ein nicht einfaches Unterfangen, da Deutschland mit dem Versailler Vertrag auf alle afrikanischen Besitzungen verzichtet hatte.[4] Während der fast zwei Jahre dauernden Forschungsarbeiten in Rhodesien und im Kongo wurden mehrere hundert Patienten und fast ebenso viele Rinder mit Bayer 205 behandelt. In fast allen Fällen verschwanden die Trypanosomen nach wenigen Injektionen aus dem Blut und bildeten sich die Symptome der Schlafkrankheit rasch zurück. Damit war der Grundstein für den Siegeszug eines Behandlungsverfahrens gelegt, das innerhalb weniger Jahre zum Hoffnungsträger aller Tropenärzte wurde und das man auch in den entlegensten Urwaldspitälern zur Behandlung der Schlafkrankheit einsetzte. 1923 wurde das neue Medikament offiziell unter dem Namen »Germanin« auf dem Weltmarkt eingeführt.[5]

---

[3] Dementsprechend war die Veröffentlichung des Krankheitsberichtes durch die Hamburger Tropenärzte in der Münchener Medizinischen Wochenschrift im Jahre 1921 (unter dem schlichten Titel »Über die Behandlung von menschlicher Trypanosomiasis mit Bayer 205«) eine wissenschaftliche Sensation ersten Ranges. Sie führte zu hektischer Aktivität in französischen und englischen Forschungslabors mit dem Ziel, die chemische Struktur von Bayer 205 herauszufinden. Die Bayer-Werke hatten nämlich – aus Angst vor einer Enteignung ihrer Erfindung durch die Siegermächte – den Hamburger Ärzten das Medikament zur Erprobung gegeben, ohne diese über die genaue Zusammensetzung des Heilmittels aufzuklären. Ein in der Geschichte der Arzneimittelwissenschaft einmaliger Vorgang.

[4] Auch dies ist ein wissenschaftliches Kuriosum: England und Belgien stimmten ohne größeres Zögern und ohne jede Vorbehalte zu, daß ausschließlich deutsche Wissenschaftler die 1,5 Millionen Reichsmark teure Feldstudie auf ihren Territorien in Rhodesien und im Belgisch-Kongo durchführen konnten. Ein Beleg dafür, welche politische Bedeutung von seiten der Kolonialherren dem ersten wirksamen Medikament gegen die Schlafkrankheit zugemessen wurde.

[5] Nomen est omen: Für die durch den verlorenen Krieg gedemütigten und unter Repa-

Mit dem Germanin wurde erstmalig eine systematische Bekämpfung der Schlafkrankheit möglich. Kolonialmächte wie England und Frankreich richteten eigene Schlafkrankheitsbekämpfungsbehörden ein, die in militärisch straff organisierten Reihenuntersuchungen jedes Jahr Hunderttausende auf Anzeichen einer Infektion mit Trypanosomen kontrollierten. Auch wenn die damaligen Methoden zur Untersuchung von Blut- und Rückenmarksflüssigkeit nur wenig empfindlich waren (so daß bei jeder Reihenuntersuchung immer auch einige Patienten »übersehen« wurden), so bekam man doch aufgrund der nahezu vollständigen Abdeckung der in Risikogebieten lebenden Bevölkerung die Schlafkrankheit als seuchenmedizinisches Problem in den Griff. Jedes Jahr wurden alle Kinder und Erwachsenen zweimal untersucht, und wenn Schlafkrankheitserreger nachgewiesen wurden, in eigens eingerichteten Krankenhäusern behandelt. So brachen die Epidemien in sich zusammen und konnten alte Schlafkrankheitsherde saniert werden. Dank der ständigen Überwachung konnten sich auch nirgendwo neue endemische Gebiete entwickeln. Anfang der 50er Jahre hatte man in den meisten Trypanosomiasis-Gebieten die Krankheitshäufigkeit auf weniger als 0,1 Prozent (bezogen auf die Gesamtbevölkerung) gesenkt, und es schien nur noch eine Frage der Zeit, bis die »Fliegenkrankheit« als ureigenste Seuche des afrikanischen Kontinents von der Bildfläche verschwunden wäre.

Doch wie so häufig in der Geschichte der Tropenmedizin kam es ganz anders. Mit der Unabhängigkeit der afrikanischen Staaten in den 60er Jahren wurden die Schlafkrankheitsbehörden in den meisten Ländern aufgelöst oder ihre Aktivitäten auf ein ineffektives Minimum reduziert. Die jungen Länder hatten einfach kein Geld – und auch nicht das qualifizierte Personal –, um eine regelmäßige medizinische Überwachung der Bevölkerung in Risikogebieten bzw. eine Bekämpfung der Tsetsefliege mittels Insektiziden durchführen zu können: Das gesundheitspolitische Laisser-faire rächte sich bitterlich. Tsetsefliegen und Schlafkrankheit kehrten rasch in ihre angestammten Gebiete zurück. In Zaire bspw. schnellte nach sechs Jahren seuchenmedizinischer Untätigkeit die Erkrankungs-

rationszahlungen ächzenden Deutschen war die Entdeckung der Wuppertaler Chemiker Salbe auf der Wunde eines stark angeknacksten Selbstbewußtseins. So heißt es denn auch in einem populärwissenschaftlichen Buch der Nachkriegszeit bezeichnend über die Entdeckung: »Germanin – Geschichte einer deutschen Großtat«. Und eine Hamburger Tageszeitung verstieg sich 1921 zu der gewagten Schlagzeile »Der Schlüssel Afrikas in deutscher Hand«. – Tatsächlich war den Siegermächten die wirtschaftliche Bedeutung des Medikamentes klar. »Die Entdeckung des deutschen Germanins«, schrieb Professor Thomas Huxley, tropenmedizinischer Berater der britischen Regierung, 1922 in einem Gutachten, »ist für die Alliierten viel wertvoller als sämtliche von ihnen ursprünglich geforderten Reparationen.« – Noch heute ist das Medikament unter dem Namen Suramin in den Apotheken Afrikas erhältlich.

häufigkeit von 0,01 auf 12 Prozent, in einigen Gebieten sogar auf 18 Prozent hoch. Mittlerweile werden in dem zentralafrikanischen Staat in jedem Jahr wieder 10000 Fälle von Schlafkrankheit registriert, fast 1000mal soviel wie in den Jahren vor der Unabhängigkeit.

Doch auch in anderen afrikanischen Ländern hat sich die Situation in den letzten 30 Jahren zunehmend verschlechtert. So hat ein Massenexodus von Menschen aus dem von Bürgerkrieg zerrissenen Sudan im Norden und Nordwesten von Uganda die Fälle von Schlafkrankheit epidemisch anwachsen lassen. Im Süd-Sudan selbst ist die Schlafkrankheitsbekämpfung vollständig zusammengebrochen und ist die Situation nach Berichten von medizinischen Hilfsorganisationen mittlerweile völlig aus dem Ruder gelaufen. Auch in Tansania, der Zentralafrikanischen Republik, in Kamerun, dem Tschad und der Elfenbeinküste haben Bevölkerungsbewegungen und ineffiziente Gesundheitsbehörden zum Aufflackern von Epidemien geführt. In Angola stieg infolge des Unabhängigkeitskrieges die Zahl der Neuerkrankungen auf über 5000 im Jahr an – eine Entwicklung, die das verarmte und immer noch unter militärischen Auseinandersetzungen leidende Land vor unlösbare Probleme stellt. Selbst aus Städten wie Douala, Brazzaville und Bamako werden – früher eine Undenkbarkeit – Fälle von Schlafkrankheit gemeldet.

Und noch ein anderer Faktor bringt die mühsam aufgebaute Kontrolle der Schlafkrankheit aus dem – äußerst labilen – Gleichgewichtszustand: In dem Maße, wie eine ständig zunehmende Bevölkerung um die Nutzung der für landwirtschaftliche Zwecke zur Verfügung stehenden Fläche konkurriert, entschließen sich Regierungen, Gebiete, die bislang als schlafkrankheitsgefährdet galten oder die aufgrund unfruchtbarer Böden als Wildreservate oder Pufferzonen zwischen Wildtieren und Rinderherden dienten, für die expandierende Bevölkerung zu erschließen. So kam es in Malawi nach der Verteilung von Land in direkter Nähe eines Wildreservates an Kleinbauern aus anderen Landesteilen zu einer Schlafkrankheitsepidemie. Die Tsetsefliegen flogen – erfreut über die neuen Möglichkeiten, ihren Bluthunger bei Menschen und Rindern stillen zu können – über den Stacheldrahtzaun des Wildreservates und vermehrten sich in bedrohlicher Weise. Dies führte dazu, daß Trypanosomen von einigen infizierten, aber noch nicht behandelten Personen auf andere Neusiedler bzw. deren Rinder übertragen wurden. Schlafkrankheit und Nagana in einem nie gekannten Ausmaß waren die unausweichlichen Folgen.

Da die Kosten, die bei einer Epidemie entstehen, um ein Vielfaches höher sind als die von regelmäßigen Reihenuntersuchungen gefährdeter Bevölkerungsteile, befinden sich die Schlafkrankheitsländer in einem schier unlösbaren Dilemma. Die Epidemien müssen – koste es, was es wolle – bekämpft werden, da sonst wirtschaftliche und soziale Probleme entstehen, die zu einem innenpolitischen Pulverfaß werden können.[6] Die für die »Brandbekämpfung« ausgegebenen Geldmittel fehlen dann in den Folgejahren für die »feuerverhütenden«, sprich präventivmedizinischen Maßnahmen. So können neue Epidemien aufflackern und müssen dann mit neuen Finanzlöchern gestopft werden – ein Teufelskreis, der auf absehbare Zeit nicht leicht zu durchbrechen sein wird.

Die Odyssee der Kaziba aus Monga

Als Kaziba gebückt durch die niedrige Öffnung ihrer Hütte ins Freie trat, kletterte die Sonne auf der gegenüberliegenden Seite des Dorfes gerade hinter den Baumwipfeln empor. Die junge Frau blieb, die wohltuende Wärme genießend, einen Augenblick regungslos stehen und ging dann einige Schritte seitlich, um sich mit einem Seufzer der Erleichterung auf einen grobbehauenen Holzschemel niederzulassen. Die Nacht war schrecklich gewesen. Ein dröhnender Kopfschmerz hatte sie genervt, gerade so, als ob jemand ein großes Tam-Tam hinter ihrer Stirne aufgebaut hätte. Und in den frühen Morgenstunden hatte sie ein schwerer Fieberanfall regelrecht im Bett hin- und hergeschüttelt. Kaziba war erst eingeschlafen, als ihr Mann Malobo – kurz vor Sonnenaufgang – aufgebrochen war, um auf dem Yamsfeld Unkraut zu jäten. Immer noch erschöpft von der unerquicklichen Nacht streckte Kaziba ihre Glieder in der langsam heißer werdenden Sonne und bemerkte dabei, daß ihr Hüfttuch völlig durchgeschwitzt war.

Jeanne, ihre Nachbarin, war schon kräftig bei der Arbeit. Zusammen mit den beiden Töchtern stampfte sie auf dem mit Euphorbien abgegrenzten Platz vor ihrer Hütte Hirse in einem großen Holzmörser. Kaziba fühlte sich einfach zu zerschlagen, um die schwere Arbeit am Mörser zu beginnen. Sie war froh, daß ihr eigenes Kind, ein vor sechs Wochen geborenes Mädchen, sich noch nicht gemeldet hatte, so daß sie die Morgensonne ein wenig genießen konnte. Als die Sonnenstrahlen gerade über den Papaya-Baum kletterten, dessen Früchte wie überdimensionale Birnen von dem schlanken Stamm herabhingen, traten die schrecklichen Kopfschmerzen mit einem Male von neuem auf. Vielleicht wäre es doch besser, noch heute zum Heiler zu gehen, schoß es Kaziba durch den Kopf.

[6] Denn immer, wenn die Schlafkrankheit epidemische Ausmaße annimmt, steigt auch die Bereitschaft der Bevölkerung, die angestammten Siedlungsgebiete zu verlassen. Fruchtbare Flußauen und Feuchtsavannen werden dann aufgegeben, die Bewohner ziehen in andere Landesteile und erhöhen dort den Bevölkerungsdruck. Überweidung bis hin zur Desertifikation, verminderte Produktion landwirtschaftlicher Güter und Unterernährung sind dann die typischen Konsequenzen.

Möglicherweise hatte ihr jemand das Fieber und die Kopfschmerzen angezaubert und Kiakopo, der Heiler, würde dann schon Hilfe wissen.[7]

Kiakopo wohnte am Rande des Dorfes in einer baufälligen Hütte. Als Kaziba ihn am Nachmittag aufsuchte, ihr Kind in einem Tuch auf dem Rücken festgebunden, saß er in einem windschiefen, aus Rohr geflochtenen Liegestuhl im Schatten eines Mango-Baumes. Er war nur mit einem schmutzigen und zerrissenen Tuch bekleidet, trug aber um die Hand- und Fußgelenke zahlreiche Schnüre, auf denen Kerne, Schneckengehäuse und kleine Perlen aufgereiht waren. Sein von feinen Fältchen durchfurchtes Gesicht und die flinken glänzenden Augen strahlten Heiterkeit und Güte aus. Während Kaziba ihm von ihren Befürchtungen erzählte, hielt Kiakopo die Augen geschlossen und schien konzentriert über etwas nachzudenken. Anschließend befragte der Heiler sein Orakel, eine mit kleinen Steinchen gefüllte Kalebasse, fand aber keinen sicheren Hinweis dafür, daß ein böser Zauber vorlag. Trotzdem gab er Kaziba ein Leinensäckchen mit Pulver mit, von dem sie jeden Abend vor dem Schlafengehen eine Messerspitze einnehmen sollte.

Eine Woche schluckte Kaziba nun schon das gräulichweiße, bitterschmekkende Pulver, doch an ihren Beschwerden hatte sich nichts geändert. Die dröhnenden Kopfschmerzen waren nun fast Tag und Nacht da, und auch das Fieber war bereits einmal wiedergekommen. Kaziba fühlte sich wie zerschlagen und hatte auch ihren Appetit eingebüßt. An manchen Tagen mußte sie sich regelrecht zwingen, ein Stück weichgekochter Yamswurzel hinunterzuwürgen. Noch stärker beunruhigte sie, daß ihre Kraft Tag für Tag nachließ und daß sie beim morgendlichen Stampfen der Hirse alle Augenblicke eine Pause einlegen mußte, weil ihr der Holzstößel wie ein schwerer Felsbrocken in der Hand lag. Verstohlen blickte sie hin und wieder auf die muskulösen Arme von Jeanne, die den Stab aus dem schweren Okumé-Holz mit einer Leichtigkeit durch die Luft sausen ließ, als sei er aus Bambus.

Auch Malobo war aufgefallen, daß mit seiner Frau etwas nicht stimmte. Als er in der Nacht ihre Wange und ihren Hals streichelte, hatte er zwei deutliche Schwellungen gefühlt, gerade so, als wenn dort hartgekochte Perlhuhneier unter der Haut versteckt wären. Dies und die Orakelauslegung von Kiakopo bewogen ihn, Kaziba zu einem Gang ins Krankenhaus zu raten. Der Weg nach Niangara,

[7] Da die Symptome der Schlafkrankheit in der Frühphase sehr uncharakteristisch sind, nehmen Menschen, die an Hexerei und Zauber glauben – und das sind im ländlichen Afrika wohl immer noch die meisten – erst einmal an, irgend jemand habe ihnen die Beschwerden angezaubert. Das kann ein verschmähter Liebhaber, eine eifersüchtige Ehefrau, ein unzufriedener Verwandter oder ein sich betrogen fühlender Geschäftspartner sein. Erst wenn Zauberei als »Ursache« ausgeschlossen ist, stellt sich die Frage, ob es einen anderen Grund für die Erkrankung geben könnte.

wo das nächste Krankenhaus lag, war weit, doch wenn man morgens vor Sonnenaufgang aufbrach, konnte man die Strecke an einem Tag schaffen. Malobo gab Kaziba drei zerknitterte Geldscheine mit, damit sie die Untersuchung bezahlen konnte. Eine Übernachtungsmöglichkeit fand sie sicher bei in Niangara lebenden Verwandten, so daß dafür keine zusätzlichen Kosten anfielen.

Einige Tage später band Kaziba ihr schönstes Hüfttuch um, wickelte ihr Baby besonders sorgfältig auf dem Rücken fest, setzte sich ein Bündel mit Wegzehrung und Wäsche auf den Kopf und machte sich mit noch vom letzten Fieberanfall geschwächten Beinen auf den Weg.

Das Krankenhaus in Niangara war ein ziemlich heruntergekommener Bau, dessen ehemals weißgetünchten Wände stockfleckig waren und bei dem die Sonnenläden windschief in den Angeln hingen oder ganz fehlten. In einer langen Reihe standen die Patienten bis auf den Vorplatz hinaus. An Kleidung und Sprache merkte Kaziba, daß viele von ihnen Flüchtlinge waren, die anscheinend aus Yambio im Sudan stammten und über die grüne Grenze nach Zaire eingereist waren. Ein Arzt war nicht im Krankenhaus, aber es gab einen erfahrenen Medizinassistenten, der seine Arbeit sehr gewissenhaft machte. Er fragte Kaziba nach ihren Beschwerden, untersuchte sie gründlich und fand bei seiner Untersuchung von Blut aus der Fingerbeere zahlreiche Malariaparasiten. Die Stuhlprobe zeigte Hakenwurmeier (Nematoden-Infektionen sind häufig bei schlechten hygienischen Verhältnissen) und im Urin war zuviel Eiweiß. Trypanosomen hatte der Medizinassistent allerdings nicht gefunden. So verschrieb er Kaziba ein Malariamittel, ein Medikament gegen die Würmer und einige Vitamintabletten, die sich Kaziba in der Krankenhausapotheke holen konnte.

Sechs Wochen waren seit dem Besuch im Krankenhaus vergangen, doch Kazibas Zustand hatte sich nicht gebessert. Im Gegenteil, der natürliche Rhythmus von Schlafen und Wachen war völlig durcheinandergeraten. Häufig wälzte sie sich die ganze Nacht hindurch auf dem aus Ästen zusammengeflochtenen Bett, ohne einschlafen zu können, während sie tagsüber eine nahezu zwanghafte Müdigkeit befiel. So blieben die täglichen Arbeiten immer öfter unvollendet, und Kaziba ertappte sich manchmal dabei, daß sie auch ihre Körperhygiene vernachlässigte. Es fehlte ihr einfach die Kraft, sich der Sandflöhe zu entledigen, die mit bösartiger Regelmäßigkeit winzige Löcher in die Haut der Füße bohrten, um dort ihre Eier abzulegen. Auch das Fieber wurde immer unerträglicher. Einige Male stieg die Temperatur so hoch, daß ihr Körper wie ein Feuertopf glühte. In diesem Zustand konnte sie keinen klaren Gedanken fassen und hatte selbst Jeanne nicht mehr erkannt, als diese ihre Hütte betrat, um Kaziba Wasser zu bringen.

Jeanne hatte sie auch darauf aufmerksam machen müssen, daß mit dem Baby etwas nicht stimmte. Es greinte immer öfter, und nur wenn es an der Brust der Mutter nuckeln konnte, blieb es für eine Zeitlang ruhig. Und Malobo war aufge-

Tobsüchtiger Schlafkranker in der Sklavengabel (Aufnahme von Robert Koch)

fallen, daß sich der Charakter seiner Frau in den letzten Wochen zunehmend verändert hatte. Während Kaziba früher stets ausgeglichen und von freundlichem Naturell gewesen war, erregte sie sich jetzt über jede Kleinigkeit und brach des öfteren in Tränen aus, ohne daß ein triftiger Grund vorgelegen hätte. Manchmal erschien sie wie in Trance und reagierte nicht einmal, wenn Malobo sie ansprach.[8]

Da Kiakopo, der Heiler, auch keinen Rat wußte und meinte, daß Kaziba unbe-

[8] Psychische Störungen sind typische Folgen, wenn die Trypanosomen in der zweiten Krankheitsphase in das Zentralnervensystem eingedrungen sind. Sie führen häufig dazu, daß Patienten mit Schlafkrankheit als psychisch Kranke fehldiagnostiziert werden. Wie die psychischen Symptome genau zu erklären sind, ist bis heute unbekannt. Man geht davon aus, daß diffizile Steuerzentren des Gehirns durch Entzündungsvorgänge von Strukturzellen und einer daraus resultierenden Übererregung von Nervenzellen durcheinander geraten. Schlüsselfunktionen haben dabei die als Neurotransmitter bezeichneten hormonähnlichen Moleküle, die die Informationsübermittlung zwischen den Nervenzellen steuern. Über einen solchen Mechanismus würden sich auch Störungen im Bereich der Keimdrüsen und der Schilddrüse erklären lassen, die bei Patienten mit Schlafkrankheit nicht selten sind, da auch hier eine übergeordnete Steuerung durch das Gehirn erfolgt.

dingt in ärztliche Behandlung gehörte, entschied sich Malobo dafür, dieses Mal das Krankenhaus in Makalimba aufzusuchen. Er hatte gehört, daß dort regelmäßig ein Arzt anwesend wäre. Da Kaziba bereits zu geschwächt war, um den weiten Weg alleine zurückzulegen, mußte Malobo seine Frau begleiten.

Auch im Krankenhaus von Makalimba wartete bereits eine lange Reihe von Patienten auf eine Untersuchung in der Ambulanz. Kaziba war an diesem Tag ohne Fieber und deshalb so gut aufgelegt, daß sie während des Wartens einen Schwatz mit anderen Patientinnen anfing. Der zairische Arzt hatte wenig Zeit, untersuchte gleichwohl Kaziba gründlich und ließ auch einen Bluttropfen auf Malariaerreger und Trypanosomen durchforsten. Da keine Parasiten gefunden wurden, vermutete der Arzt für das immer wiederkehrende Fieber eine noch nicht völlig auskurierte Malaria und gab Kaziba ein anderes Antimalariamittel mit.

Auf dem Rückweg mußten Malobo und Kaziba wieder die Dienste der Fährleute in Anspruch nehmen. Während der Mann für die Überfahrt bezahlte, ging Kaziba schon einige Schritte voraus. Als Malobo das Bündel aufhob und sich vom Einbaum wegdrehte, sah er, wie seine Frau oben an der Böschung hin und her taumelte, gerade als wenn sie betrunken wäre. Er setzte ihr mit einigen heftigen Sprüngen hinterher und konnte sie gerade noch auffangen, bevor sie in ein dorniges Gestrüpp gefallen wäre. Kazibas Gesicht war bleich und von Schweißtropfen übersät. Als Malobo sie vorsichtig auf den Boden bettete, bemerkte er, daß ihr Körper vor Fieber kochte. Nur mit Mühe schafften die beiden den Weg zurück nach Monga. Malobo stützte seine Frau, indem er einen Arm über seine Schulter legte. Trotzdem mußten sie immer wieder Pausen einlegen, damit Kaziba neue Kräfte sammeln konnte.

In den nächsten drei Wochen verschlechterte sich der Zustand Kazibas von Tag zu Tag. Sie wurde immer teilnahmsloser und einsilbiger. Und wenn sie einmal sprach, hatte sie Schwierigkeiten, die passenden Worte zu finden. Manchmal kamen anstelle klarer Sätze nur unverständliche Laute aus ihrem Mund. Auch schien die linke Hälfte des Gesichts gelähmt zu sein, denn die Wange und der linke Mundwinkel hingen schlaff herunter. Wenn Malobo seiner Frau eine Schüssel mit gekochten Yamswurzeln brachte, zitterten ihre Hände so stark, daß er den Eßnapf festhalten mußte, damit sie die Speise nicht auf den Boden verschüttete. Kaziba lag den ganzen Tag apathisch auf ihrem Bett und setzte sich nur auf, wenn Jeanne ihr eine Schüssel mit Waschwasser brachte. Jeanne hat auch die Betreuung des Babys übernommen und versorgte es wie ihr eigenes Kind. Doch das kleine Mädchen trank sehr schlecht, hatte häufig Fieber und weinte sehr viel.

Ein reisender Händler, der alle paar Monate nach Monga kam, um dort allerhand Haushaltsutensilien zu verhökern, erzählte Malobo, daß es in Dungo neuerdings einen Gesundheitsposten gäbe, der von einer Missionsstation betreut würde. Als der Händler das letzte Mal in Dungo gewesen war, hatte er einen weißen Arzt gesehen, der in dem Gesundheitsposten Sprechstunde abhielt. Wenn es noch eine Rettung für Kaziba gab, dann sicher dort in Dungo.

Allerdings lag Dungo fast 90 Kilometer entfernt und war durch mehrere Sümpfe und Flüsse von Monga getrennt. Trotzdem entschloß sich Malobo, seine Frau nach Dungo zu bringen. Da Kaziba nicht mehr selbst in der Lage war zu gehen, mußte sie dorthin getragen werden. Malobo fällte im Wald einen etwa armdicken biegsamen Baumstamm, entfernte Äste und Rinde und knüpfte ein festes Bettuch wie eine Hängematte an den etwa drei Meter langen Tragestab. Die primitive Bahre bot gerade soviel Platz, daß Kaziba zusammengekrümmt in der Hängematte liegen konnte. Malobos Bruder und noch zwei andere Männer erklärten sich bereit, beim Transport der Kranken mitzuhelfen. Jeanne wollte ebenfalls mitkommen, damit auch das Kind in Dungo behandelt werden konnte. Ihren eigenen Säugling vertraute sie solange ihrer Schwester an, so daß die gesamte Gruppe aus sieben Personen bestand. Jeanne hatte Hirsebrei und Fou-Fou in große Töpfe abgefüllt und einige Yamswurzeln zubereitet, so daß man unterwegs nicht zu kochen brauchte.

Der Weg führte sie zuerst durch wildes Buschland, dann mußten einige Sümpfe auf Knüppeldämmen überquert werden. Da der Pfad des öfteren von Bauern aus den Nachbardörfern benutzt wurde, hatte man über die zahlreichen Bäche kleine Brücken gebaut. In der letzten Regenzeit waren jedoch die Brücken unterspült worden, so daß die Balken leicht aus dem Gleichgewicht gerieten, wenn man darauf trat. Selbst für einen gelenkigen Menschen war das Überqueren dieser Behelfsbrücken nicht leicht. Die Trage mit der darunter schaukelnden Kaziba hinüberzuschaffen verlangte von den Männern fast seiltänzerische Fähigkeiten.

Malobo war sehr erleichtert, als sie am Mittag des zweiten Tages den Bomokandi erreichten, einen gemächlich dahinfließenden Fluß, an dessen linkem Ufer etwa 50 Kilometer stromabwärts Dungo lag. Malobo verhandelte lange mit dem Besitzer eines Einbaums, bis dieser sich bereit erklärte, ihn, die beiden Frauen und das Kind nach Dungo zu bringen. Als die Piroge nach zwei Tagen unermüdlichen Stakens in Dungo anlegte, machte sich Malobo sofort auf den Weg zum Gesundheitsposten.

Dieses Mal war ihm das Glück hold. Der weiße Arzt, ein belgischer Internist, wollte gerade in den Wagen steigen, um zu seinem Krankenhaus in Isiro, an der Grenze von Savannenland und Regenwald, zurückzufahren. Als Malobo ihm in gebrochenem Französisch von seiner Frau erzählte, die in einer Piroge am Flußufer lag, lud ihn der Arzt ohne großes Federlesen ins Auto, um sich die Patientin anzusehen. Ein Blick auf die ausgezehrte, fieberhafte und apathisch daliegende Frau zeigte ihm schnell, daß hier Not am Mann war. Der Körper der jungen Frau war von Sandflohstichen gezeichnet, ihr Hüfttuch war von Schweiß durchtränkt, und als er sie ansprach, reagierte sie nicht. Vorsichtig hob der Arzt die Lider nach oben und bemerkte dabei, daß die Augen der Patientin so verdreht waren, daß nur die weiße Lederhaut zu sehen war. Kurz entschlossen packte er die drei in seinen Wagen und fuhr noch in der Nacht nach Isiro zurück.

Die Vermutung des erfahrenen Tropenarztes fand sich rasch bestätigt. Bei Kaziba waren im Blut wie auch in der Rückenmarksflüssigkeit massenhaft Trypanosomen vorhanden. Bei dem Säugling fand er nach langem Suchen einige wenige Schlafkrankheitserreger im Blut.[9] Während dem Arzt die Behandlung des Kleinkindes kein Kopfzerbrechen bereitete, mußte die Therapie für Kaziba gut überlegt sein. Das neue, möglicherweise rasch wirkende Medikament Eflornithin war in Zaire noch nirgends erhältlich, so daß er auf ein 50 Jahre altes, sehr nebenwirkungsreiches Präparat zurückgreifen mußte.[10]

Die Behandlung würde mehrere Wochen dauern, so daß Malobo sich im Krankenhaus so gut es ging häuslich einrichten mußte. Er kaufte sich eine Strohmatte und verschiedene Küchengerätschaften und schlief im Korridor vor dem Krankenzimmer. So konnte er seine Frau rund um die Uhr betreuen. Es gab im Hof des Krankenhauses eine Feuerstelle, wo die Angehörigen der Patienten kochen konnten. Und jeden Tag kamen Marktfrauen an die Pforte, die Yams, Papaya und Bananen verkauften.

Das Baby erholte sich rasch und kreischte bald wieder vor Vergnügen, wenn die anderen Frauen mit ihm herumtollten. Kazibas Zustand dagegen besserte sich nur sehr langsam. Sie gewann zwar bald ihren Appetit zurück und aß dankbar die Früchte, die Malobo ihr kaufte, doch ihre Worte waren immer noch ohne Zusammenhang und ihre Sprache nach wie vor verwaschen. Das Zittern der Glieder und die Lähmung der linken Gesichtshälfte waren allerdings völlig ver-

[9] Es ist keine Seltenheit, daß gleichzeitig mehrere Personen einer Familie an Schlafkrankheit erkranken. Auch scheinen Frauen in vielen Gebieten ein höheres Infektionsrisiko zu besitzen als Männer. Die Gründe dafür sind zwar nicht ganz klar, doch könnten geschlechtsspezifische Tätigkeiten eine Schlüsselrolle spielen. So bringen in Zaire die Frauen – meist in Begleitung ihrer Töchter – den Männern gegen Mittag das Essen auf die Felder. Da Tsetsefliegen tagaktive Insekten sind, die zu bestimmten Tageszeiten besonders häufig stechen, sind die Frauen auf ihrem Weg durch Busch oder Galeriewald besonders gefährdet, während die Männer, die bereits vor Sonnenaufgang zu den Feldern aufbrechen, unbehelligt bleiben. Außerdem wird bei der Zubereitung der Yamswurzel – ebenfalls eine frauenspezifische Tätigkeit – Kohlendioxyd frei. Kohlendioxyd, das haben kürzlich Untersuchungen ergeben, ist jedoch ein außerordentlich wirkungsvoller Anlockstoff für Tsetsefliegen.

[10] Hier ist das Medikament Melarsoprol gemeint, ein hochtoxisches Arsenpräparat, das nur von erfahrenen Ärzten angewandt werden darf. Das Medikament ruft in 5 bis 10 Prozent der Fälle beim Patienten eine Gehirnentzündung hervor, oft mit tödlichem Ausgang. – Der Einsatz eines solchen Medikamentes erklärt sich einzig aus der Tatsache, daß die anderen Antischlafkrankheitspräparate nicht im zweiten Krankheitsstadium helfen und daß der Patient unbehandelt auf jeden Fall stirbt.

schwunden. Auch die Schwellungen an Hals und Nacken hatten sich zurückgebildet.

Nach vier Wochen war sicher, daß die Schlafkrankheit besiegt war und die Genesung Kazibas zügig voranschritt, auch wenn die Patientin zum Gehen noch immer einen Stock benötigte. Der Arzt hatte dafür gesorgt, daß sie im Krankenwagen bis nach Dungo mitgenommen wurden. Von dort konnten sie mit einer Piroge den Fluß aufwärts fahren und auch Hilfe für den letzten Teil des Weges nach Monga bekommen. Als Malobo neben seiner Frau in den Krankenwagen kletterte, stellte er fest, wie mager und ausgezehrt Kaziba noch immer war. Es würde wohl noch einige Zeit dauern, bis sich das buntbedruckte Baumwolltuch wie früher um die wohlgeformten Hüften spannen würde.

Mit List und Tücke

Unbehandelt endet jede Schlafkrankheit über kurz oder lang mit dem Tod, eine schnelle Diagnose und eine frühzeitig eingeleitete medikamentöse Behandlung sind die einzigen Garanten, den Schlafkranken vor diesem Schicksal zu bewahren. Da die Trypanosomen regelmäßig die Lymphdrüsen befallen und zu Schwellungen insbesondere der Halslymphknoten führen, hatte man bereits in der Frühphase der Schlafkrankheitsforschung immer die Lymphdrüsen am Hals und im Nacken untersucht, wenn bei einer Person der Verdacht auf eine Schlafkrankheit bestand. Dazu wurde mit einer feinen Nadel etwas Lymphflüssigkeit aus den verdickten Drüsen gewonnen und dann im Mikroskop betrachtet. Diese Methode hat allerdings ihre Tücken, da die Trypanosomen nur über ihre Beweglichkeit erkannt werden können und gefärbte Präparate sehr schwierig zu beurteilen sind. Um sicher zu sein, ob ein Patient wirklich mit Trypanosomen infiziert ist, müßte diese Untersuchung mehrfach wiederholt werden – eine Forderung, die unter den typischen Verhältnissen des afrikanischen Hinterlandes meist reine Theorie bleibt.

Da die Krankheit zyklisch verläuft, d. h. in bestimmten Phasen sehr viele und zu anderen Zeiten nur sehr wenige Parasiten im Blut vorhanden sind (siehe Abbildung S. 238), reicht auch eine einmalige Untersuchung von Blut häufig nicht aus, um die Diagnose einer Schlafkrankheit zu stellen. Außerdem lassen sich mit den gängigen Labormethoden nur winzige Mengen von Blut untersuchen, so daß schon aus rein mathematischen Gründen eine Mindestkonzentration von Trypanosomen vorhanden sein muß, um sie in einem mikroskopischen Präparat entdecken zu können.

Damit in der Zukunft Patienten in der – noch verhältnismäßig leicht behandelbaren – ersten Krankheitsphase nicht mehr übersehen werden, haben englische

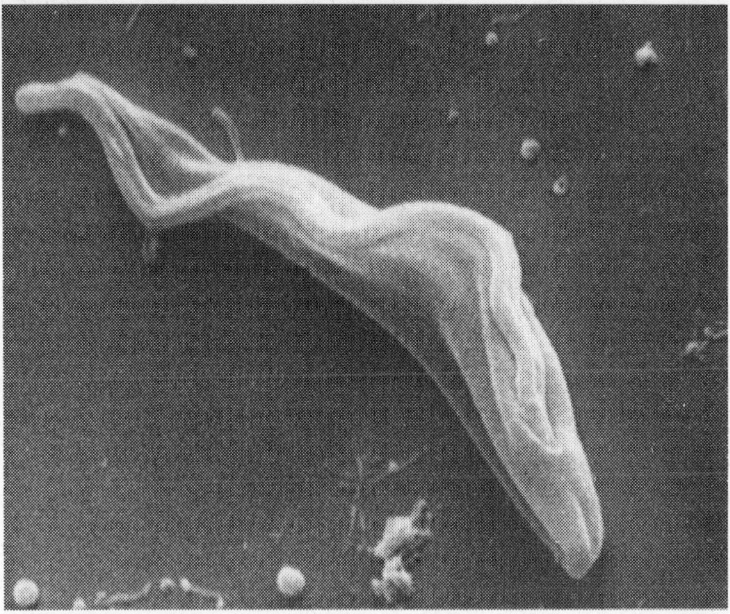

Schlafkrankheitserreger (Trypanosoma spec.) im Liquor

Wissenschaftler ein Verfahren entwickelt, mit dem noch einzelne Parasiten in mehreren Millilitern Blut nachgewiesen werden können. Der Trick dabei ist, daß man nicht nach den Parasiten selbst sucht, sondern die Erreger über ihre Erbsubstanz nachweist und diese mit einem geschickten Verstärkungsverfahren so oft kopiert, daß die parasitäre DNA schließlich in einer physikalisch meßbaren Größenordnung vorliegt. Dazu wurde eine Sequenz aus der DNA der Trypanosomen ausgewählt, die für sie charakteristisch ist und in anderen Blutparasiten nicht vorkommt.

Zum Nachweis einer Infektion mit Trypanosomen wird die doppelsträngige Parasiten-DNA zuerst durch chemische Behandlung einer Blutprobe in zwei Einzelstränge aufgespalten. Damit liegt die genetische Information quasi offen da, vergleichbar dem Lochstreifen eines umfangreichen Textes, der über seine gesamte Länge entrollt ist. Werden die DNA-Einzelstränge mit einem Stück gentechnisch hergestellter einsträngiger DNA des Parasiten zusammengebracht, so entsteht die Doppelstrangstruktur der DNA an einigen Stellen wieder neu; ein Vorgang, der im Fachjargon In-situ-Hybridisierung genannt wird. Eine Hybridisierung der beiden DNA-Stränge erfolgt jedoch nur dort, wo die Basen-Sequenzen der aufgetrennten und der gentechnisch hergestellten DNA genau komplementär sind – so wie eine Reihe von Puzzlesteinen nur exakt mit benachbarten und nicht mit irgendwelchen anderen Steinen zusammengesteckt werden kann. Neben der hohen Spezifität hat die Methode den entscheidenden Vorteil, daß selbst noch kleinste Mengen von Parasiten-DNA nachgewiesen werden können. Durch Einbau eines Verstärkerprozesses in den chemischen Reaktionsablauf – der sogenannten Polymerase-Chain-Reaction (PCR) – wird die parasitäre Erbinformation so häufig kopiert, daß es letzten Endes möglich ist, einzelne DNA-Fragmente unter einer Million fremder, nicht hybridisierender DNA-Moleküle nachzuweisen.[11] Mit anderen Worten: Wenn in einem Blutausstrich auch der geübteste Betrachter im Mikroskop keine Trypanosomen mehr entdecken würde, läßt sich mittels DNA-Hybridisierung immer noch der Nachweis einer Schlafkrankheit führen.

Wählt man die gentechnisch hergestellten DNA-Fragmente, die sogenannten Primer, richtig aus, so kann man Trypanosomen nicht nur von anderen einzelligen Krankheitserregern, wie z. B. Malariaparasiten, unterscheiden, sondern auch innerhalb des Trypanosomen-Komplexes feinste Unterschiede erkennen. Da die Virulenz, das krankmachende Potential der Parasiten, in ihrer Erbinformation festgelegt ist, muß es logischerweise auch DNA-Strukturen geben, die genau für diese Eigenschaften codieren und die entsprechenden unverwechselbaren Informationssequenzen aufweisen. Hat man einmal die dazu passenden Primer entwickelt, so lassen sich mit Hilfe der In-situ-Hybridisierung jene Varianten eines Trypanosomen-Komplexes identifizieren, die für unterschiedliche Krankheitsverläufe bei Mensch und Tier verantwortlich sind – eine Information, die man derzeit nur über aufwendige und langwierige Experimente gewinnen kann.

So faszinierend die neue molekularbiologische Technik auch ist, sie ist viel zu anspruchsvoll, um sie in jenen Gegenden einsetzen zu können, in denen die Schlafkrankheit ein medizinisches Problem ist.[12] Hier ist eher eine Methode geeignet, die von Wissenschaftlern der Harvard-Universität entwickelt wurde und bei der altbekanntes tropenmedizinisches Wissen so mit einer diagnostischen Methode verknüpft wurde, daß ein Verfahren entstand, welches den Bedürfnissen und Fähigkeiten einfacher Laboratorien Rechnung trägt.

[11] So liegt derzeit die Nachweisgrenze bei einem Femtogramm Parasiten. Dies entspricht einem Milliardstel Milligramm.

[12] Und natürlich auch viel zu teuer. Allein die Kosten für das Aufspüren von Schlafkranken sind immens: So rechnet die WHO, daß etwa ein Dollar benötigt wird, um einen Menschen einmal im Jahr auf Trypanosomen zu untersuchen. Für ein Land wie Zaire, in dem 12 bis 13 Millionen Menschen dem Risiko einer Infektion mit Trypanosomen ausgesetzt sind, würden also 12 bis 13 Millionen Dollar pro Jahr benötigt. Tatsächlich schaffte es das Land in den letzten Jahren gerade einmal, 1,4 Millionen Menschen zu überwachen, wobei 10500 Fälle von Schlafkrankheit entdeckt wurden.

In hiesigen Krankenhäusern bedient man sich seit langem der Dichtegradienten-Zentrifugation, um in ungerinnbar gemachten Blutproben rote Blutkörperchen und verschiedene Arten der weißen Blutkörperchen voneinander zu trennen. Die weißen Blutkörperchen reichern sich bei einer bestimmten Zentrifugalkraft im sogenannten *buffy coat* an; die leichteren Blutplättchen schwimmen darüber, die roten Blutplättchen darunter. Durch Wahl einer geeigneten Dichte des Trennmediums lassen sich sogar geringste Dichteunterschiede – wie sie z. B. zwischen roten Blutkörperchen und Trypanosomen bestehen – ausnutzen, um Parasiten und Zellen voneinander zu trennen. Andererseits wissen die Trypanosomenforscher seit einiger Zeit, daß sich parasitäre DNA mittels verschiedener Chemikalien leicht anfärben läßt. Benutzt man beispielsweise Acridin Orange als Farbstoff, so leuchten die Zellkerne der Trypanosomen im Fluoreszenzlicht apfelgrün auf.

Der Clou des neuen Verfahrens ist nun, daß die Blutprobe eines Patienten in einem Kapillarröhrchen zentrifugiert wird, dessen Innenwand bereits mit Acridin Orange beschichtet ist. Ein im Röhrchen schwimmender exakt eingepaßter Plastikzylinder drückt während der Zentrifugation die zellulären Blutbestandteile an die Kapillarwand. Da sich die verschiedenen Bestandteile des Blutes entsprechend ihrer Dichte vom Boden bis zur Spitze des Kapillarröhrchens in einzelnen Schichten einstellen, weiß man im voraus, wo sich exakt die Trypanosomen nach der Zentrifugation befinden, so daß man diese Stelle außen am Röhrchen markieren kann. Leuchten bei der Betrachtung des markierten Abschnitts im Fluoreszenzmikroskop apfelgrüne Strukturen auf, die lebhaft hin und her tanzen, so kann es sich nur um Trypanosomen handeln. Da in einer solchen Kapillare etwa 100 Mikroliter Blut zentrifugiert werden können, in dem üblicherweise bei der Schlafkrankheitsdiagnostik angefertigten »dicken Tropfen« jedoch nur 0,1 bis 0,25 Mikroliter, ist die Buffy-coat-Methode theoretisch 400- bis 1000mal empfindlicher als die konventionelle Blutuntersuchung, benötigt aber nur einen Bruchteil der Zeit.

Die Behandlung der Schlafkrankheit war bis vor kurzem eines der dunkelsten Kapitel der Medizin. Die vorhandenen Medikamente stammen zum größten Teil aus der Mottenkiste der Arzneimittelchemiker (selbst die Nachfahren des Germanins werden noch immer eingesetzt) und haben so schwerwiegende Nebenwirkungen, daß alleine die aussichtslose Situation der Schlafkranken es rechtfertigt, diese Präparate einzusetzen.[13] Da ist es schon ein gewaltiger Fortschritt, daß mit

[13] Ein Beleg dafür, daß neue Arzneimittel für die Dritte Welt von der pharmazeutischen Industrie nur dann entwickelt werden, wenn es einen – kaufkräftigen – Markt dafür gibt. Da im kolonialistischen Afrika die Seuche – koste es, was es wolle – eingedämmt werden mußte, war man auch bereit, jeden Preis für ein Medikament zu bezahlen. Mittlerweile hat

Hilfe der WHO ein Medikament entwickelt wurde, das gleichermaßen hochwirksam wie gut verträglich ist, das Eflornithin.

Das Eflornithin ist auch ein Beispiel für einen radikal neuen Denkansatz bei der Suche nach antiparasitär wirkenden Medikamenten. Während bislang neue Arzneimittel meist durch empirisches Austesten gefunden wurden – man überprüfte einfach die aus dem Reagenzglas der Chemiker kommenden Substanzen auf eine Wirksamkeit für die unterschiedlichsten Krankheitserreger (ein Verfahren, das von dem deutschen Chemiker Paul Ehrlich um die Jahrhundertwende entwickelt wurde), ist das Eflornithin ein Produkt vom pharmakologischen Reißbrett.

Bereits in den 80er Jahren hatten Biochemiker am Hamburger Tropeninstitut damit begonnen, den Stoffwechsel der Trypanosomen zu »durchleuchten«. Dahinter stand die Überlegung, daß man erst einmal »Engpässe« im Stoffwechsel eines Parasiten identifizieren und ihre molekularen Auswirkungen kennen muß, damit in einem zweiten Schritt Substanzen »entworfen« werden können, die gezielt den Lebensnerv dieses Krankheitserregers treffen. Besitzt ein Parasit beispielsweise nur ein einziges, ganz bestimmtes Enzym für die Bereitstellung von chemischen Bausteinen, ohne die die Zelle nicht weiterleben kann, so würde es theoretisch ausreichen, nur dieses Schlüsselenzym zu blockieren, um dem Parasiten den »Gashahn abzudrehen«. Und genau nach diesem Schema wurde das Eflornithin entwickelt. Es verhindert in nahezu perfekter Weise, daß bestimmte chemische Bausteine zu sogenannten Polyaminen zusammengesetzt werden, die für die Trypanosomen so lebensnotwendig sind wie für einen Menschen die Atemluft. Da andererseits im Menschen derartige Stoffwechselvorgänge ohne Bedeutung sind, kann das Eflornithin in der Zelle des Patienten nur wenig Schaden anrichten. Und daraus erklärt sich die weitgehende Ungiftigkeit des neuen Medikamentes.

Auch bei der Bekämpfung der todbringenden Fliegen haben sich durch Anwendung von High-Tech-Wissen völlig neue Perspektiven ergeben. Dazu beschritten David Rogers und Stephen Randolph, zwei Zoologen von der Universität Oxford, die sich seit Jahren mit Tsetsefliegen und ihrer Ökologie beschäftigen, einen ganz ungewöhnlichen Weg. Sie benutzten Fotos von Satelliten, um Rückschlüsse auf die Verbreitung der Insekten zu gewinnen. Grundlage ihrer Forschungsarbeit ist die Tatsache, daß moderne Überwachungssatelliten nicht nur für militärische Nachrichtendienste relevante Informationen übermitteln, sondern daß aus der Vielzahl der Daten – vorausgesetzt, man wendet das richtige

---

sich die Situation völlig geändert. Die Säckel der zuständigen Gesundheitsminister sind chronisch leer, Krankenkassen in unserem Sinne gibt es nicht, und die Schlafkranken selbst haben nicht das Geld, ihre Behandlung zu bezahlen (eine Kur mit dem neuen Medikament Eflornithin kostet etwa 500 US-Dollar).

Analyseverfahren an – auch Kenntnisse gewonnen werden können, die etwas über die ökologischen Verhältnisse des jeweils fotografierten Areals aussagen.

Ein von Geographen und Biologen seit längerem eingesetztes Analyseverfahren von Satellitendaten ist der sogenannte »normalized difference vegetation index«, kurz NDVI genannt. Dieser Index ist nichts anderes als der mathematische Ausdruck der Photosyntheseleistung in einem bestimmten Gebiet, das heißt, der Dichte und der Aktivität der dort vorliegenden Pflanzendecke. Aus der Vegetationsdichte wiederum kann man, sofern die NDVI-Indices in regelmäßigen Zeitabständen bestimmt werden (was nicht schwierig ist, da die Satelliten ja permanent die Erde umkreisen und die entsprechenden Informationen übermitteln), auf die Niederschlagsmenge zurückschließen, die in dem betreffenden Gebiet vor kurzem als Regen gefallen ist. Da andererseits die Population der Tsetsefliegen – wie die aller anderen Insekten – keine statische Größe ist, sondern sich lokalen oder jahreszeitlichen Veränderungen ihres Lebensraumes anpaßt (fehlende Niederschläge und zurückgehende Vegetation vermindern die Brutmöglichkeiten und schränken die Vermehrungsrate der Tsetsefliegen drastisch ein), kann man – zumindest theoretisch – aus Kenntnissen über den »Zustand« des Lebensraumes zukünftige »Bevölkerungsbewegungen« der Tsetsefliegen ableiten.

Daß dies auch in der Praxis machbar ist, bewiesen die englischen Zoologen, indem sie insektenkundliche Beobachtungen in Schlafkrankheits- und Naganagebieten mit den Meßdaten der Satelliten verglichen. Dabei zeigte sich, daß die mathematischen Indices ein genaues Abbild der Tsetsefliegen-Dichte pro Quadratkilometer Land in dem der Messung folgenden Monat lieferten. Und aus den Jahresdurchschnittswerten des NDVI ließ sich exakt hochrechnen, wann und wo im kommenden Jahr mit einer besonders starken Ausbreitung von Tsetsefliegen – und damit einem hohen Risiko der Übertragung von Trypanosomen – zu rechnen war.

Mit Hilfe der Satellitensignale könnten die Mitarbeiter der Schlafkrankheitsbekämpfungsbehörden in den Weiten Afrikas just jene Gebiete lokalisieren, in denen Mensch und Tier einem besonderen Risiko ausgesetzt sind. Der Vorteil dieser Art von Information liegt auf der Hand. Die knappen Ressourcen an Personal und Geräten können nun gezielt eingesetzt und großflächige Sprühaktionen, die sehr kostenaufwendig, ökologisch fraglich, aber unter Bekämpfungsaspekten nur wenig effektiv sind, zukünftig unterbleiben. Selbst die Bevölkerung kann nun aktiver im Kampf gegen die Tsetsefliegen mitwirken, beispielsweise durch die Aufstellung eigens entwickelter Fallen in jenen Regionen, in denen mit einer Ausbreitung der Insekten zu rechnen ist.[14]

[14] So sind die Fliegenfallen der neuesten Generation so konstruiert, daß keine Fachleute mehr für das Aufstellen benötigt werden. Sie bestehen aus blauem Tuch, das mit

Vom Symptom zum Molekül

Als der amerikanische Biochemiker Anthony Cerami Mitte der 70er Jahre zu Besuch bei Freunden in Uganda weilte, wurde er beim Besuch einer Farm auf ein Phänomen aufmerksam. Kühe, die an der Nagana-Seuche erkrankt waren, waren so stark abgemagert, daß sich jeder einzelne Knochen unter der Haut abzeichnete. Selbst Zufütterung mit hochwertigem Kraftfutter, so versicherte der Besitzer der Rindviecher, hätte an der Auszehrung nichts geändert.

Ein Zusammenhang zwischen der Nagana-Seuche und der extremen Abmagerung der Tiere schien offensichtlich. Doch welcher Art dieser Zusammenhang war, wußten auch die von Cerami befragten ugandischen Tierärzte nicht zu sagen. Einmal neugierig geworden, ließ sich der Biochemiker, ein anerkannter Fachmann für Fettstoffwechselstörungen, kurz vor seiner Abreise einige Milliliter Blut von einer Nagana-kranken Kuh geben. Und zurück in seinem New Yorker Labor spritzte er das parasitenhaltige Blut mehreren Kaninchen ein. Diese entwickelten – nach einer Latenz von einigen Wochen – eine der Nagana-Seuche vergleichbare Erkrankung und magerten dabei stark ab.

In einer aufsehenerregenden Studie, die 1981 in einer der besten medizinischen Fachzeitschriften der Welt, dem »Journal of Experimental Medicine«, veröffentlicht wurde, konnten Cerami und seine Mitarbeiter nachweisen, daß nicht die einzelligen Schlafkrankheitserreger oder ihre Stoffwechselprodukte die Ursache der Auszehrung waren. Statt dessen wurde die Kachexie, so der medizinische Fachausdruck, durch einen Faktor bewirkt, der vom Immunsystem der infizierten Tiere selbst gebildet wurde. In Anlehnung an das Wort Kachexie nannte Cerami den Immunbotenstoff mit den ungewöhnlichen Eigenschaften Cachectin.[15]

Mittlerweile ist der Wirkungsmechanismus des Cachectin weitgehend aufgeklärt, seine Aminosäurensequenz bekannt, und das Molekül wird bereits gen-

---

einem Kontaktinsektizid imprägniert ist und das in der Form einer kleinen Pyramide zusammengenäht wird. Hängt man die Pyramide an niedrigen Ästen oder einem einfachen Gestell auf, so werden die Tsetsefliegen von der dunklen Farbe des Tuches wie magisch angezogen. Sie setzen sich auf dem Tuch nieder – vermutlich halten sie es für eine Kuh – und werden dann rasch durch das Insektengift abgetötet. – Noch wirksamer sind Fallen, die künstlich mit einem Duftstoff versehen werden, der dem »Mundgeruch« von Rindern entspricht. Eine solche Geruchsattrappe auf einem Gebiet von vier Quadratkilometern reicht aus, um sämtliche Tsetsefliegen der Region anzulocken und abzutöten.

[15] Einige Jahre später überraschte der amerikanische Forscher die Fachwelt mit einer weiteren Sensation. Er hatte nachgewiesen, daß Tumor-Nekrose-Faktor, ein Immunbotenstoff, der bei der Behandlung von Krebsgeschwülsten eingesetzt wurde, absolut identisch mit dem Cachectin-Molekül war und hatte damit einen gordischen Knoten zerschlagen, der Immunologen über Jahre Kopfzerbrechen bereitet hatte.

technisch hergestellt. Das Zytokin, so die Bezeichnung für hormonähnliche Transmittersubstanzen, die von Zellen des Immunsystems gebildet werden, blockiert die Funktion mehrerer Enzyme, die im Fettstoffwechsel des Organismus eine Schlüsselrolle spielen. Dadurch kommt es zu einer Mobilisierung der körpereigenen Fettreserven aus den Adipozyten, hochspezialisierten Fettspeicherzellen.

Doch mit dieser Erkenntnis war Cerami immer noch nicht zufrieden. Er hatte nämlich den Verdacht, daß die Wirkung des Immunbotenstoffs Cachectin ganz wesentlich davon abhängt, an welcher Stelle im Körper die Substanz freigesetzt und an welche Zellen die Steuerinformation übermittelt wird. Um seine Hypothese zu überprüfen, schleuste Cerami erst einmal das menschliche Cachectin-Gen in Tumorzellen von Hamstern ein. In einem weiteren Schritt wurden diese gentechnisch modifizierten Tumorzellen sogenannten Nacktmäusen in verschiedene Körperregionen transplantiert. Dabei zeigte sich etwas gänzlich Unerwartetes: Wurden die Krebszellen in ein Hinterbein der Tiere verpflanzt, so entwikkelte sich dort ein Tumor. Außerdem magerten die Tiere langsam ab, obwohl sie wie die Scheunendrescher an ihrem Trockenfutter nagten. Wurden aber die Tumorzellen in das Gehirn der Mäuse transplantiert, so verweigerten die Tiere sofort jede Nahrungsaufnahme und starben am Hungertod, lange bevor sich die Krebsgeschwulst ausbreiten konnte.

Wird Cachectin im Gehirn freigesetzt, so die Schlußfolgerung von Cerami, so wirkt es anscheinend wie ein Nervenbotenstoff, der den Appetit drosselt. Wird es dagegen im Blut von Immunzellen synthetisiert, so übt es eine Steuerfunktion im Fettstoffwechsel aus und/oder kann die Blutversorgung von Tumoren unterbrechen. Diese Fähigkeiten des Botenstoffs Cachectin könnten erklären, warum bei Patienten mit Schlafkrankheit schon sehr frühzeitig der normale Appetit verlorengeht.

Doch was macht ein Immunbotenstoff für einen Sinn, der bei Rindern mit Nagana die Freßlust und bei Menschen mit Schlafkrankheit den Appetit zügelt? Da eine erhöhte Konzentration von Cachectin auch bei anderen auszehrenden Krankheiten wie z. B. AIDS und der Tuberkulose zu beobachten ist, könnte die ursprüngliche, von der Evolution vorgegebene Aufgabe des Cachectins die eines Steuermoleküls für Katastrophensituationen sein: Körpereigene Fettreserven sollen mobilisiert werden, damit der infolge der Auseinandersetzung mit Krankheitserregern enorm gesteigerte Energiebedarf des Immunsystems gedeckt werden kann. Wenn allerdings, wie im Beispiel Schlafkrankheit, die körpereigenen Abwehrkräfte zu schwach sind, um mit den Erregern fertigzuwerden, so stirbt der Patient letztlich an einer durch sein Immunsystem verursachten Kachexie.

Lange bevor man die molekularen Regelmechanismen zwischen Immunsystem und Schlafkrankheitserregern aufdeckte, war der französische Parasitenforscher

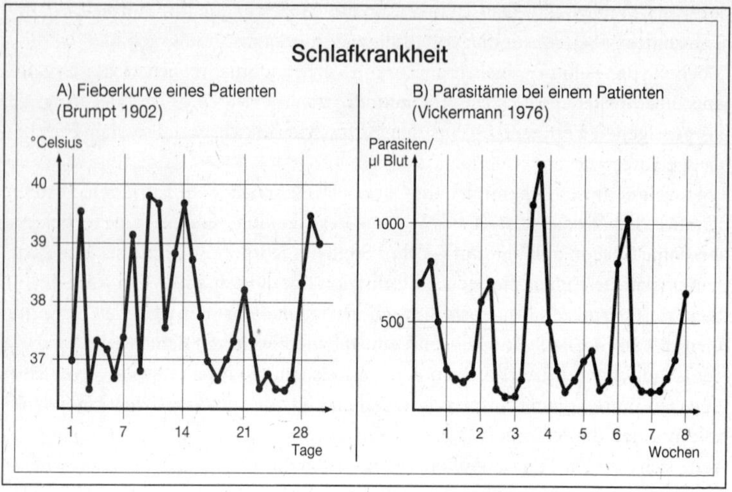

Fieberkurve (A) eines Patienten mit Schlafkrankheit und die Anzahl der Trypanosomen im Blut (B)

Emile Brumpt auf ein Phänomen gestoßen, das genauso unerklärlich wie die Schlaf- und Magersucht der Patienten schien. Bei einem Aufenthalt in einem Tropenkrankenhaus im Kongo war Brumpt 1912 aufgefallen, daß Fieberkurven von Schlafkranken einen ganz ungewöhnlichen Verlauf zeigten: Auf Phasen weitgehend normaler Körpertemperatur folgten in etwa einwöchigem Abstand ausgeprägte Fieberzacken, bei denen die Temperatur innerhalb weniger Stunden auf 40 °C anstieg. Ganz im Gegensatz zur Malaria waren die Fieberzacken aber unterschiedlich hoch und die Intervalle zwischen den einzelnen Attacken verschieden lang – wenn auch im Mittel immer etwa sieben Tage zwischen den einzelnen Fieberschüben vergingen. Brumpt vermutete, daß das Fieber mit der Vermehrung der Trypanosomen im Blut zusammenhinge. Allerdings waren die damaligen Untersuchungsmethoden nicht ausreichend empfindlich, um diese Hypothese bestätigen zu können. Zwischenzeitlich weiß man aber, daß immer dann, wenn die Schlafkranken hohes Fieber bekommen, die Anzahl der Trypanosomen im Blut dramatisch anwächst (siehe Abbildung). In den Zwischenräumen fällt die Anzahl der Trypanosomen genauso rasch ab, wie sie zuvor angestiegen ist. Ganz verschwinden die Trypanosomen aus dem Blut allerdings nie.

Es dauerte noch 80 Jahre, bis man die Ursache des charakteristischen Fieberverlaufes erkannte und ihre molekularen Zusammenhänge durchschaute. Die immunologische Grundlage dieses Phänomens ist ein den Trypanosomen angeborenes »taktisches« Verhalten, mit dem die Abwehrkräfte des Menschen in nahezu genialer Weise an der Nase herumgeführt werden.

Die Trypanosomen besitzen auf ihrer Oberfläche sogenannte variant-spezifische Glykoproteine, kurz VSG genannt, die man sich wie dicht an dicht stehende Fasern eines Velourteppichs vorstellen kann. Diese VSG sind äußerst dicht gepackt und fest in der Zellmembran verankert. Und wie man bei einem guten Teppich infolge der Faserdichte den Teppichrücken nicht sehen kann, so können auch die Abwehrkräfte den unter den VSG versteckten Parasiten nicht erkennen und damit auch nicht angreifen. Allerdings induzieren die VSG die Bildung von Antikörpern (sie sind also immunogen, wie es in der Fachsprache heißt) gegen die jeweils am äußeren Ende sitzenden Moleküleinheiten. Der geniale Trick der Trypanosomen besteht nun darin, daß sie etwa 1000 verschiedene Endstücke für VSG-Moleküle in petto haben, d. h. die dafür benötigte genetische Information besitzen, aber zu einem bestimmten Zeitpunkt immer nur eine Art von Endstück auf ihrer Außenhaut zur Schau stellen.

Werden Trypanosomen durch eine Tsetsefliege auf den Menschen übertragen, so vermehren sich die Erreger rasch zu gewaltigen Parasitenscharen. Da alle Parasiten von den gleichen »Eltern« abstammen, haben sie auch alle die gleichen VSG auf ihrer Oberfläche. Das Immunsystem erkennt diese VSG als fremd und bildet Antikörper, die exakt gegen diese – und keine anderen – VSG gerichtet sind. Dies dauert einige Zeit – in der Regel etwa sieben Tage –, aber dann schlägt die durch den Körper schwirrende Armada von Abwehrstoffen zu und tötet Trypanosomen, die das entsprechende VSG-Antigen auf ihrer Oberfläche besitzen. Gleichzeitig – und hier scheint der Verlauf des trickreichen Spiels an den legendären Wettlauf von Igel und Hase zu erinnern – beginnen aber einige Trypanosomen ein neues, anderes VSG-Antigen zu synthetisieren und auf ihrer Oberfläche einzubauen. Das Immunsystem, durch den neuen »Velourteppich« genarrt, ist erst einmal hilflos: Die vorhandenen Antikörper nutzen nichts, und um neue herzustellen, werden mindestens fünf Tage benötigt. So folgt in stereotypem Wechselspiel jeweils einer neuen Welle von Parasiten eine Welle gerade frisch produzierter Antikörper, die aber wiederum keine Entscheidung des »Wettkampfes« herbeiführen können, da nach dem Motto »Ick bün allschon da« bereits einige Trypanosomen schon wieder auf neue VSG-Antigene umgeschaltet haben. Die regelmäßig auftretenden Fieberzacken und das Anschwellen der Parasitenzahlen im Blut sind also nur die »äußeren« Zeichen eines ebenfalls wellenförmigen Verlaufes der körpereigenen Abwehrkräfte, die den Trypanosomen ständig hinterherhinken.

Selbst das Kardinalsymptom der Schlafkrankheit, der veränderte Schlaf-Wach-Rhythmus der Patienten, läßt sich mittlerweile auf molekularer Ebene erklären. Ganz im Gegensatz zu der bisher gültigen Lehrmeinung scheinen

Trypanosomen schon relativ früh im Verlaufe der Erkrankung in das Zentralnervensystem einzudringen. Sie benutzen dafür regelrechte Schleichwege, die im einzelnen noch nicht geklärt sind.[16] Dadurch wird die Kommunikation zwischen Steuerzentren des Gehirns gestört, die für das tägliche Wechselspiel zwischen Schlaf- und Wachzustand verantwortlich sind. Doch auch hier sind es nicht die Erreger selbst, die die ausgefeilten Regelmechanismen des Körpers entgleisen lassen. Als Reaktion auf die eingedrungenen Trypanosomen beginnen einige Strukturzellen des Gehirns, die sogenannten Astrozyten, bestimmte Eiweiße auf ihrer Oberfläche auszubilden und Botenstoffe freizusetzen. Eines dieser Neurohormone ist die Substanz Prostaglandin 2, die die Nervenzellen des Schlafzentrums so programmiert, daß diese von Wachzustand auf Schlafbedürfnis umschalten.

In einem komplizierten Netzwerk hemmender und fördernder Informationen kommt es zu einer Freisetzung weiterer Botenstoffe, von denen eine Substanz, Interleukin 1 genannt, einerseits die Temperatursteuerung des Körpers beeinflußt (und damit für den Fieberanstieg verantwortlich zeichnet), andererseits aber die nächtlichen Tiefschlafphasen verhindert. Und genau dies sind die Symptome der Patienten im fortgeschrittenen Stadium der Schlafkrankheit: Sie befinden sich tagsüber ständig in einer Art Dämmerzustand, können aber nachts auch nicht richtig schlafen.

»Die Erreger der Schlafkrankheit«, so schrieb der holländische Biochemiker van der Ploeg 1989, »haben sich einen Lebensstil zugelegt, der die Ärzte lange Zeit aufs äußerste verwirrte, die Immunologen benebelte und die Biochemiker noch immer bezaubert.« Die intensive wissenschaftliche Beschäftigung mit einer Krankheit, die ursprünglich nur unter politischen und ökonomischen Gesichtspunkten von Bedeutung war, hat 100 Jahre später zu grundlegenden biochemischen und immunologischen Entdeckungen geführt, die auch für das Verständnis von anderen Krankheiten von fundamentaler Bedeutung sind.

Für Mioko, Mikiko-Anne, Yoshimune-Hermann und Michihiko-Peter, ohne deren Wohlwollen und tatkräftige Unterstützung meine Kapitel nicht entstanden wären.

[16] Gehirn und Rückenmark sind normalerweise vom Blut durch die sogenannte Blut-Hirn-Schranke, eine Art feines Filtergewebe, getrennt. Allerdings gibt es einige Bereiche, wie z. B. an der Netzhaut und längs des Sehnervs, an dem die Schranke nicht so dicht ist, so daß hier Krankheitserreger »durchrutschen« können. Auch zeigen jüngste Untersuchungen, daß es eine direkte Verbindung zwischen den Halslymphknoten und dem Gehirn gibt. Da diese Drüsen von den Trypanosomen regelmäßig befallen werden, finden sie möglicherweise auch hier geeignete Schlupflöcher.

Begriffsglossar

17D-Impfstoff: Lebendimpfstoff aus vermehrungsfähigen, aber abgeschwächten Viren; gewonnen aus einem Gelbfiebervirus-Stamm namens 17D, der in Embryonalgewebe von Hühnern angezüchtet wurde; für Impfschutz (ca. zehn Jahre) genügt eine einmalige Injektion unter die Haut, mehr als 95 % aller Erwachsenen sind danach geschützt; Impfung von Kindern unter einem Jahr und Schwangeren sollte vermieden werden.

Amöbenruhr, die (med. Amöbiasis): Durchfallerkrankung durch Infektion des Darmtraktes mit der fakultativ pathogenen Ruhramöbe, *Entamoeba histolytica* (auch: *E. dysenteriae*); Aufnahme der Zysten (Dauerstadien in Schutzhülle) über den Mund, die sich im Darmraum zu Freßzellen (Trophozyten) umwandeln und als »Gäste« (Kommensalen) ohne Schädigung des Trägers existieren (*Minutaform*), sich durch Teilung vermehren und als Zysten über den Darm ausgeschieden werden; Veränderungen des Darmmilieus (Änderungen der Darmflora, Nahrungsumstellung, Resistenzminderung, andere Darminfektionen) können die Bildung von Freßzellen auslösen, die in die Darmschleimhaut eindringen und sich von roten Blutkörperchen ernähren (*Magnaform*); weltweite Verbreitung, weit häufiger in warmen Klimaten als in gemäßigten; unhygienische Zustände erhöhen das Infektionsrisiko; sehr variable Inkubationszeit: i. d. R. 2–4 Wochen, aber auch wenige Tage oder Jahre.

Anämie, die: (hämolytische) Blutarmut durch verstärkten Abbau/Zerstörung der roten Blutkörperchen.

Antibiotika (s.: -kum, das): Stoffwechselprodukte (und ihre synthetischen Abwandlungsprodukte) vor allem von Pilzen und Bakterien, die schon in geringen Konzentrationen das Wachstum von anderen Mikroorganismen hemmen (Biostatica) oder diese abtöten (Biozide); z. B. Penicillin, Cephalosporin (Pilze), Actinomycin, Streptomycin, Chloromycetin (= Chloramphenicol), Tetracycline (Bakterien); Sulfonamide sind rein synthetische Chemotherapeutika, vor allem bei Allergien gegen biologische Antibiotika von Bedeutung.

Arbovirus, das: Abkürzung für Arthropode-born-virus, Sammelbegriff für alle durch Insekten übertragenen Viren.

Bacille-Calmette-Guérin (BCG): Stamm von *Mycobacterium bovis*, ist nicht pathogen; wird zur Herstellung eines Impfstoffs gegen Tuberkulose genutzt, auch wirksam gegen andere Krankheiten wie Lepra, Malaria, durch Amöben, Bilharziose, unter Umständen gegen Melanom (bösartiger Hautkrebs); breite Wirksamkeit beruht auf umfassender Aktivierung des Immunsystems, nicht beschränkt auf Aktivierung der Produktion von Antikörpern wie die meisten Impfstoffe.

Blutzellen, die: **Erythrozyten:** rote Blutkörperchen, Sauerstofftransport; **Leukozyten:** weiße Blutkörperchen, Fett- und Kohlenhydrattransport (Lymphozyten), Abwehr von Krankheitserregern, Aufnahme von Zell- und Gewebetrümmern (Granulozyten, Monozyten, Makrophagen); **Thrombozyten:** Blutplättchen, Wundverschluß und Blutgerinnung.

Circulus vitiosus, der: gleichzeitige (Krankheits-) Prozesse, die sich gegenseitig ungünstig beeinflussen; Teufelskreis.

Desoxyribonukleinsäure (DNS), engl. DNA (A = acid), die: genetisches Material eines Organismus; aufgebaut aus einer langen Kette von 4 Nukleinsäuren (proteinähnliche Moleküle), die Zucker (Ribose) enthalten und über Phosphatbindungen zwischen den komplementären Basenanteilen (Adenin und Thymin, Guanin und Cytosin) zu einer strickleiterartigen schraubigen Struktur (Doppelhelix) verknüpft sind; die Abfolge der Basen codiert die Informationen (**Gene**) für den Aufbau und die Funktion der Körperbestandteile; liegt in der Zelle (meist im Zellkern) als Chromosomen vor.

Dichloro-diphenyl-trichlorethan (DDT), das: auch Chlorphenotan; hochwirksames Kontaktinsektizid; wegen seiner außergewöhnlich hohen Beständigkeit in der Umwelt und der Ansammlung in den Organismen über die Nahrungskette (z. B. Gras – Huhn – Ei – Schwein – Mensch), in der der Mensch als Endglied besonders gefährdet ist, seit 1972 in der BRD verboten.

Diphtherie, die: Ansiedlung von *Corynebacterium diphtheriae* auf der Haut und (sog. Halsbräune) auf der Schleimhaut von Mund, Rachen, Tonsillen (Mandeln) und Kehlkopf; durch Ausscheidung eines Gifts, das mit dem Blut zirkuliert und auf Herzmuskel, Nieren und Nerven wirkt, treten Lähmungserscheinungen auf; Übertragung durch Tröpfcheninfektion; Inkubationszeit: 2–7 Tage.

Elektrolyte, (s.: –yt, der): Verbindungen (Salze, Säuren, Basen, z. B. Kalium, Natrium, Chlorid, Carbonat, Aminosäuren, Proteine), die in wäßriger Lösung in Ionen (elektrisch geladene Teilchen) zerfallen; Voraussetzung für den problemlosen Ablauf der Stoffwechselvorgänge ist eine bestimmte Konzentration von Elektrolyten in den Körperflüssigkeiten, daher enger Zusammenhang mit dem Wasserhaushalt.

ELISA: engl.: enzyme-linked immuno sorbent assay, dt.: sogenannter heterologischer Enzym-Immun-Test für Nachweis und Konzentrationsbestimmung eines bestimmten Antigens und damit dessen Trägerorganismus (z. B. Krankheitserreger); dem vorliegenden, zum gesuchten Antigen passenden Antikörper wird eine zu testende Probe zugefügt; ist das Antigen in der Probe enthalten, koppelt es sich an die vorhandenen Antikörper (Immunkomplex); nachfolgend werden enzymmarkierte Moleküle (Anti-Antikörper) zugegeben, die sich an die Immunkomplexe anlagern (Sandwich-Methode); durch Zugabe eines Substrats, das eine Substanz enthält, die durch die Wirkung des Enzyms am Anti-Antikörper gefärbt wird, können die Immunkomplexe sichtbar und damit die Konzentration der gebundenen Antigene meßbar gemacht werden.

Endemie, die; **endemisch** (adj.): regelmäßiges Auftreten einer Infektionskrankheit innerhalb eines geographischen Gebietes ohne wesentliche Häufung der Krankheitsfälle (Dauerverseuchung); ist an das ständige Vorhandensein empfänglicher Personen gebunden.

Endotoxine: Bakteriengifte, die in Bakterien enthalten sind und erst nach Auflösung der Zellen frei werden; meist komplexe, temperaturunempfindliche Verbindungen aus Zucker-, Eiweiß- und Fettmolekülen; z. B. bei Salmonellen- und Ruhrbakterien; Gegenteil: hochgiftige und temperaturempfindliche **Exotoxine** (meist eiweißartige Verbindungen mit hochspezifischer Wirkungsweise) werden von lebenden Bakterienzellen nach außen abgegeben; z. B. Diphtherie- u. Tetanusbakterien.

Exotoxine: siehe Endotoxine.

Erythrozyten, die: siehe Blutzellen.

fakultativ pathogen (adj.): nicht zwangsläufig, aber potentiell krankheitserregend.

Gametozyt, der: siehe Sporozoit.

Gen, das: siehe DNS.

Hämatokrit, der: Verhältnis des Volumens der roten Blutkörperchen zum Blutplasmavolumen; Bestimmung durch Zentrifugation einer frischen, ungerinnbar gemachten Blutprobe; Normalwerte: ca. 42% bei Frauen und ca. 46% bei Männern.

Haupt-Histokompatibilitäts-Komplex: engl. main histocompatibility complex (**MHC**): Genkomplex des **HLA**-Systems (engl. human leucocyte antigen) eines komplexen Systems von Gewebsantigenen (Glykoproteine), das auf den Zelloberflächen des Menschen gelegen ist und sich besonders gut auf Leukozyten (Blutzellen) nachweisen läßt; das HLA-System dient im Abwehrsystem des Körpers der Erkennung von »Selbst« und »Nicht-Selbst«; die genetische Information für die Konstruktion und Funktion dieser Antigene umfaßt ca. ein Tausendstel des menschlichen Genoms.

Humoralpathologie, die: Lehre von den vier (Körper-)Säften; wie die Chinesen und Inder glaubten auch die Griechen in der hellenistischen Blütezeit an ein Gleichgewicht der Körpersäfte; Störungen dieses Gleichgewichts wurden als Ursache für Krankheiten angesehen; nach griechischer Vorstellung entsprachen die vier Körpersäfte den vier Elementen und ihren Eigenschaften, die wiederum bestimmten Körperbereichen zugeordnet wurden: Blut – Luft – heiß, feucht – Herz; Schleim – Wasser – kalt, feucht – Gehirn; Gelbe Galle – Feuer – heiß, trocken – Leber; Schwarze Galle – Erde – kalt, trocken – Milz.

Hypnozoit, der: siehe Sporozoit.

Immunität, die: Widerstandskraft des Körpers gegen eine Infektion durch Krankheitserreger bzw. gegen die Wirkung ihrer Stoffwechselprodukte oder Gifte; *unspezifische I.* als genetisch verankerte Abwehrtechnik gegen körperfremde Zellen und Substanzen durch physikalische (v. a. Haut-Schleimhautbarriere) und biologische Schutzmechanismen (z. B. antimikrobiell wirksame Substanzen in Körperflüssigkeiten); *spezifische I.* als erworbener Mechanismus gegen spezielle Eigenschaften von Fremdkörpern und -stoffen: *humoral* durch Antigen-Antikörper-Reaktion, *zellvermittelt* durch sensibilisierte Zellen (Lymphozyten, Makrophagen) des Immunsystems.

Inkubationszeit, die: die Zeitspanne vom Eindringen eines Krankheitserregers in den Körper bis zum Auftreten der ersten Krankheitserscheinungen.

Kommensalen, Kommensalismus: siehe Parasit.

Kontagien: (altertümliche Theorie) Ansteckungsstoffe im oder am Körper selbst; (med.) **kontagiös** = ansteckend.

Leukozyten, die: siehe Blutzellen.

MDT: engl. Abkürzung für **multidrug therapy**; die Behandlung einer Infektionskrankheit durch die gleichzeitige Gabe mehrerer verschiedener Antibiotika.

Merozoit, der: siehe Sporozoit.

Miasmen (s.: -sma, das): (altertümliche Theorie) Ansteckungsstoffe von außen, Teilchen in der Luft oder der Erde, aus dem Boden ausdünstender Gift-, Pesthauch; **miasmatisch** = (med.) giftig, ansteckend.

Mikrometer [µm]: 1/1000 Millimeter (0,001 mm), 1/1000000 Meter (0,000001 m).

Mirazidium, das: Wimpernlarve der Saugwürmer (*Trematodes*), zu denen die Schistosomen (Erreger der Bilharziose) gehören; schlüpft aus dem Ei und vermehrt sich im Zwischenwirt (hier: Schnecke); die daraufhin entstandene **Zerkarie** (Gabelschwanzlarve) ist bereits ein wurmartiges Entwicklungsstadium, allerdings ohne Geschlechtsorgane, das den Vektor (hier: Schnecke) verläßt und in den Wirt (hier: Mensch) eindringt; als **Schistosomulum** wird das schwanzlose Würmchen bezeichnet, das nach dem Eindringen der Zerkarie in den Wirt aus deren Umgestaltung hervorgeht und aus dem sich die geschlechtsreifen Schistosomen entwickeln.

monoklonale Antikörper, der: homogene, spezifische Antikörper, die von einer einzigen Zelle bzw. ihren genetisch identischen Tochterzellen (Klon) produziert wurden.

Pandemie, die: Ausbreitung einer Infektionskrankheit (Seuche) über mehrere Länder und Kontinente.

Parasit, der: Schmarotzer, Lebewesen, die ganz (obligat) oder teilweise (fakultativ), ständig (stationär) oder zeitweilig (temporär, periodisch) ihre Existenz durch vollständige (Holo~) oder teilweise (Hemi~) Nutzung des Körpers und der Stoffwechselprodukte eines fremden Organismus (**Wirt**) sichern; der Wirtsorganismus wird dadurch geschädigt, seltener auch getötet; im Unterschied dazu: **Symbiose** = Vergesellschaftung artverschiedener Organismen mit ausgeprägter gegenseitiger Abhängigkeit, die auf wechselseitigem Nutzen beruht (z. B. Flechten); **Kommensalismus** = Zusammenleben zweier Organismen ohne ein- oder gegenseitige Schädigung oder Nutzung, wobei sich der eine vom Nahrungsüberschuß des anderen ernährt (z. B. das Bakterium *Escherichia coli* im Darm des Menschen).

Pathogenität, die: Vermögen von Mikroorganismen (Substanzen, Umwelteinflüssen) ein Krankheitsbild hervorzurufen (qualitativ).

ph-Wert: Gehalt von positiv geladenen Wasserstoffionen in einer wäßrigen Lösung; gibt den Säuregrad eines Milieus an: pH 1–6 ist (abnehmend) sauer, pH 7 ist neutral, pH 8–14 ist (zunehmend) basisch.

Pocken, die: med. Variola, auch Blattern; hochansteckende meldepflichtige Infektion mit dem Virus *Orthopox variola*; Symptome: hohes Fieber, Kopf-, Rücken-, Lendenschmerzen, flüssigkeitsfüllende Pusteln auf der Haut; Letalität: 20–50 %; ursprünglich weltweite Verbreitung, bis vor wenigen Jahren auf Tropen und Subtropen beschränkt, gilt seit 1979 aufgrund einer weltweiten Impfkampagne der WHO als ausgerottet; Übertragung durch Tröpfchen-, Schmier- und Staubinfektion; Inkubationszeit 7–11 Tage; nach 1–3 Wochen abfallende Krusten der Wunden sind weiterhin infektiös.

Polymerase-Kettenreaktion, die (PCR): Polymerasen sind Enzyme, die aus Nukleinsäuren eine Nukleinsäurekette (Polynukleotid-Kette) synthetisieren können; im Labor kann man mit ihrer Hilfe von einem vorliegenden DNS-Stück eine komplementäre Polynukleotid-Kette (Reißverschluß-Prinzip) herstellen, die man als **Primer** bezeichnet; markiert man einen solchen Primer der DNS eines gesuchten Organismus und fügt ihn zu einer zu testenden Probe, so lagert sich der Primer an die entsprechenden DNS-Abschnitte an und weist damit das Vorhandensein z. B. eines bestimmten Krankheitserregers nach.

Prävalenz, die: (med.) Bestand, Häufigkeit einer Krankheit oder eines Merkmals zu einem bestimmten Zeitpunkt oder innerhalb eines bestimmten Zeitraums.

Primer, der: siehe Polymerase-Kettenreaktion.

Promiskuität, die: durch häufig wechselnde Sexualpartner gekennzeichnetes Sexualverhalten; weitgehend Regellosigkeit und Zufälligkeit in der Wahl des Sexualpartners.

Proteus-Bakterien: bewegliche und unwegliche stäbchenförmige (gram-negative) Bakterien, fakultativ anaerob; Tendenz zur Gestaltänderung; Vorkommen u. a. in menschlicher Darmflora (*Proteus vulgaris*), Boden und Gewässern.

Resistenz, die: allgemein: die Widerstandsfähigkeit eines Organismus gegen schädigende Umwelteinflüsse (wie Hitze, Kälte, Gifte) und Krankheitserreger, hier: natürliche und durch Mutation erworbene Widerstandsfähigkeit von Krankheitserregern gegenüber Wirkstoffen, die zur Bekämpfung eingesetzt werden; **Multiresistenz** = Resistenz gegenüber zahlreichen oder allen angewandten Bekämpfungsmitteln.

Reticulo-Endotheliales System (RES), das: Komplex verschiedener Zellen, die neben Stoffwechselfunktionen (Antikörperbildung, Aufbau von Gallenfarbstoffen, Vitaminspeicherung, Eisenstoffwechsel) bei Abwehrvorgängen im menschlichen Körper die Aufgabe haben, körperfremde Stoffe und Zellen aus Geweben und Körperflüssigkeiten abzufangen, zu speichern, zu vernichten und aus dem Körper zu entfernen; in Leber, Knochenmark, Lymphe, Bindegewebe, Milz, Hirn.

Schistosomulum, das: siehe Mirazidium.

Sektion, die: Aufschneiden eines Körpers; anschließend Untersuchung des Körperinneren.

Sepsis, die: sogenannte Blutvergiftung; Allgemeininfektion des Körpers durch Ausschwärmen von Krankheitserregern in der Blutbahn.

Sporozoit, der: sehr kleine, bewegliche Sichelkeime der Sporentierchen (*Sporozoa*), zu denen auch die Plasmodien (Erreger der Malaria) gehören; gelangen über das Speicheldrüsensekret des Vektors (hier: Anophelesmücke) in die Blutbahn des Wirts (hier: Mensch), nisten sich in den Leberzellen ein und vermehren sich vielfach; die nun entstandenen längsovalen Tochtersporen, die **Merozoiten**, verlassen die Leber und befallen die roten Blutkörperchen (Erythrozyten) in der Blutbahn, wo sie sich sehr stark vermehren; in den Erythrozythen erfolgt eine Umwandlung zu Freßzellen, den **Trophozoiten**, die sich vom Hämoglobin der Blutzellen ernähren; einige wenige Merozoiten wandeln sich zu weiblichen und männlichen Geschlechtsformen, den bananenförmigen **Gametozyten** um, die wiederum vom Vektor aufgenommen werden und in dessen Verdauungstrakt durch geschlechtliche Vermehrung die Sporozoiten hervorbringen; als **Hypnozoit** bezeichnet man die »Schlafform« der Plasmodien, die in den Leberzellen des Menschen mehrere Jahre »ruhen« können, ohne daß der Wirt Malaria-Symptome zeigt.

Sputum, das: Auswurf von Bronchialsekreten aus der Lunge.

Symbiose, die: siehe Parasit.

Thrombozyten, die: siehe Blutzellen.

Toxizität, die, **toxisch** (adj.): Giftigkeit gemessen am Grad der Schädigung des Organismus oder an der Todesrate einer Population.

Toxoplasmose, die: Infektion durch *Toxoplasma gondii*, einem Sporozoon derselben Unterordnung wie die Plasmodien, die Malariaerreger; *T. gondii* leben parasitisch intrazellulär oder von einer Schutzhülle umgeben in Zysten vor allem im Gehirn und der Muskulatur; Symptome: Lymphknotenschwellung besonders am Hals, Fieber, Angina, grippeähnliche Symptome, bei schweren Fällen Kopfschmerzen, Meningitis; Zwischenwirte sind zahlreiche Säugetiere, der Mensch und auch Vögel; Endwirt ist die Katze, in deren Körper die geschlechtliche Fortpflanzung stattfindet; Übertragung durch Schmierinfektion (über Katzenkot), Schmutzinfektion oder durch verseuchte Nahrungsmittel (Fleisch, Eier); weltweite Verbreitung, hochgradige Verseuchung (bis zu 50 %) der Bevölkerung mit starken regionalen Schwankungen ist nachgewiesen.

Tröpfcheninfektion, die: Weitergabe von Krankheitserregern durch feinste Tröpfchen, die beim Ausatmen, Husten oder Niesen ausgestoßen und über Haut oder Atemwege aufgenommen werden; daneben: **Schmierinfektion** = Weitergabe von Krankheitserregern über Kontakt mit infizierten Körperflüssigkeiten; **Staubinfektion** = Aufnahme von Krankheitserregern über die eingeatmeten Schwebstoffe in der Luft.

Trophozoit, der: siehe Sporozoit.

Vektor, der: hier: Überträger von Krankheitserregern.

Vier-Säfte-Lehre, die: siehe Humoralpathologie

Virulenz, die: Grad der Aggressivität von Mikroorganismen in Makroorganismen (quantitativ).

Weltgesundheitsorganisation, die: engl. World Health Organisation, **WHO**; internationale Föderation mit Sitz in Genf für die Zusammenarbeit im Bereich des Gesundheitswesens; gegründet 1948 durch die Vereinten Nationen (UN), insbesondere tätig in den Bereichen der Bekämpfung von Volkskrankheiten, Seuchenentwicklung, der Impfstoffherstellung u. a.

Zerkarien, (s.: -e, die): siehe Mirazidium.

Personenglossar

Auenbrugger, Joseph Leopold von: 1722–1809, österreichischer Arzt; 1761 Erfindung der *Perkussion* (Abklopfen des Brustkorbs) zur Diagnose von Brustkrankheiten; allgemeine Anerkennung der Methode erst nach französischer Übersetzung durch Corvisart 1808.

Avicenna: Abû Âli ibn Sînâ; 980–1037, arabischer Arzt und Philosoph; vertrat die aristotelische Philosophie; in seinem (theoretischen) Hauptwerk, *Canon Medicianae*, als Höhepunkt der arabischen Medizin, geht er auf nahezu alle medizinischen Disziplinen ein; Rückgriff hauptsächlich auf Lehren von Hippokrates und Galen sowie eigene Erkenntnisse; das Werk blieb z.T. bis ins 17. Jh. Standardwerk des medizinischen Lehrplans.

Bilharz, Theodor M.: 1825–1862; deutscher Tropenmediziner, Kairo; 1852 Erstbeschreiber der Schistosomen als Erreger der Bilharziose.

Brehmer, Hermann: 1826–1889; Lungenfacharzt, 1853 Gründung der ersten Lungenheilanstalt in Görbersdorf, Niederschlesien; erklärte 1856 die Tuberkulose für heilbar.

Brill, Nathan E.: 1860–1925, Internist, New York; diagnostizierte 1898 mildes Fleckfieber als Variante des klassischen Fleckfiebers.

Bruce, David: 1855–1931; 1903 Beschreibung von *Trypanosoma gambiense* als Erreger der Schlafkrankheit und der Übertragung durch Tsetsefliegen.

Calmette, Albert: 1863–1933, Bakteriologe, Paris; entwickelte mit Camille Guérin (1872–1961) 1906–1921 und stellte 1924 BCG-Impfstoff (Bacille-Calmette-Guérin-) gegen Tuberkulose vor, der auf einem Stamm virulenzgeschwächter Tuberkulose-Bakterien beruht.

Cardano, Geronimo: 1591–1576; Arzt, Italien; brachte erstmals Fleckfieber als »Flohbiß-Krankheit« mit Flöhen in Verbindung; verfaßte eine Abhandlung über die Sittenlosigkeit als Krankheit des Geistes.

Castellani, Aldo: 1877–1971; italienischer Bakteriologe; 1902 Nachweis von Trypanosomen im Blut und in Cerebrospinalflüssigkeit von Schlafkranken in Uganda.

Corvisart, Jean Nicolas: 1755–1821, französischer Arzt; 1808 Übersetzung von Auenbruggers Abhandlung über die *Perkussion* (Abklopfen des Brustkorbs), 1810 Bekanntmachung der Methode.

Domagk, Gerhard: 1895–1964; Pathologe und Bakteriologe, Münster, Wuppertal-Elberfeld (Bayer-Werk); 1939 Nobelpreis für die Arbeiten über die bakteriostatische Wirkung des Azo-Farbstoffs »Prontosil« als erstes Sulfonamid; 1944 Entwicklung von »Conteben« gegen Tuberkulose.

Ehrlich, Paul: 1854–1915, Arzt, Serologe und Pharmakologe, Berlin,

Frankfurt a. Main; gilt als Schöpfer der modernen Chemotherapie; 1908 Nobelpreis für Forschungen zur Immunität (zusammen mit Elie Metschnikoff); 1910 Entdeckung der Wirksamkeit von »Salvarsan« (arsenhaltige Verbindung) gegen Syphilis; Begründung der Chemotherapie bei infektiösen Erkrankungen.

Felix, Arthur: 1887–1956, Bakteriologe, Prag; mit Edmund Weil 1917 Nachweisverfahren für Fleckfieber-Erreger (*Proteus*-Bakterien besitzen gleiche Antigen-Struktur wie *Rickettsia prowazecki*); aufgrund dessen Entwicklung eines Serums gegen Fleckfieber.

Fracastoro, Girolamo: 1478–1553, Arzt und Naturforscher, Italien; untersuchte Infektionskrankheiten und deren Übertragung; verfaßte Lehrgedicht über Syphilis, die er so benannte; Schrift über das »Kontagium«, lebende Krankheitskeime, durch die Seuchen übertragen würden; beschrieb das Krankheitsbild des Fleckfiebers als »Febris peticula« (Blutpunktfieber).

Galen: ca. 129–199, griechischer Arzt, Griechenland (Pergamon, heutige Türkei) und Italien, Rom; faßte das gesamte Wissen der antiken Heilkunde in einem einheitlichen System zusammen, ein Lehrgebäude der Humoralpathologie (Lehre von den Körpersäften), das vom Mittelalter bis in die Neuzeit fast absolute Autorität besaß; führte anatomische Untersuchungen bei Tieren durch, deren Ergebnisse er – oft fälschlicherweise – auf den Menschen übertrug.

Golgi, Camillo: 1844–1926; italienischer (Neuro-)Histologe; wichtige Erkenntnisse über den Aufbau des Zentralnervensystems mit Hilfe der Anfärbung von Nervengewebe mit Silbernitrat (Golgi-Färbung); 1886 Darstellung der Entwicklung des Malariaparasiten in roten Blutkörperchen und Unterscheidung von *Malaria quartana* und *Malaria tertiana*; 1906 Nobelpreis für Medizin.

Hansen, Gerhard Armauer: 1841–1912; Arzt, Norwegen; 1873 mikroskopische Entdeckung des *Mycobacterium leprae* als Erreger der Lepra.

Hippokrates: ca. 460–370 v. Chr.; Arzt, Chirurg, Griechenland, Insel Kos; Begründer der wissenschaftlichen Medizin durch Beobachtung und Erfahrung; Vertreter der Vier-Säfte-Lehre (Krankheiten als Ausdruck des Ungleichgewichts der Körpersäfte); der Verlauf einer Krankheit ist nicht mehr vom Eingreifen der Götter abhängig, sondern vom Handeln des Arztes; Begründer einer Ärzteschule auf Kos (um 400 v. Chr.); der hippokratische Eid (seit ca. 400 v. Chr.) stammt vermutlich nicht von Hippokrates selbst.

Jenner, Edward: 1749–1823, britischer Arzt; Begründer der Pockenschutzimpfung (Vaccination) mit Kuhpockenlymphe; erster Impfversuch 1796.

Koch, Robert: 1843–1910, Arzt und Bakteriologe, Wollstein, Berlin; erarbeitete Methoden zur Züchtung von Mikroorganismen auf Nährböden; beschrieb zahlreiche Mikroorganismen als Krankheitserreger: 1876 Milzbrand (*Bacillus anthracis*), 1882 Tuberkulose-Bazillus (*Mycobacterium tuberculosis*); 1883

Cholera-Bazillus (*Vibrio cholerae*); entdeckte 1890 Tuberkulin als Testmittel; 1905 Nobelpreis für Arbeiten über Infektionskrankheiten.

LAËNNEC, RENÉ THÉOPHILE HYACINTHE: 1781–1826; Arzt, Frankreich; 1816 Entwicklung des Stethoskops, damit Diagnosemöglichkeit von Herz- und Lungenerkrankungen; Untersuchungsberichte u. a. zur Tuberkulose, Lungenentzündung.

LAVERAN, CHARLES LOUIS ALPHONSE: 1845–1922; französischer Bakteriologe, seit 1896 am Institut Pasteur; beschrieb 1880 Plasmodien als Erreger der Malaria; Forschungen über afrikanische Schlafkrankheit; 1907 Nobelpreis für seine Arbeit.

MALPHIGI, MARCELLO: 1628–1694, italienischer Anatom; Begründer der mikroskopischen Anatomie; Entdeckung u. a. der Morphologie von Lunge, Blutkreislauf, Leber, Niere und Drüsen.

MANSON, PATRICK: 1844–1922, britischer Tropenmediziner; 1895 Hypothese, daß die Malariaerreger von Moskitos, Stechmücken, übertragen werden; aufgrund der Anregungen kann Ronald Ross die Moskitotheorie 1897 in Bombay beweisen; initiierte Gründung der London School of Tropical Medicine (1899).

PARACELSUS PHILIPPUS AUREOLUS THEOPHRASTUS: eigentlich Theophrastus Bombastus von Hohenheim, 1493–1541; Arzt und Naturphilosoph, Schweiz, Österreich; sammelte auf zahlreichen Reisen Beobachtungen und Erfahrungen, die er in über 500 Schriften aufzeichnete; nach ihm werden Gesundheit und Krankheit von chemischen Vorgängen beeinflußt, die auf einen »inneren Alchimisten« (Quelle des Stoffwechsels) zurückgehen; Krankheiten werden durch spezifische »Krankheitssamen« verursacht, daher ein heftiger Gegner der Humoralpathologie Galens.

PASTEUR, LOUIS P.: 1822–1895, Chemiker und Mikrobiologe, Paris; Entdekkung von Mikroorganismen als Krankheitserreger (Übergang von »Miasmen« zu »Mikroben«), die von außen in sterile Gewebe gelangen (Wegbereiter der Antisepsis, Begründung der modernen Bakteriologie); 1876 Erhitzen von Flüssigkeiten (Milch, Bier, Wein) gegen die Zersetzung durch Krankheitserreger (Pasteurisieren); entwickelte 1881 Impfstoff gegen Milzbrand; 1885 Impfstoff gegen Tollwut.

PROWAZEK, STANISLAUS VON: 1875–1915, Bakteriologe, Österreich, Hamburg; 1907 Untersuchungen zur ägyptischen Körnerkrankheit (Augenkrankheit); 1913–1914 Untersuchung von Fleckfieber in Gefangenenlagern in Cottbus; Entdeckung der Rickettsien in Läuseausstrichen.

RICKETTS, HOWARD TAYLOR: 1871–1910, Pathologe, USA, Chicago; 1906 bis 1909 Identifizierung des Erregers und Vektors des »Rocky-Mountain-spotted-fever«; 1910 Entdeckung der Erreger des klassischen Fleckfiebers.

Rocha Lima, Henrique da: 1879–1956; Mitarbeiter u. Nachfolger von Prowazeck; 1916 Isolierung von *Rickettsia prowazecki*, dem Fleckfieber-Erreger.

Ross, Ronald: 1857–1932; britischer Militärarzt und Bakteriologe; bewies 1897 in Bombay die Übertragung von Malariaerregern durch Stechmücken (*Anopheles*) und das an ihr Verbreitungsgebiet gebundene Auftreten der Malaria; Leitung der Tropenmedizinschule in Liverpool, gegründet 1899; 1902 Nobelpreis für die Forschungen über Malaria; 1911 Erlangung des Adelsstandes für seine Verdienste.

Schaudinn, Fritz: 1871–1906, deutscher Zoologe; 1902 differenziert pathogene und nicht-pathogene Erreger der Amöbenruhr (*Entamoeba*); 1905 mit Erich Hoffmann Entdeckung des Syphilis-Erregers (*Treponema*).

Sydenham, Thomas: 1624–1689, englischer Arzt; begründete seine Arbeit auf genauer Beobachtung und Kenntnis der Krankheitsbilder in hippokratischer Tradition; obwohl noch Anhänger der Humoralpathologie (Lehre von den vier Körpersäften) ein Gegner seiner zeitgenössischen Methoden und Theorien in der Medizin.

Virchow, Rudolf L.: 1821–1902, Pathologe und Sozialpolitiker, Berlin (Charité), Würzburg; 1848 Berichterstatter der preußischen Regierung über Zustände in Oberschlesien (Fleckfieber); Begründer der Zellularpathologie (1858), nach der nicht der ganze Körper, sondern nur einzelne Zellen/Zellgruppen erkranken und die Therapie entsprechend auszurichten ist; Prägung des Begriffs »Infektionskrankheit«; Beschreibung der Leukämie; 1862 Mitglied im preußischen Landtag, 1883–1890 Mitglied des Deutschen Reichstags; Mitbegründer der preußischen Gesundheitspolitik.

Waksman, Selman Abraham: 1888–1973, Bakteriologe, USA; Prägung des Begriffs »Antibiotikum«; 1943 Entdeckung des Streptomycins, 1944 damit Therapie der Tuberkulose; 1952 Nobelpreis für Arbeiten über Antibiotika.

Weil, Edmund: 1880–1922, Arzt, Prag; entwickelte mit Arthur Felix 1917 Nachweisverfahren für Fleckfieber (Proteus-Bakterien besitzen gleiche Antigen-Struktur wie *Rickettsia prowazeki*); aufgrund dessen Entwicklung eines Serums.

Yersin, Alexandre Emile Jean: 1863–1943, Tropenarzt und Bakteriologe, Schweiz, Hongkong, Mitarbeiter von Louis Pasteur; 1894 Entdeckung des Pest-Erregers (*Yersinia pestis*) in toten Ratten.

Zinsser, Hans: 1878–1940, Bakteriologe, USA, Boston; beschrieb (1930er Jahre) mildes Fleckfieber aufgrund latenter Erreger im Körper (Brill-Zinsser-Disease).

Weiterführende Literatur

ALEXANDER, META; RAETTIG, HANSJÜRGEN: Infektionskrankheiten, Epidemiologie-Klinik-Immunprophylaxe. 4. Auflage, Stuttgart 1992.

BAIER, JOHANN: Armut, Not und Hoffnung am Rande einer Stadt. Haidhausen im Jahrhundert der Cholera-Epidemien. München 1988.

BRANDIS, HENNING; OTTE, HANS JÜRGEN (Hrsg.): Lehrbuch der medizinischen Mikrobiologie. 5. Auflage, Stuttgart 1984.

CERMAK, IDA: Klagelied und Freudenhymne. Frankfurt 1991.

DEUTSCHES ZENTRALKOMITEE ZUR BEKÄMPFUNG DER TUBERKULOSE:

– Richtlinien zur Chemotherapie der Tuberkulose. Sonderdruck 1988.

– Was man über die Tuberkulose wissen sollte. Eine Informationsschrift für Patienten und ihre Angehörigen. 2. Aufl. 1991.

EBSTEIN, ERICH: Tuberkulose als Schicksal. Stuttgart 1932.

FRINGS, MATTHIAS (Hrsg.): Dimensionen einer Krankheit – AIDS. Reinbek 1986.

HELFER, O.; WINAU, R.: Männer und Frauen der Medizin. 6. Aufl., Berlin 1986.

HUARD, PIERRE; WONG, MING: Chinesische Medizin. Frankfurt 1973.

JONSEN, ALBERT R.; STRYKER, JEFF: The Social Impact of AIDS in the United States. Washington D. C. 1993.

KUBICA, GEORGE P.; WAYNE, LAWRENCE G. (Hrsg.): The Mycobacteria. A Sourcebook. Part A and B. New York, Basel 1984.

LANGE-EICHBAUM, WILHELM; KURTH, WOLFRAM: Genie, Irrsinn und Ruhm. 6. Auflage, Basel 1967.

MCNEILL, WILIAM H.: Die großen Epidemien. München 1978.

MCNEILL, WILIAM H.: Seuchen machen Geschichte. München 1978.

POWELL, J. M.: Bring out Your Dead The Great Plague of Yellow Fever in Philadelphia in 1793. Philadelphia 1993.

PULVERER, GERHARD: Medizinische Mikrobiologie und Parasitologie für Krankenpflegeberufe. Stuttgart 1993.

RUFFIÉ, JACQUES; SOURNIA, JEAN-CHARLES: Die Seuchen in der Geschichte der Menschheit. München 1992.

RYAN, RANK: Tuberculosis: The Greatest Story Ever Told. Bromsgrove 1992.

SANDBLOM, PHILIP: Kreativität und Krankheit. Heidelberg, New York 1990.

SCHIPPERGES, HEINRICH: Die Kranken im Mittelalter. München 1990.

SCHMITSCHEK, ERWIN; WERNER, GÜNTHER T.: Malaria, Fleckfieber, Pest: Auswirkungen auf Kultur und Geschichte – medizinische Fortschritte. Stgt. 1985.

SONTAG, SUSAN: Krankheit als Metapher. Frankfurt 1991.

STICKER, GEORG: Abhandlungen aus der Seuchengeschichte und Seuchenlehre. Band I. u. II, Gießen 1912.

VASOLD, MANFRED: Pest, Not und schwere Plagen. Seuchen und Epidemien vom Mittelalter bis heute. München 1991.

ZINSSER, HANS: Ratten, Läuse und Geschichte. Stuttgart 1949.

Register